定番! ARMキット&PIC用

Cプログラムで
いきなりマイコン制御 [DVD-ROM付き]

マイコン活用シリーズ

Rapid operations & prototyping with programmed C source code for ready-made ARM/PIC CPU boards

芹井滋喜 著

**USB/I²CからA-D/PWMまで,
どんな機能もあっさり動かせる**

CQ出版社

まえがき

　現在は，数多くのメーカから多くの種類のマイコンが発売されています．
　マイコンを使った製品の開発を始める場合，どのような製品であっても，価格や用途，開発環境に合わせて常に最適なデバイスが見つけられると言っても過言ではないかもしれません．
　一方，これらのマイコンの解説書も数多く出版され，どれを買って読んだらよいのか迷うほどです．一昔前なら関連する書籍は数冊しかなかったので，「迷ったら全部買ってしまえ！」ということができたのですが，今では関連書籍が多すぎて経済的にも物理的（空間的）にも，あるいは時間的にも全部そろえるというわけにはいかなくなってきています．もちろん，これには個人差があって，経済的に余裕があり，本を置く場所も本を読む時間もたっぷりある方もいらっしゃると思いますが，納期に追われている方には難しいかもしれません．
　これらの解説書の多くは，一つのマイコン，あるいは一つのアーキテクチャに絞って解説されているものがほとんどです．最近までは，同じアーキテクチャのマイコンを使い続けることが多かったので特に問題はなかったのですが，最近ではコストや用途などの事情で，別のアーキテクチャのマイコンを使うケースも増えてきたのではないかと思います．
　マイコンを別のアーキテクチャに変更する場合は，開発環境をそろえることはもちろんですが，新しく使うマイコンのアーキテクチャを新たに学習する必要があります．
　理想的には，新たに使うマイコンのアーキテクチャについて，専門の解説書などでしっかり学習してから開発に当たることが望ましいのですが，とにかく早く動かさなければならないという現実に追われる開発者の方も多いのではないかと思います．
　そこで本書では，そのような時間に追われる開発者の方々や，趣味で電子工作を楽しみたい方で，「とにかくいろいろ動かしてみたい！」という方のために，基礎的なプログラム・サンプルを提供するような構成になっています．このため，マイコンのアーキテクチャに関するような説明は必要最小限にとどめ，とにかく動かせるものを提供するようにしています．
　また，サンプルはいろいろなマイコンに応用可能なように，できるだけベーシックでシンプルなコードにするようにしています．本書で取り上げたマイコン以外にも簡単に移植できるので，本書のソース・コードを参考にしていただければと思います．

マイコン・ボードについて

　最近では多くのメーカが自社のマイコンの評価用に評価ボードを販売しています．これらの多くは安価で，またインサーキット・デバッガが付属している場合もあります．
　さらに，開発用のソフトウェアも，機能限定ながら無償で提供されていることが多く，学習にはこれらを活用するのがよいでしょう．

20ピン前後のDIP型のマイコンであれば，ブレッド・ボードを使って回路を組みながら実験するという方法も可能ですが，64ピン以上のICになると試しに回路を組んで実験するということはかなり難しいでしょう．

また，自作の回路で思ったような動作をしなかった場合に，ソフトウェアに問題があるのかハードウェアに問題があるのかの切り分けが難しくなります．ソフトウェアの開発を行っていたはずが，いつの間にかハードウェアのデバッグが中心の作業になってしまっていた，ということもよくあることです．

本書では，ソフトウェアの学習が主たる目的なので，このような余計なトラブルを防ぐ意味でも既存の評価ボードが利用できる場合はできるだけこの評価ボードを利用することにします．

MPUトレーナについて

上記のマイコンの評価ボードは，安価で開発に必要な環境がそろえられて便利なのですが，安価なボードの場合，外部回路はLEDとスイッチが1個程度しかない場合がほとんどです．そこで，マイコンの学習用に，MPUトレーナを製作しました（**写真1**）．

MPUトレーナは，ボードの左側に，各社の評価ボードを接続するコネクタが搭載されており，評価ボードのモジュールを拡張して，さまざまな実験が行えるようになっています．

MPUトレーナの詳細については，本文を参照ください．

2016年春　芹井　滋喜

写真1　MPUトレーナの外観

登録商標など

PIC，MPLABは，Microchip Technology Incorporatedの登録商標です．ほか，本書に記載されている社名，および製品名は，一般に開発メーカの登録商標，または商標です．

目次

第1章 開発環境のインストール 13

使用するマイコン 13
- STM32F072RB，STM32F103RB，STM32F401RE 13
- PIC16F1789，PIC16F1939 14
- LPC1347，LPC1769，LPC11C24 15

使用 OS と開発環境 15
- STM32 の開発環境 16
- PIC16F の開発環境 16
- LPC の開発環境 17

開発環境のインストール 17
- STM32 開発環境のインストール 17
- PIC16F 開発環境のインストール 19
- LPC 開発環境のインストール 20

第2章 I/O 制御ひな型プログラムの作成 21

Nucleo 用フレームワークの作成 21
- STM32CubeMX でピン機能，内蔵モジュールを設定 21

PIC16F 用フレームワークの作成 28
- プロジェクトの作成方法 28
- Code Configurator でピン機能，内蔵モジュールを設定 28
- PIC16F1939 のフレームワークも同様の手順で作成できる 36

LPCXpresso 用フレームワークの作成 37
- プロジェクトの作成方法 37

第3章 GPIO 出力で LED ON/OFF 制御 41

GPIO プログラムの作成手順 41
- GPIO の初期化 41
- GPIO のアクセス 42

Nucleo 版 42
- プロジェクトの作成 42
- プロジェクトの編集 43
- ソース・コードの記述 43
- プログラムのビルドとデバッグの準備 44

| デバッガの使い方 | 45 |
| プログラムの詳細 | 46 |

PIC16F 版 ... 47
プロジェクトの作成	47
ソース・コードの記述	48
インサーキット・デバッガ PICkit3 の設定	49
プログラムのビルド	49
デバッガの使い方	49
PIC16F の GPIO の操作方法	51

LPCXpresso 版 ... 52
プロジェクトの作成	52
ソース・コードの記述	54
プログラムのビルド	54
デバッガの使い方	55
プログラムの詳細	56

第 4 章　GPIO 入力でスイッチの読み取り ... 57

Nucleo 版 ... 57
| プログラムの作成 | 58 |

PIC16F 版 ... 59
| プログラムの作成 | 59 |

LPCXpresso 版 ... 60
| プログラムの作成 | 60 |

第 5 章　7 セグメント LED に数字表示 ... 61

7 セグメント LED の仕組み	61
ダイナミック点灯の仕組み	62
ダイナミック点灯用関数	62

Nucleo 版 ... 62
| トラブルが起きない GPIO の書き込み方法 | 63 |

PIC16F 版 ... 64
LPCXpresso 版 ... 65
| 属性の設定も兼ねた GPIO の初期化 | 67 |

第 6 章　LCD モジュールに文字表示 ... 69

LCD コントローラの使い方 ... 69
| マイコンとのインターフェース | 69 |

  タイミング特性..69
  制御コマンド..71
  LCD コントローラの初期化方法..71
 LCD モジュール用関数..71
 Nucleo 版..72
 PIC16F 版..74
 LPCXpresso 版..75

第7章　タイマを使った遅延関数の作り方 77

 タイマの動作とプログラムの作成手順..77
  タイマの動作..77
  プログラムの作成手順..77
 遅延関数 delay_ms(int cnt) の作成..78
  ソフトウェア・ループによる遅延関数..78
  インターバル・タイマによる遅延関数..79
 Nucleo 版..79
  HAL ライブラリの遅延関数 HAL_Delay()..79
 PIC16F 版..80
  Code Configurator で Timer0 の周期設定とコード生成..............................80
  ペリフェラル割り込み，グローバル割り込みを有効化..............................81
  タイマ周期の計算方法..81
  Timer0 の動作...82
 LPCXpresso 版..83
  システム・タイマ SysTick 割り込み...84
 ARM Cortex-M シリーズの共通ライブラリ CMSIS..84

第8章　GPIOと遅延関数の応用例 85

 簡単なパルス出力..85
  パルス間隔をボリュームで変えられるパルス出力プログラム........................85
 簡単なワンショット・パルス出力..87
  ボリュームでパルス幅を変えられるワンショット・パルス出力プログラム............87

第9章　スイッチのチャタリング除去 89

 チャタリングとは..89
 遅延関数を使ったチャタリング除去..89
  プログラムの動作..89

サンプリングを使ったチャタリング除去 91
　　　　プログラムの動作 92

第10章　周波数の測り方 95

　　　周波数カウンタの仕組み 95
　　　Nucleo 版 95
　　　PIC16F 版 96
　　　LPCXpresso 版 97

第11章　パルス幅の測り方 99

　　　パルス幅測定の仕組み 99
　　　Nucleo 版 99
　　　PIC16F 版 101
　　　LPCXpresso 版 102

第12章　GPIOとタイマの応用例 103

　　　ストップ・ウォッチの作り方 103
　　　　Nucleo 版 103
　　　　LPCXpresso 版 105
　　　　PIC16F 版 106
　　　キッチン・タイマの作り方 108
　　　　Nucleo 版 108
　　　　PIC16F 版 108
　　　　LPCXpresso 版 108

第13章　アナログ–ディジタル変換の使い方 113

　　　A–D 変換値の読み取り 114
　　　　PIC16F 版 114
　　　　Nucleo 版 114
　　　　LPCXpresso 版 115
　　　IC 温度センサを使った温度計 116
　　　　温度に比例した電圧を出力する IC 温度センサ 116
　　　　入力電圧の求め方 116
　　　　Nucleo 版 116
　　　　PIC16F 版 117
　　　　LPCXpresso 版 118
　　　割り込みを使った A–D 変換 118

|　　Nucleo 版 118
|　　PIC16F 版 120
|　　LPCXpresso 版 122
| 複数の入力チャネルを切り換えて A-D 変換 123
|　　Nucleo 版 123
|　　PIC16F 版 124
|　　LPCXpresso 版 126

第 14 章　電圧比較器の使い方 127

| Nucleo 版 127
|　　STM32CubeMX の設定とプログラムの動作 127
| PIC16F 版 129
|　　Code Configurator の設定とプログラムの動作 129

第 15 章　ディジタル-アナログ変換の使い方 131

| Nucleo 版 131
|　　STM32CubeMX の設定 131
|　　プログラムの動作 132
| PIC16F 版 133
|　　Code Configurator の設定 133
|　　プログラムの動作 134

第 16 章　PWM の使い方 135

| PWM の周期/パルス幅の変化を音で確認するプログラム 135
|　　Nucleo 版 135
|　　PIC16F 版 138
|　　LPCXpresso 版 140
| PWM を使ったビープ音で音階発生 143
|　　音階と周波数の関係 143
|　　ビープ音の出し方 143
|　　プログラムの作成 145

第 17 章　ウォッチ・ドッグ・タイマの使い方 149

| ウォッチ・ドッグ・タイマの仕組み 149
| Nucleo 版 151
|　　STM32CubeMX の設定 151

目次　| 9 |

PIC16F 版 152
　　　Code Configurator の設定 153
　　LPCXpresso 版 154

第 18 章　　時計機能の使い方 157

　　Nucleo 版 157
　　LPCXpresso 版 160

第 19 章　　タッチ・センサの使い方 163

　　Nucleo 版 163
　　　STM32F072 の容量センサ・モジュール TSC の仕組み 163
　　　STM32CubeMX の設定とプログラムの動作 164
　　PIC16F 版 166
　　　PIC16F1939 の容量センサ・モジュール CPS の仕組み 166
　　　プログラムの動作 167

第 20 章　　UART の使い方 169

　　簡単な UART 通信用関数の作成 169
　　　Nucleo 版 169
　　　PIC16F 版 171
　　　LPCXpresso 版 172
　　割り込みを使ったリング・バッファ版 UART 通信 177
　　　Nucleo 版 177
　　　PIC16F 版 179
　　　LPCXpresso 版 180

第 21 章　　内蔵 EEPROM のリード / ライト 183

　　PIC16F 版 183
　　　EEPROM のアクセス関数 184
　　Nucleo 版 185
　　　内蔵フラッシュ・メモリのインターフェース 185
　　LPCXpresso 版 187
　　　LPCOpen ライブラリの関数を使用 187

第 22 章　　I^{2}C デバイスのリード / ライト 189

　　I^{2}C シリアル EEPROM の動作 189

書き込み動作 189
　　読み込み動作 190
　Nucleo 版 191
　　STM32F103 の I2C モジュール 191
　PIC16F 版 193
　　PIC16F1789 の MSSP モジュール 193
　LPCXpresso 版 194
　　I²C デバイス読み書き関数 Chip_I2CM_XferBlocking() 194

第 23 章　SPI デバイスのリード/ライト 197
　SPI プログラム作成上の注意点 197
　シリアル EEPROM のリード/ライト 198
　　Nucleo 版 200
　　PIC16F 版 202
　　LPCXresso 版 204
　二つの SPI モジュールを使った高速通信テスト 206
　　テスト環境 206
　　プログラムの作成 206
　SD メモリーカードのセクタにアクセス 209
　　SD メモリーカードの SPI モード 210
　　SPI モードの主なコマンド 211
　　テスト・プログラムの動作 211

第 24 章　Microwire EEPROM のリード/ライト 217
　Microwire シリアル EEPROM の動作 217
　Nucleo 版 218
　　クロックの極性の変更 218
　PIC16F 版 221
　LPCXpresso 版 223

第 25 章　関数呼び出しだけで使える USB 225
　HID クラスを使った自動 USB キーボードの作成 225
　　プロジェクトの準備 225
　　ソース・ファイルの構成 226
　　プログラムの変更 227
　　動作の確認 229

CDC クラスを使った仮想 COM ポート通信 229
　作成するプロジェクトの準備 230
　テスト方法 232
　USB‐CDC の利用方法 232

第26章　イーサネット，CAN の試し方 233

イーサーネットの試し方 233
　LPCXpresso LPC1769 233
CAN の試し方 235
　LPCXpresso LPC11C24 235

第27章　トラブル・シューティング 239

PICkit 3 Programmer 使用後 PICkit3 が使えない！ 239
PICkit3 接続エラー時の対処方法 240
LPC でデバッガが利用できなくなった場合の対処方法（ISP モード） 241
　ISP モードでの起動 241
　インテル HEX ファイルの作成方法 242
　MPU トレーナでの書き換え 242

第28章　技術資料，ボード類の入手先など 244

マイコン・ボード類のピン配置 244
MPU トレーナの回路図と仕様 245
　MPU トレーナ拡張キットの内容 250
ボード類の入手先など 250
付属 DVD-ROM について 251
　引用文献 252
　索引 253
　著者略歴 255

第1章　開発環境のインストール

使用するマイコン

　本書では，比較的よく使われているマイコンの中から，ST マイクロエレクトロニクス（以下，ST 社）の STM32，マイクロチップ・テクノロジー（以下，マイクロチップ社）の PIC16F，そして NXP セミコンダクターズ（以下，NXP 社）の LPC の三つを使用します．

　それぞれのマイコンには，同じシリーズでも多種多様のマイコンがありますが，本書で使用するのは次のマイコンとなります．

- STM32
  STM32F103RB《NUCLEO-F103RB》（写真 1-1）
  STM32F072RB《NUCLEO-F072RB》
  STM32F401RE《NUCLEO-F401RE》
- PIC16F
  PIC16F1789I/P（40 ピン DIP）（写真 1-2 上）
  PIC16F1939I/P（40 ピン DIP）（写真 1-2 下）
- LPC
  LPC1347《LPCXpresso LPC1347》（写真 1-3）
  LPC1769《LPCXpresso LPC1769》
  LPC11C24《LPCXpresso LPC11C24》．CAN のテストのみ

　LPC と STM32 はマイコン・ボードが市販されているので，マイコン・ボードを MPU トレーナに装着して使用します．上記のマイコン名の後ろの《》内はマイコン・ボードの名称です．PIC16F は DIP IC を直接 MPU トレーナに装着して使用します．

STM32F072RB，STM32F103RB，STM32F401RE

　STM32F072RB，STM32F103RB，STM32F401RE は ST 社のマイコンです．

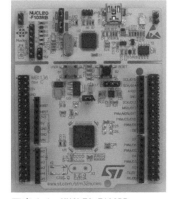

写真 1-1　NUCLEO-F103RB

写真 1-2　PIC16F1789/1939

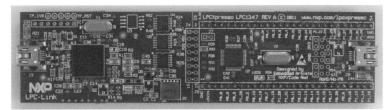

写真 1-3　LPCXpresso LPC1347

表1-1 本書で使用するSTM32（K：KByte）

	CPU	クロック	フラッシュ	SRAM	GPIO	高機能タイマ TIM1
STM32F072RB	Cortex-M0	48MHz	128K	20K	51	1（16bit）
STM32F103RB	Cortex-M3	72MHz	128K	16K	51	1（16bit）
STM32F401RE	Cortex-M4	72MHz	512K	96K	81	1（16bit）

	汎用タイマ	基本タイマ	USART	SPI	I2C	ADC	WDT
STM32F072RB	4（16bit），1（32bit）	2（16bit）	4	2	2	12bit/16ch	1
STM32F103RB	3（16bit）	-	3	2	2	12bit/16ch	2
STM32F401RE	5（16bit），2（32bit）	-	3	3	3	12bit/10ch	2

	USB	CAN	DAC	Comp	Cap	その他
STM32F072RB	1（デバイス）	1	12bit/2ch	2	18ch	CEC, RTC
STM32F103RB	1（デバイス）	1	-	-	-	CRC, RTC, DMA
STM32F401RE	1（OTG FS）	-	-	-	-	SDIO, RTC, DMA

CEC：Consumer Electronics Control，CRC：Cyclic Redundancy Check
RTC：Real-Time Clock，DMA：Direct Memory Access，SDIO：Secure Digital Input/Output

表1-2 本書で使用するPIC16F（W：Word，B：Byte）

	CPU	クロック	フラッシュ	SRAM	EEPROM	GPIO	汎用タイマ
PIC16F1789I/P	PIC16	32MHz	16384W	1024B	256B	36	2（8bit），1（16bit）
PIC16F1939I/P	PIC16	32MHz	16384W	2048B	256B	36	4（8bit），1（16bit）

	PSMC	ECCP	CCP	UART	MSSP（I^{2}C/SPI）	ADC	DAC
PIC16F1789I/P	4	-	3	1	1	12bit/15ch	1（8bit），3（5bit）
PIC16F1939I/P	-	3	2	1	2	10bit/14ch	-

	Comp	OPA	Cap Sense	LCD
PIC16F1789I/P	4	3	-	-
PIC16F1939I/P	2	-	16ch	24seg

PSMC：Programmable Switch Mode Control
CCP：Capture/Compare/PWM，ECCP：Enhanced CCP
MSSP：Master Synchronous Serial Port，Comp：Comparator，OPA：Operational Amplifier

コアCPUは，3製品ともARM社のCortexシリーズで，STM32F072RBがCortex-M0，STM32F103RBがCortex-M3，STM32F401REがCortex-M4となっています（表1-1）．

STM32F103RBはCortex-M3内蔵マイコンとしては比較的初期の製品です．ARMのCortex-Mシリーズは，おおざっぱに言うと数字が大きいほど高性能で，数字が小さいほどロー・コストと考えてよいでしょう．

PIC16F1789，PIC16F1939

PIC16F1789とPIC16F1939はマイクロチップ社のマイコン製品の一つです．このデバイスはミッドレンジと呼ばれるシリーズの一製品で，比較的ポピュラな製品です．PIC16Fは多くのデバイスがあり

表 1-3 本書で使用するLPC (K:KByte)

	CPU	クロック	フラッシュ	SRAM	EEPROM	GPIO	汎用タイマ
LPC11C24	Cortex-M0	50MHz	32K	8K		36	2 (16bit), 2 (32bit)
LPC1347	Cortex-M3	72MHz	64K	8K+2K+2K	4K	40	2 (16bit), 2 (32bit)
LPC1769	Cortex-M3	120MHz	512K	64K	―	70	4 (32bit)

	UART	SPI	SSP	I²C	ADC	DAC	WDT
LPC11C24	1	2	―	1	10bit/8ch	―	1
LPC1347	1	―	2	1	12bit/8ch	―	1
LPC1769	4	2	2	3	12bit/8ch	10bit	1

	USB	イーサネット	CAN	その他
LPC11C24	―	―	1 (トランシーバ付き)	
LPC1347	1 (デバイス)	―	―	
LPC1769	1 (デバイス/ホスト/OTG)	1	2	RTC, I²S, PWMなど

ますがPIC16Fシリーズであれば使い方はほぼ同じで，内蔵モジュールやピン数の組み合わせによって製品が分かれていると考えてよいでしょう（**表 1-2**）．

LPC1347, LPC1769, LPC11C24

　LPC1347, LPC1769, LPC11C24 は NXP 社のマイコンです．LPC11C24 は Cortex-M0, LPC1347 と LPC1769 は Cortex-M3 をコアに持っています（**表 1-3**）．
　LPC1769 はイーサネット，リアルタイム・クロックのテストに使います．LPC11C24 は CAN のテストにだけ使います．

ARM Cortex マイコンの互換性

　ARM アーキテクチャのマイコンはいろいろなメーカから発売されています．同様に開発環境も ARM 社以外からも発売されているので，これらを利用すれば開発環境を共通化することができます．ただし，<u>ARMアーキテクチャで共通化されるのはコア CPU のみです</u>．
　昨今のマイコンにはさまざまなモジュールが内蔵されていますが，これらの内蔵モジュールはメーカごとに独自のものを搭載しているので，同じ ARM コアを持つマイコンであってもメーカが異なれば別のマイコンと見た方がよいでしょう．
　マイコンを選択する際には，どのような内蔵モジュールが使用できるかが重要なポイントとなる場合が多いのですが，選択したマイコンが今まで使っていたメーカとは異なっていた場合は同じ ARM アーキテクチャであっても内蔵モジュールの使い方は共通ではないので注意が必要です．

使用 OS と開発環境

　本書では Windows 7, Windows 8.1, Windows 10 を前提に解説を進めます．ほかの OS では動作確認は行っていません．

STM32 の開発環境

STM32 の開発環境は以下を使用します．

- 統合開発環境，C コンパイラ　　MDK-ARM（MDK-Lite）Ver.5.17（ARM 社）
- コンフィグレーション・ツール　STM32CubeMX Ver.4.11.0（ST 社）
- ライブラリ　　　　　　　　　　HAL（ST 社）
- インサーキット・デバッガ　　　ST-LINK（Nucleo ボードに搭載済み）

統合開発環境，C コンパイラには ARM 社の MDK-ARM の MDK-Lite 版を使用します．このツールは，統合開発環境 μVision と C コンパイラ ARM コンパイラがいっしょになっているので，MDK-ARM のみでプログラム開発を行うことができます．

STM32 の Nucleo ボードは，インサーキット・デバッガ ST-LINK の回路を搭載しているので，書き込み/デバッグ用アダプタのようなものは必要ありません．

STM32CubeMX は，ST 社のコンフィグレーション・ツールです．PIC16F には Code Configurator という同じような機能の製品があります．このソフトウェアは無料で，ARM 社の MDK-ARM のほか IAR 社の EWARM や GCC でも使用することができます．

STM32CubeMX は HAL（Hardware Abstraction Layer）と呼ばれる ST 社のライブラリを使用するコードを生成します．HAL は，マイコンごとに用意されていますが，使い方は統一されています．HAL は STM32CubMX でコンフィグレーションを行う際，必要なライブラリが自動でダウンロードされるので個別にダウンロードする必要はありません．

PIC16F の開発環境

PIC16F の開発環境は以下を使用します．

- 統合開発環境　　　　　　　　　MPLAB X IDE Ver.3.15
- C コンパイラ　　　　　　　　　XC8 Ver.1.35
- コンフィグレーション用ツール　MPLAB Code Configurator Ver.2.52.2
- インサーキット・デバッガ　　　PICkit3

統合開発環境は，マイクロチップ社の MPLAB X IDE を使用します．MPLAB X IDE は，マイクロチップ社のウェブ・ページから無償でダウンロードできます．

C コンパイラの XC8 はマイクロチップ社の C コンパイラで，有償版と機能限定の無償版があります．

MPLAB Code Configurator は，PIC16F を使う際の初期設定用のコードを生成するツールです．このツールがなくてもソフトウェアの開発を行うことができますが，マルチファンクションのピンの設定など，面倒でまちがえやすいコードを視覚的にピンを確認しながらソース・コードを自動生成することができるので，かなり便利なツールになっています．

写真 1-4　インサーキット・デバッガ PICkit3

プログラムの書き込みはマイクロチップ社のインサーキット・デバッガ PICkit3（写真 1-4）を使用します．プログラムのダウンロードだけではなく，デバッグ機能に対応した PIC16F であればデバッガとしても利用することができます．

LPC の開発環境

LPC の開発環境は以下を使用します．

- 統合開発環境　　　　　　　　LPCXpresso IDE Ver.7.9.2（NXP 社）
- ライブラリ　　　　　　　　　LPCOpen Ver.2.05（NXP 社）
- インサーキット・デバッガ　　LPC-Link（LPCXpresso ボードに搭載済み）

LPCXpresso IDE は NXP 社の統合開発環境で，有償版のほか無償版があります．ここでは無償版を使用します．この開発環境には C コンパイラ（GCC）が含まれています．また，ライブラリの LPCOpen も LPCXpresso IDE と同時にインストールされます．

LPCXpresso ボードには，インサーキット・デバッガ LPC-Link の回路が搭載されているので，ボードのほかには LPCXpresso IDE だけをインストールすれば，すぐに開発を始めることができます．

開発環境のインストール

開発を始めるに当たって，最初に開発環境のインストールを行います．ここでは，それぞれのマイコンの開発環境のインストール方法を簡単に説明します．

開発環境はマイコンごとに異なったツールを使用しており共通して使用するツールはありません．

STM32 開発環境のインストール

STM32 は ARM Cortex-M シリーズをコアに持つマイコンで，多くの ARM 系のコンパイラでサポートされていますが，ここでは ARM 社の MDK-ARM を使用します．

MDK-ARM は機能が豊富で使いやすい開発環境です．このコンパイラには 32KByte 制限の無償版（MDK-Lite 版）と，STM32L0/F0 シリーズ用のプログラム・サイズの制限のない無償版があります．STM32L0/F0 シリーズだけを利用する場合はこちらの版の方が便利です．

MDK-ARM の無償版は，それぞれ次のリンクからダウンロードできます．

- MDK-ARM 32KByte 制限の MDK-Lite 版
  https://www.keil.com/demo/eval/arm.htm
- MDK-ARM STM32L0/F0 専用無償版
  http://www2.keil.com/stmicroelectronics-stm32/mdk

このサイトで必要事項を記入して［Submit］ボタンを押すと，MDK-ARM のダウンロード画面になります．

画面下の MDK517.EXE をクリックしてプログラムをダウンロードし MDK517.EXE を実行しインストールを行います．MDK-ARM のインストール画面は付属 DVD-ROM を参照してください．

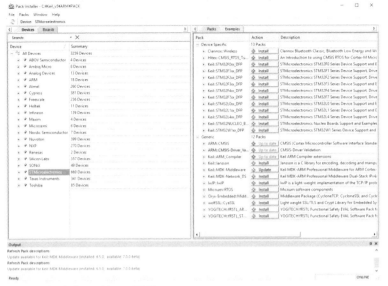

図 1-1　Pack Installer の画面

　MDK-ARM のインストールが終わると，図 1-1 のように，Pack Installer が起動します．MDK-ARM はさまざまなマイコンに対応していますが，マイコンのサポート・ファイルは，この Pack Installer で必要なものをインストールするようになっています．

　STM32 のサポート・ファイルをインストールするには，まず左側のウィンドウで図のように「STMicroelectronics」を選択し，「File」メニューから「Refresh」を選択すると画面右側のウィンドウが最新の情報に更新されます．そして，右の画面から必要なファイルを［Install］ボタンでインストールします．

　ここでは，次のパッケージをインストールしておきます．

Keil::STM32F0xx_DFP

Keil::STM32F1xx_DFP

Keil::STM32F4xx_DFP

Keil::STM32Nucleo_BSP

STM32CubeMX のインストール

　MDK-ARM のインストールが終わったら STM32CubeMX をインストールします（図 1-2）．STM32CubeMX は，次のリンクからダウンロードできます．付属 DVD-ROM にも収録されています．
http://www.st.com/web/catalog/tools/FM147/CL1794/SC961/SS1533/PF259242?sc=stm32cube

　STM32CubeMX のインストール画面は付属 DVD-ROM を参照してください．

　STM32CubeMX のインストールには，Java ランタイム（JRE）のインストールが必要になります．Java がインストールされていない場合は Java のインストール・ページが開くので，画面に従って Java のインストールを行ってください．

　Java のインストールが終わったら再度インストーラを起動して，STM32CubeMX のインストールを行います．

図 1-2　STM32CubeMX のインストール

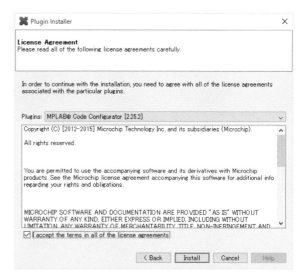

図 1-3　プラグインのインストーラ

PIC16F 開発環境のインストール

　PIC16F の開発環境では MPLAB X IDE と XC8，それに Code Configurator をインストールします．どのツールもマイクロチップ社のウェブ・ページからダウンロードすることができます．付属 DVD-ROM にも収録されています．

　最初に MPLAB X IDE をインストールします．MPLAB X IDE のインストールは次の手順で行います．インストール・プログラムは，次のリンクからダウンロードすることができます．

http://www.microchip.com/pagehandler/ja-jp/family/mplabx/

　Windows 用の MPLAB X IDE のインストーラをダウンロードして実行してください．MPLAB X IDE のインストール画面は，付属 DVD-ROM を参照してください．

　MPLAB X IDE のインストールは統合開発環境のインストールのみで，コンパイラはインストールされません．別途コンパイラをインストールする必要があります．ここでは，マイクロチップ社の XC8 というコンパイラをインストールします．

　MPLAB X IDE のインストールが終わると，ブラウザが起動しマイクロチップ社のウェブ・ページが表示されます．

　このページの下，画面左側に，XC8 の Windows 版のダウンロード・リンクがあるので，これをクリックして XC8 をインストールします．

　インストールは画面に従って［Next］ボタンで進めて行けば完了します．インストール画面は付属 DVD-ROM を参考にしてください．

　なお，マイクロチップ社のコンパイラにはマイコンの種類によって，XC8，XC16，XC32 というコンパイラが用意されており，それぞれ 8bit，16bit，32bit のマイコン用となっています．PIC16F シリーズは 8bit マイコンなので XC8 を使用します．

　ライセンスに関しては，Free 版，Standard 版，PRO 版があります．ここでは，無償の Free 版を使用します．

Code Configurator のインストール

最後に Code Configurator をインストールします．Code Configurator はプラグインとなっていて，インストールは MPLAB X IDE を起動した状態で行います．

まず，先にインストールした MPLAB X IDE を起動します．MPLAB X IDE が起動したら次の手順で Code Configurator をインストールします．

1. 「Tools」メニューを選択し「Plugins」を選択．
2. プラグインのウィンドウが開くので「Available Plugins」タブを開く．
3. プラグインのリストの中から「MPLAB Code Configurator」を選択（図 1-3）．
4. 左下の「I accept...」のチェック・ボックスにチェックを入れる．
5. ［Install］ボタンを押すとプラグインのインストーラが起動．
6. 画面に従ってインストールする．

LPC 開発環境のインストール

LPCXpresso IDE は次のリンクからダウンロードできます．付属 DVD-ROM にも収録されています．
http://www.lpcware.com/lpcxpresso/download

インストール画面は付属 DVD-ROM を参照してください．途中，いくつもドライバのインストールの確認画面が出ますが，すべてインストールしてください．

LPCXpresso IDE をインストールし LPCXpresso IDE を起動すると，最初にワークスペース・フォルダの確認画面が表示されます．

ここで［OK］ボタンを押してそのまま進めると図 1-4 のような画面が表示されます．この画面は，まだ LPCXpresso IDE がアクティベーションされていないという警告なので，画面に従い，「HELP」-「Acivate」-「Create Serial number and resister(Free Edition)...」を開きます．

シリアル番号が表示され［OK］ボタンを押すと，LPCXpresso のウェブ・サイトに接続されます．

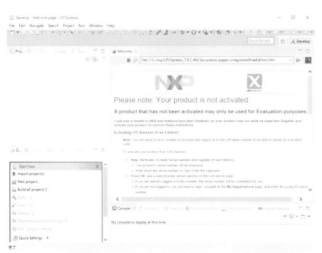

LPCXpresso IDE のアクティベーションを行うにはアカウントを作成してログインする必要があります．すでにログイン・アカウントを持っている場合は「Login」を選択し，まだ持っていない場合は「Register」を選択して新規にアカウントを作成してください．

アカウントを作成してログインすると，シリアル番号が自動で入力されるので，［Register LPCXpresso］ボタンを押して登録を完了します．

登録が完了すると，確認画面が表示されインストールは完了です．

図 1-4 LPCXpresso IDE の起動画面

第2章　I/O 制御ひな型プログラムの作成

　ワンチップ・マイコンは多くのモジュールを内蔵していますが，使用できるピンは限られているため，一つのピンに複数の機能を割り当てています．どの機能を使用するかはソフトウェアで選択できるようになっています．

　例えば，STM32F103RB（以降，STM32F103 と省略）の場合，PB14 は SPI, USART, タイマと GPIO を兼用していて，SPI, USART, タイマを使用しない場合はこのピンを GPIO として使用し，より多くの GPIO ピンが利用できるようになっています．

　このような機能は便利ですが，マイコンでプログラムを作成する場合に最初に引っかかる問題の一つでもあります．特に初心者の場合や初めてそのマイコンを利用する場合は，このピンの割り当てをまちがえてしまい，作ったプログラムが動作しないということがよくあります．

　PIC16F では一部の I/O ピンはデフォルトでアナログ入力になっていますが，多くの場合最初にテストするのは GPIO を使って LED を ON/OFF するようなプログラムです．たまたま LED を接続したピンがデフォルトで GPIO になっていないと，思うように LED が制御できずパニックになってしまうということがあります．

　また，I/O ピンの機能の割り当て方法はマイコンごとに異なっているので，使い慣れていないマイコンの場合も同様な問題で頭を悩ますことになります．

　そこで，ここではまず MPU トレーナ用 I/O 制御ひな型プログラム（フレームワーク）を作成し，MPU トレーナに合わせた I/O 設定までをフレームワークで行い，以降は使用する内蔵モジュールの制御に集中できるようにします．

Nucleo 用フレームワークの作成

STM32CubeMX でピン機能，内蔵モジュールを設定

　前述のように I/O ピンの設定は面倒でまちがえやすい作業なのですが，ST 社では STM32CubeMX という便利なツールを公開しています．これを利用すると I/O ピンの設定を GUI を使って簡単に行うことができます．

　STM32CubeMX では STM32 の各種マイコンのほか，Nucleo などのボードを選択してピン・アサインを行うことができます．

　ボードを選択した場合は，搭載されているマイコンに選択したボードの内蔵モジュールが設定されるので便利です．

ターゲット・ボードの選択

　図 2-1（a）は STM32CubeMX の起動画面です．STM32CubeMX が起動したら，「New Project」を選択すると図 2-1（b）のような「New Project」ダイアログが表示されます．

(a) STM32CubeMX の起動画面

(b) New Project ダイアログ

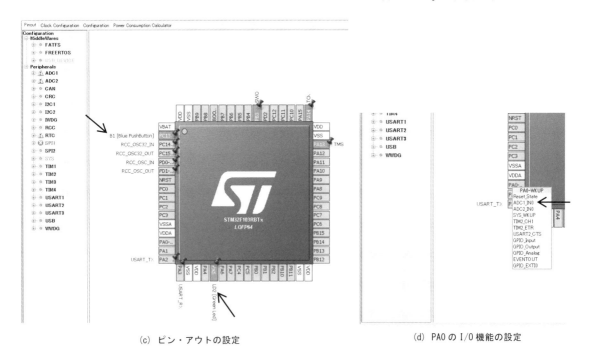

(c) ピン・アウトの設定

(d) PA0 の I/O 機能の設定

図 2-1 STM32CubeMX の使い方

| 22 |　第 2 章　I/O 制御ひな型プログラムの作成

「Board Selector」タブを開き，図のように「Vendor」に「STMicroelectronics」，「Type of Board」に「Nucleo」，「MCU Series」に「STM32F1」を選択し，「Boards List」から「Nucleo STM32F103RB」を選択して［OK］ボタンを押します．ほかのシリーズを選択する場合も同様の手順で行います．

ボードを選択すると，図（c）のようにピン・アウトの設定画面が表示されます．この画面では，あらかじめいくつかの I/O ピンが設定されていますが，これが Nucleo STM32F103RB の設定となっています．例えば，このボードには 1 個のユーザ用スイッチと 1 個のユーザ用 LED が接続されていますが，これはそれぞれ PC3 と PA5 に接続されていることが分かります．

I/O ピンの機能設定

I/O ピンの機能設定の方法について，PA0 を ADC1 の CH0 入力にする場合を例に説明します．

まず，図（d）のように画面上の PA0 のピンを左クリックします．ピンを左クリックすると図のようにポップアップ・メニューが表示され，設定可能な機能の一覧が表示されます．ADC1_IN0 を選択すると PA0 が ADC1_IN0 に設定されます．

このままでもよいのですが，さらに便利な機能としてユーザ・ラベル機能があります．

PA0 は，MPU トレーナでは AD1 という信号に接続されます．そこで，このピンに"AD1"というラベルを付けておくと，あとからこの画面を見たときにすぐに接続先が分って便利です．

ユーザ・ラベルを付けるには PA0 のピンをマウスで右クリックし，ポップアップ・メニューから「Enter User Label」を選択します．

図（e）のような画面が表示されるので，ラベル名を"AD1"として Enter を押すと，図（f）のように PA0 の信号名が"AD1"となります．

同様にして，MPU トレーナのピン・アサインをすべて設定した状態を図（g）に示します．

内蔵モジュールの機能設定

図（g）ではいくつかのピンがオレンジ色で表示されていますが，これは内蔵モジュールの機能設定が完了していないことを表しています．

この状態では I/O ピンは指定した内蔵モジュールに接続されていますが，その内蔵モジュールの機能が設定されていないため，正しく動作しない状態となっています．

例えば，画面上部中央の PB4 のピンは PWM の出力端子 PWMOUT として設定されています．PWM の出力はタイマの機能の一つですが，このタイマの設定をしていないため警告の意味でオレンジ色の表示となっています．

PWMOUT は，TIM3 の CH1 の機能の一つを利用しているので，画面左側の内蔵モジュールのツリーから「TIM3」を開き，「Channel1」を図（h）のように「PWM Generation」に設定します．

同様に「TIM1」の「Channel2」を「Input Clock」に，「SPI2」を「Full Duplex」に設定します．

通信パラメータと割り込みの設定

通信パラメータの初期設定は「Configuration」タブで行います．「Configuration」タブを開いて「Connectivity」から「USART2」をクリックすると，図（i）のようなダイアログが開きます．

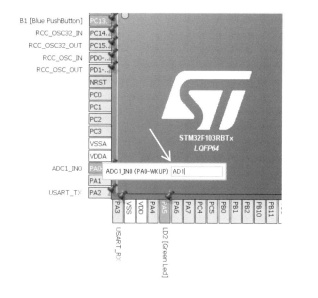

(e) ユーザ・ラベルの設定

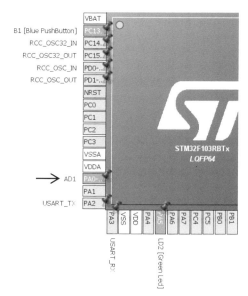

(f) PA0のラベルを設定完了

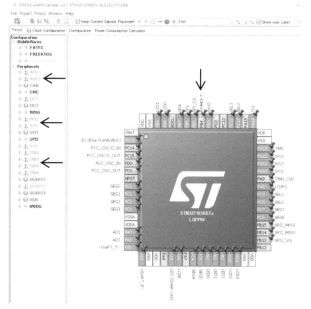

(g) MPUトレーナのピン・アサイン設定後の画面

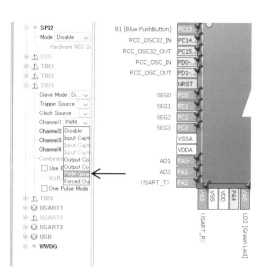

(h) TM3 Channel1をPWM Generationに設定

図2-1 STM32CubeMXの使い方(つづき)

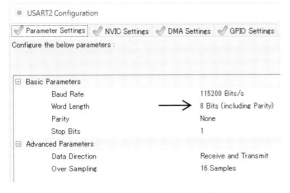

(i) USART2 の設定ダイアログ

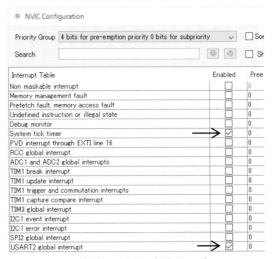

(j) 割り込みの設定ダイアログ

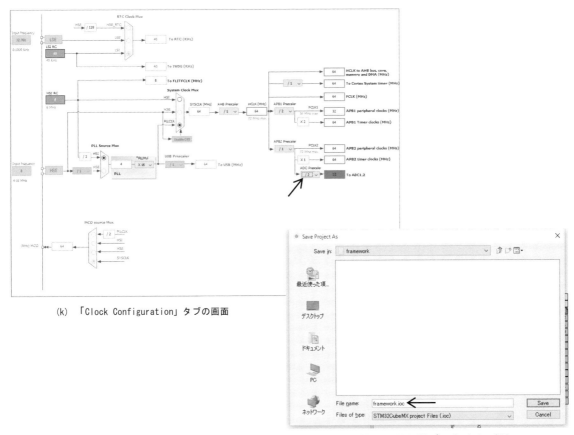

(k) 「Clock Configuration」タブの画面

(l) STM32CubeMX プロジェクトの保存

図 2-1　STM32CubeMX の使い方（つづき）

ここで，ボー・レートなどの必要なパラメータを設定します．デフォルトでは「Word Length」が「7bit」になっているので「8bit」に設定します．
　割り込みを使用する場合は，同じように「Configuration」タブから「System」の［NVIC］ボタンを押して設定します．図（j）の画面で割り込みを使用するデバイスにチェックを入れます．
　ここでは「USART2」の割り込みを有効にします．また，「System tick timer」もデフォルトで有効になっているのでそのまま有効にしておきます．

クロックの設定

　ADCを有効にすると「Clock Configuration」タブに赤いマークが表示されます．「Clock Configuration」タブを開くと，図（k）のようにADCのクロックが赤い色で表示されています．
　これはADCのクロックが上限を超えているためなので，「ADC Prescaler」の設定を「1/8」に設定してADCのクロックを8MHzに変更します．

MDK-ARM プロジェクトの生成

　設定が完了したら，STM32CubeMXのプロジェクトを保存しておきます．「File」メニューから「Save Project」を選択して，図（l）のように，適当なフォルダに"framework"という名前でプロジェクトを保存します．
　ここで保存したプロジェクトは，STM32CubeMXのプロジェクトです．このファイルはGPIOの設定や各種パラメータを後から変更したい場合に使用します．
　これで設定はひととおり完了したので，最後にMDK-ARMのプロジェクト・ファイルを生成します．「Project」メニューから「Generate Code」を選択すると，図（m）のようにプロジェクトの保存先の

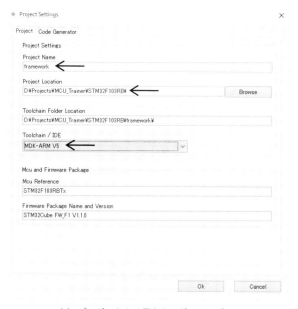

(m) プロジェクトの保存先のダイアログ

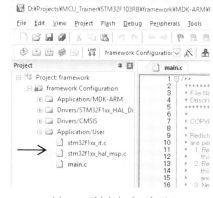

(n) ロードされたプロジェクト

図 2-1　STM32CubeMX の使い方（つづき）

ダイアログが表示されます．ここでは，MDK-ARM のプロジェクトの保存先，プロジェクト名を指定します．

STM32CubeMX では MDK-ARM 以外のコンパイラもサポートしているので，使用するコンパイラも指定する必要があります．コンパイラの指定は「Toolchain /IDE」のドロップダウン・リストで行い，図のようにツールチェインとして「MDK-ARM V5」を選択します．設定が完了したら［OK］ボタンを押すと MDK-ARM のプロジェクトが自動で生成されます．

HAL ライブラリのインストール

STM32CubeMX で生成するプロジェクトは，HAL というライブラリを使用します．HAL のライブラリはマイコンのシリーズごとに用意されています．このライブラリは必要に応じて自動でインストールされます．初めて STM32F103 のプロジェクトを生成する際は，この STM32F1 シリーズ用の HAL ライブラリのダウンロードが始まるため少々時間がかかりますが，次回からはダウンロードは行われません．

ライブラリはローカルからもインストールできます．ライブラリは付属 DVD-ROM に収録されています．「Help」-「Install New Libraries」を選び，「New Libraries Manager」の［From Local］ボタンを押して表示されるダイアログで，サンプルの場合，stm32cube_fw_f1_v110.zip を指定します．

自動生成されたファイル

MDK-ARM のプロジェクトが生成されると，プロジェクトを開くかどうかを聞いてきます．ここでプロジェクトを開くと MDK-ARM が起動し，図（n）のように生成したプロジェクトがロードされます．

生成されたプロジェクトは図のように四つのフォルダに分類されています．ユーザ・プログラムは「Application/User」フォルダにあり，それ以外のフォルダはライブラリ・ファイルとなっています．

ユーザ・プログラムには，次の三つのソース・ファイルがあります（付属 DVD-ROM に収録）．

main.c

main.c は main() を含むソースです．基本的にはユーザ・プログラムは main.c のみを修正します．main() は設定した内蔵モジュールを初期化するコードが含まれているので，初期化後の whlie 文を必要に応じて修正して，ユーザ独自の機能を実現します．

stm32f1xx_it.c

stm32f1xx_it.c は割り込み関連の設定が記述されています．使用する割り込みをユーザが使用できるようにするために，このファイルが自動生成されます．

stm32f1xx_hal_msp.c

stm32f1xx_hal_msp.c は内蔵モジュールの初期化コードから呼び出される関数が記述されています．この関数では，I/O のピン設定の変更やクロック設定，割り込みの設定を行っています．

以上で，Nucleo STM32F103RB のフレームワークは完成です．他の Nucleo ボードのフレームワークも同様の手順で生成することができます．

PIC16F 用フレームワークの作成

　MPLAB X IDE には MPLAB Code Configurator というツールがあります．このツールは STM32CubeMX と同様に，GUI を使って内蔵モジュールの初期化プログラムを生成できるツールです．
　STM32CubeMX はスタンドアロンのプログラムでしたが，MPLAB Code Configurator は，MPLAB X IDE のプラグインとなっており，プロジェクト・ウィザードの補助的なツールのようになっています．
　ここでは，ターゲット・デバイス PIC16F1789 のフレームワークを作成します．

プロジェクトの作成方法

　最初に，プロジェクト・ウィザードを使い，PIC16F1789 のプロジェクトを作成します．プロジェクト・ウィザードの操作手順を図 2-2（a）～図 2-2（g）に示します．

1. MPLAB X IDE を起動したら「File」メニューから「New Project」を選択してプロジェクト・ウィザードを起動する［図（a）］．カテゴリから「Microchip Embedded」を選択し，「Projects」からは「Standalone Project」を選択する．
2. ［Next］ボタンを押すとデバイスの選択画面になるので，ターゲット・デバイスとして「PIC16F1789」を選択する［図（b）］．
3. サポート・デバッグ・ヘッダの選択［図（c）］は「None」のままで，「Select Tool」では「PICkit3」を選択する［図（d）］．
4. 「Select Compiler」では「XC8」を選択する［図（e）］．
5. 最後にプロジェクトの名前と保存先を入力する［図（f）］．プロジェクト名は"framework"とする．「Encoding」は「Shift_JIS」に変えておくと日本語のコメントが入れられる．

Code Configurator でピン機能，内蔵モジュールを設定

　プロジェクト・ウィザードでプロジェクトが作成されると，図（g）のように framework プロジェクトがオープンされた状態となります．この時点ではまだ空のプロジェクトで，実際のソース・ファイルはまだ何も作成されていません．そこで，次に MPLAB Code Configurator を使って MPU トレーナ用のフレームワークを生成します．
　MPLAB Code Configurator の起動は図 2-3 のように，「Tools」メニューから「Embedded」-「MPLAB Code Configurator」を選択します．
　Code Configurator を起動すると，図 2-4 のような画面となります．Code Configurator では内蔵モジュールごとに設定を行います．Code Configurator 画面の左上には「Project Resources」というペインがあり，ここに登録した内蔵モジュールが表示されます．図 2-4 では初期状態として，「System」というリソースのみが登録されている状態となります．
　「Project Resources」の下には，デバイス・リソースのペインがあります．このペインから追加するリソースを選択してプロジェクト・リソースに追加します．
　画面中央は選択されたリソースの設定ペインで，ここでリソースの設定を行います．図 2-4 ではシステム・リソースの設定画面なので，クロックの設定やコンフィグレーション・ビットの設定を行います．

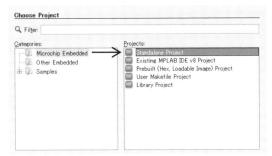

(a) Standalone Project を選択

(b) PIC16F1789 を選択

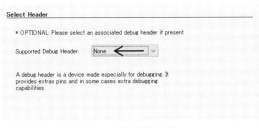

(c) ヘッダの選択は None

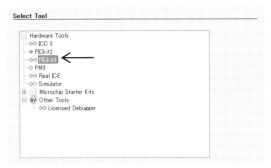

(d) PICkit3 を選択

(e) XC8 を選択

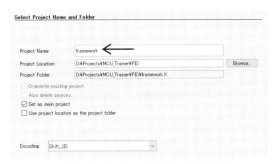

(f) プロジェクトの名前と保存先を入力

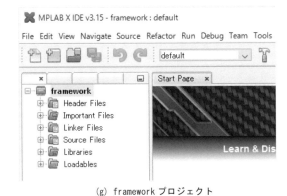

(g) framework プロジェクト

図 2-2 プロジェクト・ウィザードの操作手順

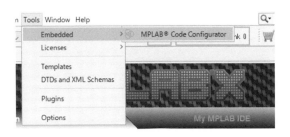

図 2-3 MPLAB Code Configurator の起動

PIC16F 用フレームワークの作成 | 29 |

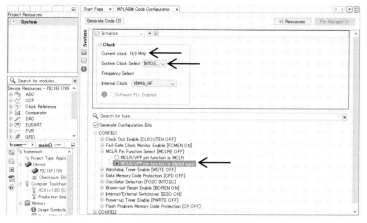

図 2-4　Code Configurator の起動画面と System の設定

System の設定

「Project Resources」で System リソースを選択しシステム・リソースの設定を行います（図 2-4）．ここではシステム・クロックを「INTOSC」とし，クロック周波数を「16MHz」に設定します．また，「CONFIG1」ツリーを開き，「MCLR Pin Function Select」で「「MCLR/VPP pin function is digital input」を選択します．

ADC の設定

A-D コンバータ（ADC）を設定するには，まずウィンドウ左の「Device Resources」から，ADC のリソースの左の田マークをクリックします．すると ADC の下に ADC::ADC というリソースが表示されるので，これをダブルクリックすると図 2-5 のように「Project Resources」に ADC::ADC が登録されます．

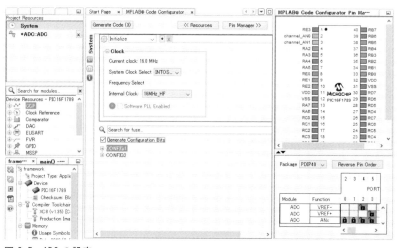

図 2-5　ADC の設定

図 2-6　ADC のパラメータ設定

このとき，ウィンドウ右側には図 2-5 のように PIC16F のピン配置が表示されます．また，その下側には登録したリソースとポートの対応表が表示されます．この表は追加した内蔵モジュールの機能をどのピンに割り当てるかを表示/設定できるようになっています．

表の中の🔓マークが書かれたマスは，割り当て可能なポートを表しています．例えば，ADC の VREF-は PORTA2（RA2）のみ，VREF+は PORTA3（RA3）または PORTA7（RA7）が割り当て可能であることが分かります．

MPU トレーナでは RA0 と RA1 をアナログ入力に割り当てる必要があります．アナログ入力は信号名が ANx となっているため，PORTA の 0 と 1 の ANx の鍵マーク部分をクリックするとアンロック🔓がロック🔒に変わり割り当てが完了します．同時に，上のパッケージのピン配置図では RA0 と RA1 が，それぞれ channel_AN0 と channel_AN1 に変わります．これでピン・アサインは完了です．

次に，「Project Resources」の ADC::ADC をクリックすると，図 2-6 のように ADC のパラメータ設定画面が開きます．

ここでは ADC の基本的な設定を行います．設定前には Clock の項目に警告マーク（！）が表示されていますが，これはデフォルトの設定では ADC のクロックが範囲外となってしまうためです．

そこで，「Clock」の設定を「FOSC/32」に変更します．これで警告はなくなります．

EUSART の設定

MPU トレーナでは，EUSART は通常の UART（調歩同期通信）モジュールとして使用するので，「Device Resources」ペインから EUSART の中の「EUSART Asynchronous(NRZ)」をダブルクリックで登録します．図 2-7 は EUSART の設定画面です．

EUSART の場合は TX と RX のピンは固定されているので，右側のピン設定の画面には自動的に TX と RX の割り当てが行われます．通信パラメータは図 2-7 のように設定します．

MSSP の設定

MSSP（Master Synchronous Serial Port）モジュールは，SPI や I²C を使用するための内蔵モジュールです．

ここでは，初期設定として図 2-8 のように SPI モジュールとして設定します．MSSP の SPI では，SCK，SDI，SDO の三つの信号を設定します．$\overline{CS}$ は GPIO として設定するためここでは設定しません．

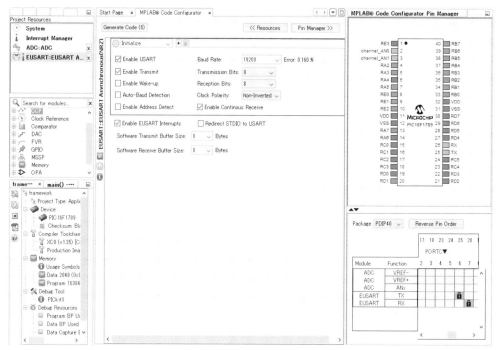

図 2-7 EUSART の設定

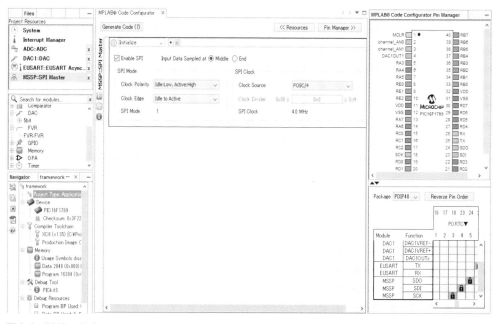

図 2-8 MSSP の設定

| 32 | 第 2 章 I/O 制御ひな型プログラムの作成

Timer1 の設定

MPU トレーナでは，外部クロックのカウント用に Timer1 を使用します．使用するピンは RC0 になります．「Device Resources」ペインから TMR1::Timer を登録し，図 2-9 のように設定画面で「Clock Source」を「External」に変更します．

Timer1 のクロック入力もピンが固定されているのでピンの設定は不要です．

Timer0 の設定

MPU トレーナでは，Timer0 をシステム・クロックに使用します．図 2-10 は Timer0 の設定画面です．
Timer0 は ms 単位の計測に使用するので，ここでは図のようにプリスケーラ（Enable Prescaler）を「1:16」，「Reload Value」を「0x06」に設定し割り込みも有効にします．この設定で割り込み周期はちょうど 1ms となります．

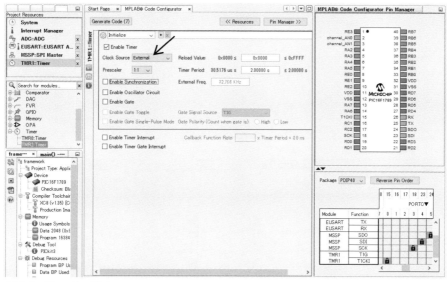

図 2-9 Timer1 の設定

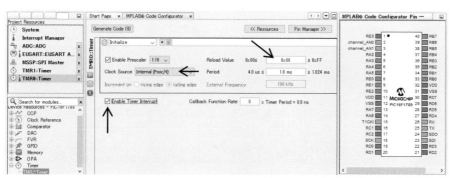

図 2-10 Timer0 の設定

PIC16F 用フレームワークの作成 | 33 |

PWM の設定

PWM は CCP1::PWM を使用します．

図 2-11 は，PWM の設定画面です．設定はデフォルトのままです．

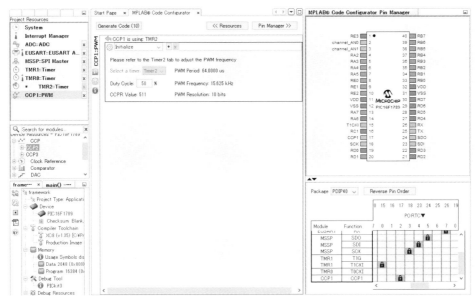

図 2-11　PWM の設定

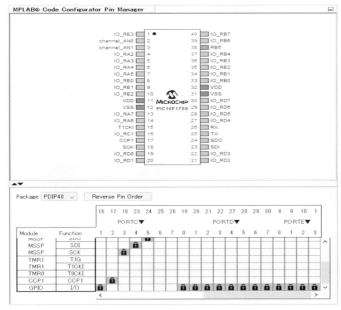

図 2-12　GPIO の割り当て

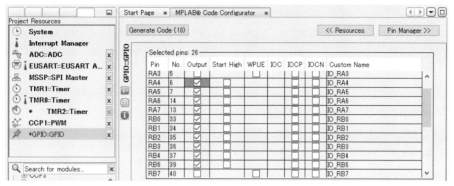

図 2-13　GPIO の入出力の設定

GPIO の設定

最後に GPIO を設定します．GPIO リソースを追加したらピンの割り当て表から RA3~RA7/RB0~RB4, RB6~RB7/RC1/RD0~RD7/RE0~RE3 を GPIO に割り当てます（図 2-12）．

GPIO はデフォルトで入力となっているため，図 2-13 のようにスイッチ入力の RA3 と RB7 以外出力に設定します．

なお，RE3 もスイッチ入力ですが，このピンは入力専用ピンのため設定はありません．

これで Code Configurator の設定はすべて終了です．

自動生成されたファイル

最後に［Generate Code］ボタンを押してソース・コードを生成します．Code Configurator でソース・コードを生成すると，プロジェクトに図 2-14 のようなファイルが追加されます．このコードでは，main.c 以外は MCC Generated Files というフォルダにまとめられています．

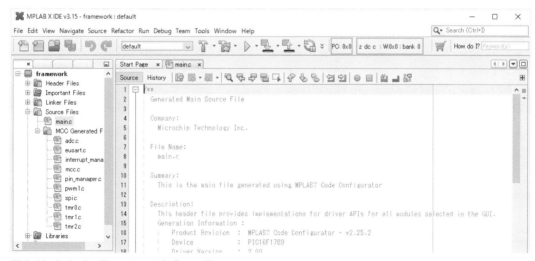

図 2-14　Code Configurator の生成コード

PIC16F 用フレームワークの作成 | 35 |

生成されたコードのうち，adc.c や spi.c など，デバイス名が付けられたファイルは，それぞれのデバイスの初期化関数や，サポート関数が含まれています．これ以外のソース・コードには次のものがあります（付属 DVD-ROM に収録）．

main.c

main.c は，main()を含むソース・コードです．
生成される main() はシンプルで，SYSTEM_Initialize() を呼び出しているだけです．SYSTEM_Initialize()は，設定したデバイスの初期化を行います．

mcc.c

mcc.c では，コンフィグレーション・レジスタの設定と SYSTEM_Initialize()が記述されています．SYSTEM_Initialize()はさらに各デバイスの初期化関数を呼び出しています．

pin_manager.c

pin_manager.c には PIN_MANAGER_Initialize()という関数があり，Code Configurator で設定した内容に合わせて I/O ピンの設定を行っています．

interrupt_manager.c

interrupt_manager.c には INTERRUPT_InterruptManager()という関数があり，これが割り込みハンドラとなっています．INTERRUPT_InterruptManager()では割り込みの種類を調べ，それぞれの呼び出すようになっています．例えば，Timer0 のオーバーフロー割り込みの場合は，TMR0_ISR()を呼び出すようになっています．
それぞれのデバイスの割り込み処理関数は，それぞれのデバイスのソース・ファイルに含まれています．例えば，TMR0_ISR()は tmr0.c に含まれています．

PIC16F1939 のフレームワークも同様の手順で作成できる

ここでは，PIC16F1789 のフレームワークを作成しましたが，PIC16F1939 のフレームワークも同様の手順で作成できます．
PIC16F1789 と PIC16F1939 の違いは，PIC16F1789 にはタッチ・センサがなく，逆に PIC16F1939 には D-A コンバータ（DAC）がないという違いがあります．それ以外の内蔵モジュールや GPIO は同じように設定することができます．

LPCXpresso 用フレームワークの作成

　LPCXpresso IDE はウィザードが充実しているので，比較的簡単にプロジェクトを作成することができます．プロジェクトを作成する際は最初にワークスペースを設定します．ワークスペースは作業用のフォルダで，このフォルダ内に複数のプロジェクトを作成することができます．

　LPCXpresso IDE を起動したら，図 2-15 のように，「File」メニューから，「Switch Workspace」-「Other...」を選択します．

　次に，図 2-16 のように「Select a workspace」と書かれたダイアログが表示されます．ここでは，使用するワークスペース・フォルダ（任意）を設定します．プロジェクトを作成するフォルダを設定して，[OK] ボタンを押します．

プロジェクトの作成方法

　新規にプロジェクトを作成する場合は「File」メニューから「New」-「Project...」を選択して，プロジェクト・ウィザードを起動します．プロジェクト・ウィザードの流れを図 2-17 に示します．

　設定する内容は，次の通りです．

1. プロジェクトのソースのタイプで，「LPCXpresso C Project」を選択［図 (a)］．
2. デバイスの選択で，LPC13xx(12it ADC)の LPCOpen - CProject を選択［図 (b)］．
3. プロジェクト名を「framework」とする［図 (c)］．
4. ターゲット MCU を LPC13xx(12it ADC)の LPC1347 とする［図 (d)］．

　図 (e) のダイアログではライブラリの選択になるのですが，LPCOpen ライブラリをインストールしていない場合は [Import...] ボタンを押してライブラリのインストールを行います．

　[Import] ボタンを押すと図 (f) のダイアログが表示されます．[Browse] ボタンを押して表示されたフォルダから，LPCOpen フォルダ内にある「lpcopen_2_05_lpcxpresso_nxp_lpcxpresso_1347.zip」をインストールします．

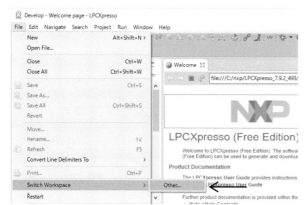

図 2-15　ワークスペースの設定

図 2-16　ワークスペース・フォルダの設定

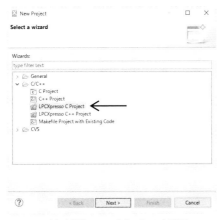
(a) LPCXpresso C Project を選択

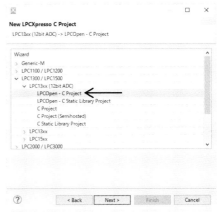
(b) LPCOpen - C Project を選択

(c) プロジェクト名は framework

(d) LPC1347 を選択

(e) ライブラリの選択

(f) ライブラリのインストール

図 2-17　プロジェクト・ウィザードの流れ

（g）ライブラリとサンプルの選択

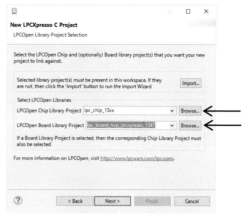

（h）ライブラリを設定

（i）SWV トレース

（j）CRP サポート

（k）printf の設定

図 2-17　プロジェクト・ウィザードの流れ（つづき）

LPCXpresso用フレームワークの作成　| 39 |

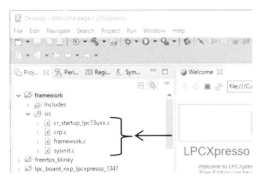

図2-18 プロジェクト・ウィザード完了

ライブラリのZIPファイルを選択して［OK］ボタンを押すと，図(g)のように，インストールするライブラリ，サンプル・プロジェクトの選択画面となります．

ここでは，最低限 lpc_board_nxp_lpcxpresso_1347 と lpc_chip_13xx を選択して（全部でも可），［Finish］ボタンを押します．

ライブラリとサンプルのインストールが終わると，元のライブラリの選択ダイアログに戻るので，図(h)のように，LPC1347チップのライブラリ Chip Library と LPCXpresso LPC1347 ボードのライブラリ Board Library を設定します．残りの設定はデフォルトのままで問題ありません．

図(k)では，printfの機能を設定できるようになっています．printfは，比較的大きなライブラリとなっているので，プログラム・サイズを小さくしたい場合はprintfの機能を限定してコード・サイズを小さくすることができます．

自動生成されたファイル

プロジェクト・ウィザードが完了すると，図2-18のように，プロジェクトのソースとしてsrcフォルダに四つのファイルが登録されます（付属DVD-ROMに収録）．

cr_startup_lpc13uxx.c

cr_startup_lpc13uxx.cは，スタートアップ・コードや割り込みのハンドラの設定が記述されています．

crp.c

crp.cは，CRP（Code Read Protection）用のソースです．

framework.c

framework.cはmain()があります．main()には，ボード上のLEDをON/OFFする簡単なサンプル・コードが記述されています．

sysinit.c

sysinit.cは，システムの初期化用のコードが記述されています．

第3章　GPIO 出力で LED ON/OFF 制御

マイコンでよく使われるのは GPIO (General Purpose Input/Output, 汎用入出力) を使った制御です．GPIO は，LED を ON/OFF させたりスイッチの状態を監視したりと，ほかのデバイスの制御によく利用されます．

そこで，最初のプログラムとして，ここでは LED を ON/OFF するプログラムを作成します．

GPIO プログラムの作成手順

一般的な GPIO プログラムの作成手順は，起動時に GPIO を初期化して，GPIO にデータを出力したり，GPIO からデータを入力したりすることになります．

GPIO の初期化

STM32F103, LPC1347 の場合

STM32F103, LPC1347 の GPIO の初期化では，次の設定を行います．

- クロックの設定
- 入出力方向の設定
- 出力タイプの設定
- プルアップ/プルダウンの設定
- オルタネート機能の設定

STM32F103, LPC1347 に限らず ARM 系マイコンの場合は，<u>GPIO のクロックを設定しないと動作しない</u>ので注意が必要です．

PIC16F1789 に比較すると設定項目が多く複雑ですが，基本的には GPIO のレジスタの設定だけで初期化が完了します．

PIC16F1789/PIC16F1939 の場合

PIC16F1789 の場合は，GPIO の構成がシンプルなため設定内容は次のようになります．

- 入出力方向の設定
- プルアップの設定
- マルチプレクス機能の設定

入出力方向の設定は TRIS (TRI-STATE) レジスタ，プルアップの設定は WPU (Weak Pull-Up) レジスタと OPTION レジスタで行います．

マルチプレクス機能は ARM 系マイコンのオルタネート機能とほぼ同じ意味です．マルチプレクス機能の設定はポートによって異なります．

GPIO のアクセス

初期化が正しく行えれば，あとはポート・レジスタを読み書きするだけで GPIO の制御が可能です．
　GPIO を双方向で使う場合は，ポート・レジスタにアクセスする前に，方向レジスタで読み出しか書き込みかを設定してからアクセスします．
　PIC16F1789 はオープン・ドレイン機能がないため，オープン・ドレインを使いたい場合は，TRIS レジスタ（方向レジスタ）を使って疑似的にオープン・ドレインの動作をするようにします．
　具体的には，TRIS レジスタに '1' を書き込んだビットが入力になるので，オープン・ドレインで使用したいビットの PORT レジスタを '0' にセットしておき，出力ビットの制御を PORT レジスタの代わりに TRIS レジスタにセットすることでオープン・ドレインと同等の機能になります．

Nucleo 版

NUCLEO-F103RB はボード上にユーザ用 LED LD2 が一つ搭載されているので，この LED を ON/OFF させてみることにします．LD2 の回路を図 3-1 に示します．また，簡単なデバッグ方法についても説明します．

プロジェクトの作成

プロジェクトは，先に作ったフレームワークをベースに作成します．フレームワークで作成したプロジェクト・ファイルをコピーしてもよいのですが，これではプロジェクト名がフレームワークのプロジェクト名のままになってしまうので，STM32CubeMX のファイル（.ioc）を使って新しいプロジェクトを作成します．
　まず，プロジェクトを作成するフォルダを作成し，ここに STM32CubeMX のフレームワークのファイルをコピーします．ここではフォルダ名を "led_on" としています．
　コピーしたファイル名を新しいプロジェクト名に変更します．プロジェクト名は "led_on" とします．
　リネームした led_on.ioc をダブルクリックして，STM32CubeMX を起動します．
　STM32CubeMX を起動したらあとはフレームワークの作成と同じ手順で，「Project」メニューから「Generate Code」を実行すれば led_on のプロジェクトが作成されます．

　なお，STM32CubeMX は，プロジェクトにライブラリ・ファイルを含めるかどうかを設定することができます．ライブラリは共通で使えるので，ディスク容量を節約したい場合はライブラリを特定のフォルダに置いて，各プロジェクトはこのファイルを参照するようにすることも可能です．
　通常はプロジェクトごとに必要なライブラリをプロジェクト・フォルダにコピーしておいた方が使いやすいため，ここではプロジェクト・ファイルにライブラリを含めるようにしています．

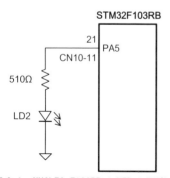

図 3-1　NUCLEO-F103RB の LED の回路

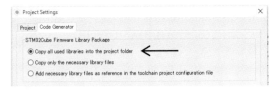

図 3-2　プロジェクトの設定

図 3-3　[Generate Code] 実行後のダイアログ

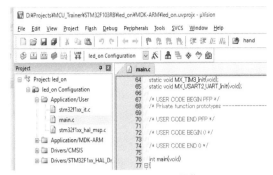

図 3-4　MDK-ARM の起動の main.c の編集

プロジェクトにライブラリ・ファイルをコピーするかどうかの設定は，「Project」メニューの「Settings」を選択して「Code Generator」タブで設定を変更することができます．（図 3-2）

プロジェクトの編集

STM32CubeMX で「Generate Code」を実行すると，図 3-3 のダイアログが開くので，「Open Project」を選択して MDK-ARM を起動します．MDK-ARM を起動したら，図 3-4 のようにプロジェクト・マネージャの「Application/User」フォルダから main.c を開いて編集します．

生成された main.c のソース・コード中には，次のようにユーザ編集用のコードの記述場所が決められています．

```
/* USER CODE BEGIN 1 */
//＊＊＊ここにユーザのコードを記述＊＊＊
/* USER CODE END 1 */
```

ソース・コードを変更する場合は，この USER CODE BEGIN x から USER CODE END x の間に記述するようにします．

このエリアは STM32CubeMX で，再度「Generate Code」を実行しても変更されないので，あとから内蔵モジュールを追加したり，GPIO を増やしたりする場合でも，STM32CubeMX で簡単に修正を行うことができます．ソース・コードのこれ以外の場所は STM32CubeMX で変更される可能性があるので，せっかく書いたコードが消されないように注意してください．

ソース・コードの記述

リスト 3-1 は，LED の ON/OFF を行うソース・コードです．NUCLEO-F103RB では，PA5 に LED が接続されています．そこで，リスト 3-1 のように LED のポートとポートのピン番号を #define しておきます．

STM32 の HAL ライブラリの GPIO の書き込み API 関数は，次のような形式となっています．

```
void HAL_GPIO_WritePin(GPIO_TypeDef* GPIOx, uint16_t GPIO_Pin, GPIO_PinState PinState);
```

リスト 3-1　led_on の main.c（STM32F103）

```c
#define LED_PORT   GPIOA
#define LED_PIN    GPIO_PIN_5
#define LED_ON     GPIO_PIN_SET
#define LED_OFF    GPIO_PIN_RESET

int main(void)
{
  HAL_Init();

  SystemClock_Config();

  MX_GPIO_Init();
  MX_ADC1_Init();
  MX_I2C1_Init();
  MX_SPI2_Init();
  MX_TIM1_Init();
  MX_TIM3_Init();
  MX_USART2_UART_Init();

  HAL_GPIO_WritePin(LED_PORT, LED_PIN, LED_ON);
  HAL_GPIO_WritePin(LED_PORT, LED_PIN, LED_OFF);
  HAL_GPIO_WritePin(LED_PORT, LED_PIN, LED_ON);

  while (1)
  {

  }
}
```

　API の第 1 引数は GPIO ポートを示す構造体のポインタで，GPIOA，GPIOB，…という名前で定義されているものを選択します．

　第 2 引数はピン番号を示す値ですが，こちらも GPIO_PIN_X という名前で定義されているものを指定します．この値は 16bit の値で，ビット 0 からビット 15 がピン番号の 0 から 15 に対応し，操作するビットを 1 にして指定します．例えば，ビット 4 を操作する場合はこの値は，0x0010 になり，ビット 0 とビット 1 を操作する場合は，0x0003 となります．

　最後の第 3 引数は，ビットをセットする場合は GPIO_PIN_SET，リセットする場合は GPIO_PIN_RESET を指定します．

　このプログラムでは，LED のポートやピンが変更可能なように操作するポートやピンを #define して使用するようにしています．

プログラムのビルドとデバッグの準備

　プログラムの修正が終わったら実際に動作を確認します．「Project」メニューから「Build Target」を選択するか F7 キーを押せば，プログラムがビルドされます．ビルドでエラーが出たら，エラー・メッセージをダブルクリックするとソース・コード上のエラーの場所にカーソルが飛ぶので，ソース・コードを修正して再度ビルドします．

　ビルドが成功したら，PC と NUCLEO-F103RB ボードを USB で接続してデバッガを実行しますが，その前にデバッガのインターフェースが ST-LINK になっていることを確認します．

　「Project」メニューから「Options for Target 'led_on Configuration'」を選択し，図 3-5 のように「Debug」タブを開いて右上に ST-Link Debugger が選択されていることを確認してください．

　また，デバッガを使用する際，最適化オプションによってはソース・コードと実際のプログラムが異なり，思わぬ動きをする場合があるので，最初は最適化オプションは最低レベルにしておいた方がよいでしょう．最適化オプションは，同じオプション・ダイアログの「C/C++」タブにあります．図 3-6 のように，「Optimization」の設定をデフォルトの「Level 3」から，「Level 0」に変更しておきます．

　最適化オプションを変更した場合は，再度ビルドし直してください．

図 3-5　デバッガ・オプションの設定

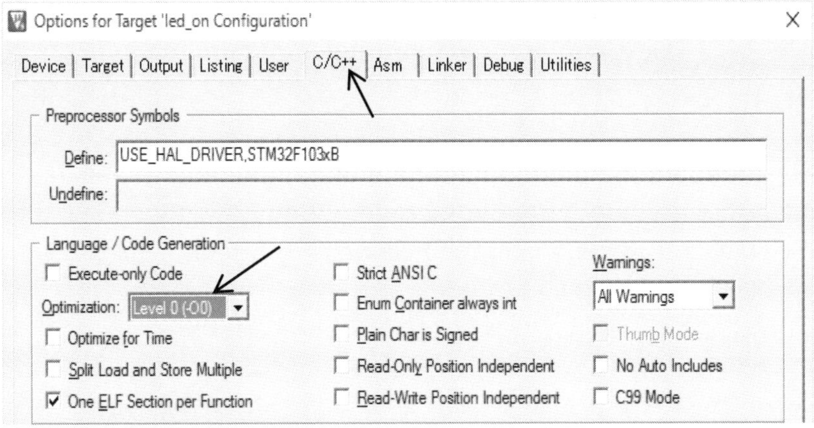

図 3-6　最適化オプションの変更

デバッガの使い方

ビルドに成功したら，「Debug」メニューから「Start/Stop Debug Session」を選択して，デバッガを実行します（図 3-7）．

デバッガを実行すると，実行ファイルがボード上のマイコンに書き込まれ，図 3-7 のようにソース・コードの main() の最初の先頭で停止しています．図では 80 行目の左側に水色と黄色のマークが表示されていますが，これが現在行（次に実行される行）の表示となります．

ソース・コードの 104 行目の左側のグレーのエリア（行番号のさらに左の濃いグレーのエリア）をマウスでクリックすると，図 3-7 のように 104 行目に赤い●印が表示され，ブレークポイントが設定されます．ここで［RUN］ボタンまたは F5 キーを押すとプログラムは 104 行目の手前まで実行され，104 行目で停止します．

ここで F10 キーを押すと 104 行のプログラムが実行され LED が点灯します．さらに F10 を押すと 105 行のプログラムが実行され LED が消灯し，再度 F10 を押すと 106 行のプログラムが実行され LED が再度点灯します．

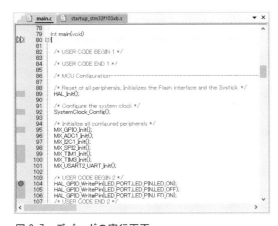

図 3-7　デバッガの実行画面

表 3-1　MDK-ARM のデバッガでよく使うキー

キー	機能
Ctrl + F5	デバッガの起動と終了
F5	プログラムの実行
F10	ステップ・オーバ（次の行まで実行）
F11	ステップ・イン（現在行を実行）
Ctrl + F11	関数から出るまで実行
Ctrl + F10	カーソル行まで実行
F9	ブレークポイントの設定と解除

Nucleo 版　| 45 |

このようにデバッガを使うと，プログラムを1行ずつ実行して動作を確認することができます．
表3-1にデバッガでよく使うキーをまとめたので，参考にしてください．

プログラムの詳細

STM32CubeMXで生成されたmain.cでは，いくつかの初期化を行っています．この初期化コードは，STM32CubeMXで最適なコードが生成されるので，通常は変更する必要はありません．

STM32CubeMXで生成された初期化コードは次のようになっています．

```
HAL_Init();                  //HALライブラリの初期化
SystemClock_Config();        //クロックの初期化
MX_GPIO_Init();              //GPIOの初期化
MX_ADC1_Init();              //ADC1の初期化
MX_I2C1_Init();              //I2C1の初期化
MX_SPI2_Init();              //SPI2の初期化
MX_TIM1_Init();              //TIM1の初期化
MX_TIM3_Init();              //TIM3の初期化
MX_USART2_UART_Init();       //USART2の初期化
```

最初のHAL_Init()はHALライブラリの初期化を行うものです．次のSystemClock_Config()では，名前の通りシステム・クロックの初期化を行っています．

これ以降は，内蔵モジュールごとの初期化を行っています．ここで初期化されるモジュールは，STM32CubeMXで設定した内蔵モジュールのみとなります．USARTは現在USART2のみを使用するようになっていますが，STM32CubeMXでUSART1を使用するように設定した場合は，MX_USART1_UART_Init()という初期化関数が呼び出されます．

それぞれのデバイスの初期化コードはmain.c内部に生成されているので，実際にどのような初期化が行われているかを確認することができます．

リスト3-2には，GPIOにNUCLEO-F103RBのLEDとスイッチのみを設定した場合の初期化コードです．GPIOはGPIO_InitTypeDefという構造体を使って初期化するので，最初の行でGPIO_InitTypeDef型の構造体のGPIO_InitStructという変数を用意します．

リスト3-2 NUCLEO-F103RBの初期化コード

```
void MX_GPIO_Init(void)
{
  GPIO_InitTypeDef GPIO_InitStruct;

  /* GPIO Ports Clock Enable */
  __GPIOC_CLK_ENABLE();
  __GPIOD_CLK_ENABLE();
  __GPIOA_CLK_ENABLE();
  __GPIOB_CLK_ENABLE();

  /*Configure GPIO pin : PC13 */
  GPIO_InitStruct.Pin = GPIO_PIN_13;
  GPIO_InitStruct.Mode = GPIO_MODE_INPUT;
  GPIO_InitStruct.Pull = GPIO_NOPULL;
  HAL_GPIO_Init(GPIOC, &GPIO_InitStruct);

  /*Configure GPIO pin : PA5 */
  GPIO_InitStruct.Pin = GPIO_PIN_5;
  GPIO_InitStruct.Mode = GPIO_MODE_OUTPUT_PP;
  GPIO_InitStruct.Speed = GPIO_SPEED_LOW;
  HAL_GPIO_Init(GPIOA, &GPIO_InitStruct);
}
```

次に，__GPIOx_CLK_ENALBE()というAPIで，GPIOxの部分で指定したGPIOのクロックを有効にしています．STM32ではGPIOのクロックを有効にしないとGPIOが使用できないので注意が必要です．ここでは，GPIOAからGPIODまでの四つのポートのクロックを有効にしています．

次にPC13の初期化を行っています．NUCLEO-F103RBにはユーザ用スイッチが搭載されており，PC13に接続されています．構造体のPinメンバにはGPIO_PIN_13を設定して，ピン番号13を指定しています．Modeメンバには，GPIO_MODE_INPUTを設定して，このピンが入力であることを指定しています．Pullメンバは，内部プルアップの設定ですが，ここではプルアップは設定しないようにしています．

最後に，HAL_GPIO_Init()を呼び出してピンの設定を行います．ピン番号はGPIO_InitTypeDefで指定しますが，ポート番号はHAL_GPIO_Init()の第1引数で指定している点に注意してください．
　LED出力ポートのPA5も同様の手順で設定しています．出力の場合はModeをプッシュプルやオープン・ドレインが選択できるようになっています．
　SpeedにはGPIOの速度を，LOW, MEDIUM, HIGHの三つから選択できるようになっています．LEDのON/OFFは特に高速にする必要はないので，LOWの設定のままで問題ありません．
　なお，これらの内蔵モジュールの初期化コードはSTM32CubeMXでコードを生成する場合に上書きされるので，手動で修正を加える場合は注意が必要です．

PIC16F版

　PIC16F1789を使ってLEDのON/OFFを行います．MPUトレーナでは三つのLEDがありますが，まずLED0を使ってLEDのテストを行います（MPUトレーナの回路図参照）．また，STM32と同様に，簡単なデバッグ方法についても説明します．

プロジェクトの作成

　フレームワークの章で説明した通り，MPLAB X IDEのCode Configuratorを使うと，簡単にフレームワークを作ることができます．しかし，ピンの設定はプロジェクトごとに行う必要があります．このため，複数のプロジェクトを作成する場合，毎回ピンの設定を行わなければならないためこの方法は少々面倒です．そこで，ここではフレームワークのプロジェクトをコピーして使用することにします．
　まず，フレームワークの章で作成したプロジェクトをフォルダごとコピーして，"led_on.X"というフォルダ名に変更します．
　プロジェクトをコピーしたらMPLAB X IDEを起動して，コピーしたled_on.Xプロジェクトを開きます．図3-8はled_on.Xプロジェクトを開いたところです．
　図のように，プロジェクト・マネージャに表示されるプロジェクト名は，"framework"のままとなっています．そこで，プロジェクト・マネージャの"framework"となっているプロジェクト名を右クリックして「Rename」を選択して，プロジェクト名を"led_on"に変更します（図3-9）．
　プロジェクト名を変更していったんプロジェクトを閉じ，再度プロジェクトを開くとプロジェクト名は

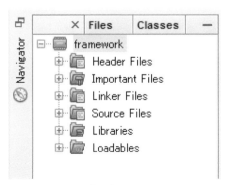

図3-8　led_on プロジェクト

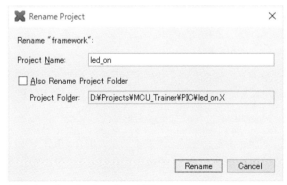

図3-9　プロジェクト名の変更

リスト 3-3　led_on の main.c（PIC16F1789）

```c
#include "mcc_generated_files/mcc.h"

#define  LED0    RB2
#define  LED_ON  1
#define  LED_OFF 0

/*
                    Main application
 */
void main(void) {
    // initialize the device
    SYSTEM_Initialize();
    LED0=LED_ON;
    LED0=LED_OFF;
    LED0=LED_ON;

    // When using interrupts, you need to set the Global and Peripheral Interrupt Enable bits
    // Use the following macros to:

    // Enable the Global Interrupts
    //INTERRUPT_GlobalInterruptEnable();

    // Enable the Peripheral Interrupts
    //INTERRUPT_PeripheralInterruptEnable();

    // Disable the Global Interrupts
    //INTERRUPT_GlobalInterruptDisable();

    // Disable the Peripheral Interrupts
    //INTERRUPT_PeripheralInterruptDisable();

    while (1) {
        // Add your application code
    }
}
/**
 End of File
 */
```

変更した"led_on"という名称に変わります．

ソース・コードの記述

　リスト 3-3 は PIC16F1789 の LED の ON/OFF プログラムです．MPU トレーナの LED LED0 は，RB2 にアサインされているので，LED0 を RB2 として#define しています．また，LED の ON の値も同様に 1 に，OFF は 0 に#define します．
　PIC16F の GPIO は 8bit 単位でアクセスします．例えば，PORTB に 8bit の値を出力する場合は，

　　PORTB=0xAA;

のように記述することができます．XC8 の場合は，さらに GPIO ポートの特定のビットのアクセスも簡単に記述可能になっています．例えば，PORTB のビット 3 をセットする場合は，

　　RB3=1;

と記述することができます．この場合，RB が PORTB を表していて，3 が 3bit を示しています．右辺の値は 0 か 1 で，1 を代入すればセット，0 を代入すればリセットとなります．

図 3-10　電源モードの設定

インサーキット・デバッガ PICkit3 の設定

　プログラムを記述したら，プロジェクトをビルドして書き込みを行います．MPLAB X IDE では，通常 PICkit3 を使ってデバッグや書き込みを行います．
　PICkit3 には外部電源モードと内部電源モードがあり，この設定をまちがえると，プログラムの書き込み時にエラーになります．電源モードの設定はプロジェクト・マネージャで「led_on」のプロパティを表示し，カテゴリで「PICkit3」を選択します．
　さらに，図 3-10 のように「Option categories」で「Power」を選択すると，電源モードの設定画面となります．
　最初の項目の「Power target circuit from PICkit3」のチェックを外すと外部電源モードとなり，チェックを入れると内部電源モードとなります．内部電源モードにすると，PICkit3 からターゲット・ボードに電源を供給します．MPU トレーナのように外部電源で動作させる場合は外部電源モードにします．
　「Voltage Level」は電源電圧の設定です．PICkit3 は電源電圧を監視して，異常な電圧を検出するとエラーを表示するようになっています．MPU トレーナでは電源電圧は 3.3V なので，これより若干低い 3.25V を設定しています．これは，設定リストの中に 3.3V がないためですが，ボードの消費電流の関係で若干電圧が落ちる可能性も考慮して 3.25V に設定しています．

プログラムのビルド

　プロジェクトをビルドは「Run」メニューから「Build Project」を選択します．
　エラーが出なければ，PICkit3 をターゲット・ボード（ここでは MPU トレーナ）に接続して［Make Program Device］ボタンを押すと，プログラムがターゲット・デバイスに書き込まれます（図 3-11）．
　F6 キーでプログラムを書き込んで実行することも可能です．

デバッガの使い方

　今回のプログラムは，LED を ON，OFF，ON と変化させますが，そのまま実行すると一瞬のことで，実際に LED が消灯したかどうかを見ることができません．そこで，STM32 と同じくデバッガを使ってス

図 3-11　Make Program Device ボタン

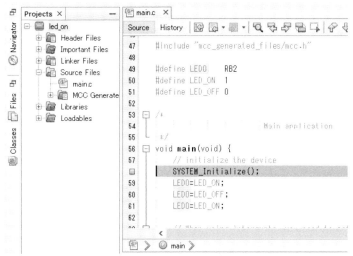

図 3-12　ブレークポイントの設定

テップ実行を行うことにします.

　MPLAB X IDE では，PICkit3 を使ってデバッグすることが可能です．PICkit3 を使ったデバッグでは，実行状態の PIC16F に対してブレークポイントを設定することができないので，必ずプログラムが停止した状態でブレークポイントを設定します.

　まず，図 3-12 のように，main() の最初の行の先頭をクリックしてブレークポイントを設定します．「Debug」メニューから「Debug Project(led_on)」を選択してデバッグ・モードに入ります．

　このとき，図 3-13 のようなダイアログが表示されるので［Yes］ボタンを押してデバッグを開始します．

　PICkit3 でデバッグする際は，PIC16F の $\overline{\text{MCLR}}$ 端子を V_{PP} として使用します．MPU トレーナでは，このピンは SW2 に割り当てられているので，V_{PP} として使用する場合はこのスイッチは使用できなくなります．今回のプログラムでは，SW2 は使用していないのでこのままデバッグして問題ありません.

　デバッガが起動すると，図 3-14 のように設定したブレークポイントの位置でプログラムが停止します.

　この状態で F8 を押すと，カーソル行が実行され次の行に移動します．さらに F8 を押していくと，LED0 が ON→OFF→ON と変わっていくのが確認できます.

　この F8 キーの機能は，MDK-ARM のデバッガでの F10 キーと同じ機能です．MPLAB X IDE のデバッガでよく利用されるキーを，表 3-2 に示します.

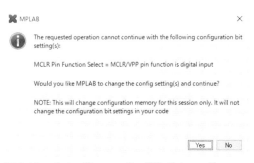

図 3-13　デバッグ・モードの警告ダイアログ

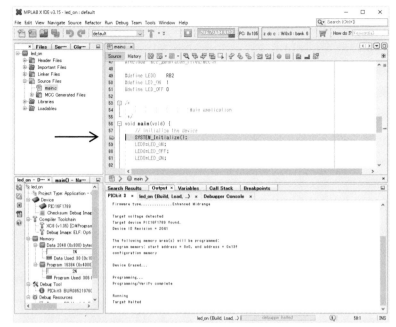

図 3-14　デバッガの起動画面

表 3-2　MPLAB X IDE のデバッガでよく使うキー

キー	機能
F6	プログラムをダウンロードして実行
F5	プログラムの実行
F8	ステップ・オーバ（次の行まで実行）
F7	ステップ・イン（現在行を実行）
Ctrl + F7	関数から出るまで実行
F4	カーソル行まで実行
Ctrl + F8	ブレークポイントの設定と解除

PIC16F の GPIO の操作方法

　PIC16F の GPIO は基本的には PORT レジスタと TRIS レジスタの二つのレジスタで構成されています．PORT レジスタは GPIO にデータをセットしたり，GPIO からデータを読み込むためのレジスタです．
　GPIO の入出力方向は TRIS レジスタで設定します．TRIS レジスタのあるビットを 1 に設定すると対応する GPIO ポートのビットは入力となり，0 を設定すると出力となります．TRIS レジスタは PORT レジスタとペアになっており，PORTA の TRIS レジスタは TRISA, PORTB の TRIS レジスタは TRISB となります．
　今回のプログラムでは Code Configurator でポートの設定をしているため，main.c では直接 TRIS レジスタは操作していません．
　ポートの入出力設定は SYSTEM_Initialize() 内で行われていて，実際の設定は pin_manager.c の PIN_MANAGER_Initialize() で行っています．

LPCXpresso 版

LPCXpresso LPC1347 はボード上にユーザ用の LED LED2 が一つ搭載されているので，この LED を ON/OFF させてみることにします．LED2 の回路を図 3-15 に示します．また，簡単なデバッグ方法についても説明します．

プロジェクトの作成

LPCXpresso のプロジェクト・ウィザードを使って，新規のプロジェクトを作成します．プロジェクトの作成手順はフレームワークの作成手順と同様ですが，ワークスペースをフレームワークの作成時と同じフォルダを指定しておけばライブラリの登録は必要ありません．

プロジェクトの作成は次の手順で行います．LPCXpresso IDE を起動したら，「File」メニューから「New」-「New Project」を選択して，図 3-16 のように，LPCXpresso C Project を選択します．

次の画面では，図 3-17 のように，「LPC1300 / LPC1500」のカテゴリの「LPC13xx(12bit ADC)」の中から「LPCOpen - C Project」を選択します．

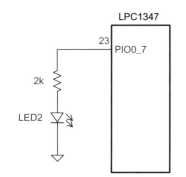

図 3-15 LPCXpresso LPC1347 の LED の回路

次に，プロジェクト名を"led_on"とします（図 3-18）．

ターゲット・マイコンとして「LPC1347」を選択します（図 3-19）．

Chip Library と Board Library を図 3-20 のように設定します．

CMSIS DSP ライブラリ以降はデフォルトのままにして，そのまま[Next]ボタンを押します（図 3-21~図 3-24）．

以上の手順で led_on プロジェクトが作成され，プロジェクト・ナビゲーション画面に led_on が追加されます（図 3-25）．

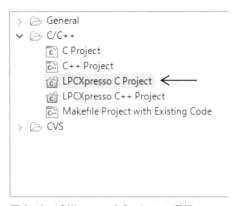

図 3-16 LPCXpresso C Project の選択

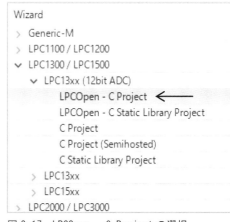

図 3-17 LPCOpen - C Project の選択

| 52 | 第 3 章 GPIO 出力で LED ON/OFF 制御

図 3-18　プロジェクト名の設定

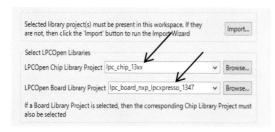

図 3-20　チップとボードのライブラリの設定

図 3-22　SWV トレース・オプションの設定

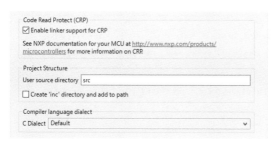

図 3-23　その他のオプションの設定

図 3-24　printf オプションの設定

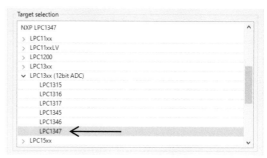

図 3-19　ターゲット・マイコンの選択

図 3-21　CMSIS DSP ライブラリの設定

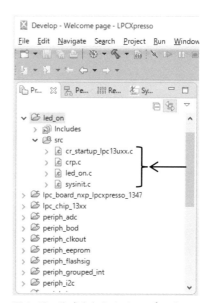

図 3-25　作成された led_on プロジェクト

LPCXpresso 版　| 53 |

リスト 3-4 ウィザードで作成された led_on.c

```c
#if defined (__USE_LPCOPEN)
#if defined(NO_BOARD_LIB)
#include "chip.h"
#else
#include "board.h"
#endif
#endif

#include <cr_section_macros.h>

// TODO: insert other include files here

// TODO: insert other definitions and declarations here

int main(void) {

#if defined (__USE_LPCOPEN)
    // Read clock settings and update SystemCoreClock variable
    SystemCoreClockUpdate();
#if !defined(NO_BOARD_LIB)
    // Set up and initialize all required blocks and
    // functions related to the board hardware
    Board_Init();
    // Set the LED to the state of "On"
    Board_LED_Set(0, true); //①
#endif
#endif

    // TODO: insert code here

    // Force the counter to be placed into memory
    volatile static int i = 0 ;
    // Enter an infinite loop, just incrementing a counter
    while(1) {
        i++ ;
    }
    return 0 ;
}
```

リスト 3-5 修正した LPC1347 の led_on.c

```c
const uint32_t OscRateIn = 12000000;  //①

#define LED_PORT    0
#define LED_PIN     7
#define LED_ON      true
#define LED_OFF     false

int main(void) {

  SystemCoreClockUpdate();
  Chip_GPIO_Init(LPC_GPIO_PORT);
  Chip_GPIO_WriteDirBit(LPC_GPIO_PORT, LED_PORT, LED_PIN, 1);

  Chip_GPIO_WritePortBit(LPC_GPIO_PORT, LED_PORT, LED_PIN, LED_ON);
  Chip_GPIO_WritePortBit(LPC_GPIO_PORT, LED_PORT, LED_PIN, LED_OFF);
  Chip_GPIO_WritePortBit(LPC_GPIO_PORT, LED_PORT, LED_PIN, LED_ON);

  while(1) {
  }
  return 0;
}
```

ソース・コードの記述

リスト 3-4 は，プロジェクト・ウィザードで作成された led_on.c ファイルです．リストのように，プロジェクト・ウィザードは，サンプルとして LED LED2 を点灯するコード①を埋め込んでくれています．

このまま実行すると LED は点灯しますが，ここでは LPCOpen ライブラリの Chip Library の使い方を示すため，リスト 3-5 のようにソースを修正します．

プログラムのビルド

プログラムの修正が終わったら，実際に動作を確認します．プロジェクトのビルドや実行は，メニューからも行えますが，LPCXpresso IDE の場合は複数のプロジェクトがあるので，プロジェクト・ウィンドウからマウス操作で行う方がプロジェクトの選択ミスがなくてよいでしょう．

プロジェクトのビルドは，プロジェクト・ウィンドウから led_on プロジェクトを選択して，マウスの右クリックで表示されるメニューから「Build Project」を選択します．エラーがでなければこれでビルドは完了です．

デバッガの使い方

　プログラムの実行は，ステップ実行などが行えるデバッグ・モードと，単純にダウンロードしてプログラムを実行する実行モードがあります．ここでは，デバッグ・モードでプログラムを実行します．
　ビルドと同様に，プロジェクト・ウィンドウから led_on プロジェクトを選択して，マウスの右クリックで表示されるメニューから「Debug As」を選択します．
　「Debug As」を選択するとさらにメニューが表示されるので，「C/C++(NXP Semiconductor) MCU Application」を選択します．
　図 3-26 のような画面が表示された場合は，「LPC-Link...」を選択して［OK］ボタンを押します．
　デバッガが正常に起動すると，図 3-27 のようにソース・コードの main()の最初のステップにカーソルが表示されて停止します．
　これでデバッガが使用できるので，ステップ実行で動作を確認します．デバッガのキーは，とりあえず次の三つを覚えておけばよいでしょう．

- F8　実行（現在の位置から，プログラムを実行）
- F6　ステップ・オーバ（関数の次の行で停止）
- F5　ステップ・イン（関数内の最初の行で停止）

　表 3-3 に，LPCXpresso IDE のデバッガでよく使用するキーを示します．
　27 行目の行番号 27 の左側をダブルクリックすると，ブレークポイントを設定することができます．この状態で F8 を押すと，プログラムは 27 行目のところで停止します．
　ここで，F6 キーを押していくと，LED が ON，OFF，ON と切り換わることが確認できます．

図 3-26　LPC-Link の確認画面

表 3-3　LPCXpresso IDE のデバッガでよく使うキー

キー	機能
CTRL+F11	最後に実行したプロジェクトを実行
F11	最後にデバッグしたプロジェクトをデバッグ
F6	ステップ・オーバ（次の行まで実行）
F5	ステップ・イン（現在行を実行）
Ctrl + R	カーソル行まで実行
Ctrl + Shift + B	ブレークポイントの設定と解除

図 3-27　デバッガの起動画面

LPCXpresso 版　| 55 |

プログラムの詳細

リスト3-5のプログラムでは，初期化を次の三つの行で行っています．

```
SystemCoreClockUpdate();
Chip_GPIO_Init(LPC_GPIO_PORT);
Chip_GPIO_WriteDirBit(LPC_GPIO_PORT, LED_PORT, LED_PIN, 1);
```

最初のSystemCoreClockUpdate()では，クロックの初期化を行います．このとき，システムのクロック周波数を通知する必要がありますが，これは①のOscRateInで設定しています．プロジェクト・ウィザードで作成されたソースにはこの行はありませんが，ライブラリ内部でこの設定を行っています．

次にChip_GPIO_Init()でGPIOの初期化を行い，Chip_GPIO_WriteDirBit()でGPIOの入出力を設定しています．ここではLEDポートの設定のみを行っており，指定したLEDポートを出力に設定しています．

GPIOのビットのセットは，

```
Chip_GPIO_WritePortBit(LPC_GPIO_PORT, LED_PORT, LED_PIN, LED_ON);
```

で行います．第4引数でビットをセット（ON）するかリセット（OFF）するかを設定することができます．

マイコンのプログラムで最もよく使われるのはGPIOの制御です．GPIOは，LEDをON/OFFさせたりスイッチの状態を監視したりと，ほかのデバイスの制御や入力によく利用されます．

第4章　GPIO入力でスイッチの読み取り

LEDのON/OFFではGPIOの出力機能を使ってLEDをON/OFFしました．ここでは，GPIOの入力機能を使ってスイッチの入力を行ってみます．

スイッチが押されているかどうか分かるように，ここでは一つのスイッチ入力を使って，スイッチを押している間だけLEDがONとなるテスト・プログラムを作成します．

負論理回路が多いスイッチ入力

LEDの出力回路は正論理で'1'を出力するとLEDがONになる回路が増えましたが，スイッチ入力は図4-1のようにスイッチがONのとき入力が'0'となる，いわゆる負論理回路が多いように思えます．

スイッチ入力に負論理を使うのは，初期の論理デバイスTTLの内部回路構成によるものが大きな理由だと思いますが，最近のデバイスでは負論理を使う優位性はさほどありません．

それでもまだ負論理の回路が多いのは，設計する技術者が（著者がそうなのですが）なんとなく負論理にしないと落ち着かないといったことが主な要因ではないかと考えます．

ここでのサンプルでは使用していませんが，マイコンのGPIOには入力のプルアップやプルダウンの機能があるものもあります．この機能を使うと，スイッチのプルアップ抵抗やプルダウン抵抗を省略できる場合があります．

Nucleo版

前章と同様の手順で，スイッチ入力のプロジェクト"push_sw"を作成します．

STM32F103では，LEDのON/OFFと同様にHALライブラリを使ってGPIOの入力を行うことができます．

NUCLEO-F103RBにはユーザ用スイッチB1が一つ搭載されているので，ここではこのスイッチを使ってスイッチの入力を行います．B1はGPIOCのビット13（PC13）に接続されています（図4-2）．

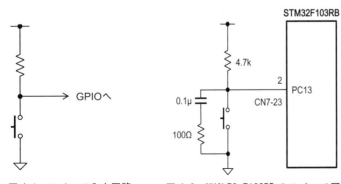

図4-1　スイッチ入力回路　　図4-2　NUCLEO-F103RBのスイッチ回路

リスト 4-1　push_sw の main.c (STM32F103)

```c
#define LED_PORT    GPIOA
#define LED_PIN     GPIO_PIN_5
#define LED_ON      GPIO_PIN_SET
#define LED_OFF     GPIO_PIN_RESET
#define SW_PORT     GPIOC
#define SW_PIN      GPIO_PIN_13
#define SW_OFF      GPIO_PIN_SET
#define SW_ON       GPIO_PIN_RESET

int main(void)
{
  HAL_Init();

  SystemClock_Config();

  MX_GPIO_Init();

  while (1){
    if(HAL_GPIO_ReadPin(SW_PORT, SW_PIN)==SW_ON){
      HAL_GPIO_WritePin(LED_PORT, LED_PIN, LED_ON);
    }else{
      HAL_GPIO_WritePin(LED_PORT, LED_PIN, LED_OFF);
    }
  }
}

void MX_GPIO_Init(void)
{
  GPIO_InitTypeDef GPIO_InitStruct;

  /* GPIO Ports Clock Enable */
  __GPIOC_CLK_ENABLE();
  __GPIOD_CLK_ENABLE();
  __GPIOA_CLK_ENABLE();
  __GPIOB_CLK_ENABLE();

  /*Configure GPIO pin : PC13 */
  GPIO_InitStruct.Pin = GPIO_PIN_13;
  GPIO_InitStruct.Mode = GPIO_MODE_EVT_RISING;   //①
  GPIO_InitStruct.Pull = GPIO_NOPULL;
  HAL_GPIO_Init(GPIOC, &GPIO_InitStruct);

  /*Configure GPIO pins : PC0 PC1 PC2 PC3
                          PC4 PC5 PC6 PC7
                          PC8 PC9 PC10 PC11 */
  GPIO_InitStruct.Pin = GPIO_PIN_0|GPIO_PIN_1|GPIO_PIN_2|GPIO_PIN_3
                        |GPIO_PIN_4|GPIO_PIN_5|GPIO_PIN_6|GPIO_PIN_7
                        |GPIO_PIN_8|GPIO_PIN_9|GPIO_PIN_10|GPIO_PIN_11;
  GPIO_InitStruct.Mode = GPIO_MODE_OUTPUT_PP;
  GPIO_InitStruct.Speed = GPIO_SPEED_LOW;
  HAL_GPIO_Init(GPIOC, &GPIO_InitStruct);

  /*Configure GPIO pins : PA5 PA6 PA8 */
  GPIO_InitStruct.Pin = GPIO_PIN_5|GPIO_PIN_6|GPIO_PIN_8;
  GPIO_InitStruct.Mode = GPIO_MODE_OUTPUT_PP;
  GPIO_InitStruct.Speed = GPIO_SPEED_LOW;
  HAL_GPIO_Init(GPIOA, &GPIO_InitStruct);

  /*Configure GPIO pins : PB0 PB1 PB2 PB10
                          PB11 PB5 PB8 PB9 */
  GPIO_InitStruct.Pin = GPIO_PIN_0|GPIO_PIN_1|GPIO_PIN_2|GPIO_PIN_10
                        |GPIO_PIN_11|GPIO_PIN_5|GPIO_PIN_8|GPIO_PIN_9;
  GPIO_InitStruct.Mode = GPIO_MODE_OUTPUT_PP;
  GPIO_InitStruct.Speed = GPIO_SPEED_LOW;
  HAL_GPIO_Init(GPIOB, &GPIO_InitStruct);

  /*Configure GPIO pins : PA10 PA11 PA12 */
  GPIO_InitStruct.Pin = GPIO_PIN_10|GPIO_PIN_11|GPIO_PIN_12;
  GPIO_InitStruct.Mode = GPIO_MODE_INPUT;
  GPIO_InitStruct.Pull = GPIO_NOPULL;
  HAL_GPIO_Init(GPIOA, &GPIO_InitStruct);
}
```

プログラムの作成

　リスト 4-1 は push_sw のソース・コードです．GPIO の初期化は STM32CubeMX が自動で行っているため main() はシンプルになっています．

　main() の中では，スイッチの読み出し部分は次のように無限ループになっています．

```c
while (1){
    if(HAL_GPIO_ReadPin(SW_PORT,SW_PIN)==SW_ON){
        HAL_GPIO_WritePin(LED_PORT,LED_PIN,LED_ON);
    }else{
        HAL_GPIO_WritePin(LED_PORT,LED_PIN,LED_OFF);
    }
}
```

　while ループの中では，最初に HAL_GPIO_ReadPin() を使ってスイッチの状態を読み取っています．
　スイッチは負論理の回路になっているため，押されていない状態が GPIO_PIN_SET で，押されている状態が GPIO_PIN_RESET です．
　このままだと分かりにくいため，それぞれの状態をソース・コードの先頭で SW_OFF と SW_ON という名称で #define しています．

スイッチが押されていれば，HAL_GIO_WritePin()でLEDを点灯し，押されていなければ消灯することを繰り返しています．
GPIOの初期化はフレームワークで作成したものと同じなので，特に変更をしていません．スイッチ用ポートの初期化はLEDのときに説明したように，モードとしては，

    GPIO_InitStruct.Mode = GPIO_MODE_INPUT;

と設定してもよいのですが，ここでは，フレームワークのまま，

    GPIO_InitStruct.Mode = GPIO_MODE_EVT_RISING;

と設定されています（①部分）．
この設定では，スイッチを押したときに割り込みを発生することができます．
今回のプログラムでは割り込みは使用していませんが，通常のGPIOとして読み出すこともできるので特に変更する必要はありません．

PIC16F版

PIC16Fのスイッチ入力プログラムは，led_onのプロジェクトと同様にフレームワークのプロジェクトをコピーして作成します．プロジェクト名はSTM32のプロジェクトと同様に"push_sw"とします．

プログラムの作成

作成したソース・コードを**リスト4-2**に示します．
MPUトレーナには三つのスイッチがありますが，ここではSW0を使用しています．SW0はPORTAのビット3，すなわちRA3がSW0の入力となります．
メイン・ループのwhile文ではスイッチが押されたときにLEDのビットをONに設定し，押されていないときはOFFになるようにしています．
プログラムをビルドして書き込むと，SW0を押したときにLED0が点灯することが確認できます．

リスト4-2 push_swのmain.c（PIC16F1789）

```
#define  LED0      RB2
#define  PUSH_SW   RA3
#define  LED_ON    1
#define  LED_OFF   0

void main(void) {
  SYSTEM_Initialize();

  while (1) {
    if(PUSH_SW)
      LED0=LED_OFF;
    else
      LED0=LED_ON;
  }
}
```

LPCXpresso 版

前章のプロジェクトと同様に,プロジェクト・ウィザードを使って"push_sw"という名前でプロジェクトを作成します.

プログラムの作成

リスト 4-3 は,LPC1347 のスイッチ入力プログラムのソース・コードです.

LPCXpresso LPC1347 のボードにはスイッチが搭載されていないので,MPU トレーナの SW0 を入力に使用しています.SW0 は LPC1347 の PIO0_2 になります.

スイッチの状態の読み出しは,Chip Library の Chip_GPIO_GetPinState()を使用します.

この関数は,戻り値が bool 型となっており,指定した I/O ピンの状態が High レベルなら true,Low レベルなら false となります.

SW0 の回路は負論理なので,GetPinState の値が 0 のときに LED を点灯するようにしています.

リスト 4-3　LPC1347 の push_sw.c

```c
#define  LED_PORT   0
#define  LED_PIN    7
#define  LED_ON     true
#define  LED_OFF    false
#define  GPIO_IN    0
#define  GPIO_OUT   1
#define  SW_PORT    0
#define  SW_PIN     2

int main(void) {

  SystemCoreClockUpdate();

  Chip_GPIO_Init(LPC_GPIO_PORT);
  Chip_GPIO_WriteDirBit(LPC_GPIO_PORT, LED_PORT, LED_PIN, GPIO_OUT);
  Chip_GPIO_WriteDirBit(LPC_GPIO_PORT, SW_PORT, SW_PIN, GPIO_IN);

  while(1) {
    if(Chip_GPIO_GetPinState(LPC_GPIO_PORT, SW_PORT, SW_PIN)){
      Chip_GPIO_WritePortBit(LPC_GPIO_PORT, LED_PORT, LED_PIN, LED_OFF);
    }else{
      Chip_GPIO_WritePortBit(LPC_GPIO_PORT, LED_PORT, LED_PIN, LED_ON);
    }
  }
  return 0 ;
}
```

第5章　7セグメントLEDに数字表示

7セグメントLEDの仕組み

　7セグメントLEDは日の字型にLEDを配置した数字表示デバイスです（**写真5-1**）．マイコンを使った製品では，電卓などでよく利用されます．

　7セグメントLEDは**図5-1**のように，A~GとDPという名前の付けられた8個のLEDセルで構成されています．DPは小数点の表示に使用されます．

　数字を表示する際には，表示したい数字に合わせて表示するセルを選択します．マイコンでは16進を利用することが多いので，**図5-2**のように数字の0~9に加え，A~Fまで表示できるようにすることがよくあります．セルの構成に限りがあるため，B，C，Dは小文字表示になっています．

　MPUトレーナでは4桁の数字が表示できるように，4桁7セグメントLEDモジュールを使用しています．7セグメントLEDは小数点を含めると8個のLEDが内蔵されているので，4桁表示では4×8＝32個のLEDを使用している計算になります．

　4桁7セグメントLEDモジュールでは信号線の数を削減するため，**図5-3**のようにLEDのカソード側，すなわちA~GとDPの信号を四つの桁ですべて共通で使用するようになっています．アノード側はDIG1~DIG4の四つにまとめられています．

写真5-1　4桁7セグメントLEDの一例

図5-1　7セグメントLEDの表示例

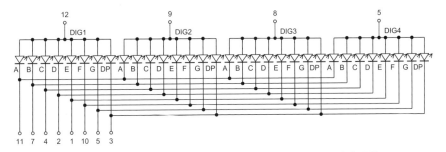

図5-2　4桁7セグメントLED OSL40562-IR（アノード・コモン）の内部回路

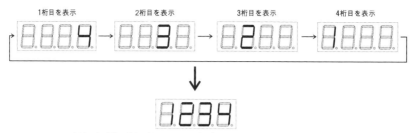

図 5-3 ダイナミック点灯の原理

ダイナミック点灯の仕組み

4桁7セグメントLEDモジュールは，ダイナミック点灯と呼ばれる方法で4桁表示を行います．信号線が共通となっているため，同時に四つの桁に異なる数字を表示することはできませんが，ダイナミック点灯を行うことで，見かけ上，四つの桁に異なる数字を表示させることができます．

図5-4にダイナミック点灯の原理を示します．よく知られているように，テレビ放送や映画の映像は静止画像を高速で切り換えることで動画として見ることができるようになっています．人間の目には残像が残るため，高速で画像を切り換えると画面の切り換えを認識することができず，静止画の連続が動画として見えるわけです．

ダイナミック点灯もこれと同じ手法を用います．ダイナミック点灯では，4桁のLEDを1桁ずつ表示します．最初に1桁目の数字を1桁目に表示し，一定時間1桁目を表示したら1桁目は消して2桁目を表示します．これを4桁目まで繰り返したらまた1桁目から表示します．数字の切り換えを高速に行うと残像の影響で表示桁が切り換わったことが分からず，4桁が同時に表示されているように見えます．

ダイナミック点灯はマイコンのようにGPIOの数が限られている場合に，少ない信号線で制御できるため効果的です．ただし，桁数が増えると表示が暗く見えたり，ちらついたりする可能性があるので注意が必要です．4桁の場合はLEDの明るさは通常の4分の1となるので，ダイナミック点灯を行う場合はできるだけ明るいLEDを使用します．

ダイナミック点灯用関数

7セグメントLEDはLEDを並べたものなので，GPIOの出力で簡単に制御することができます．ここでは，ダイナミック点灯を行うために，次の三つの関数を定義します．

- void SelectSel(int sel)
  selで指定された桁を選択する．selの値が0~3以外の場合はLEDを消灯する．
- void ShowSeg(int val)
  SelectSel()で指定された桁にvalの値を表示する．
- void ShowData(int dat)
  datの値を16進4桁で1回だけダイナミック点灯を行う．

Nucleo版

プロジェクト名"seven_seg"を作成します．リスト5-1はSTM32F103の7セグメントLEDの点灯プログラムです．

リスト 5-1 seven_seg の main.c (STM32F103)

```
/*
  7SEGMENT LED Pin Assgin
  7-0(a-g, dp) -> PortC07-PORTC00
  7SEGMENT Select
  SEL3  -> PC11
  SEL2  -> PC10
  SEL1  -> PC9
  SEL0  -> PC8
*/

//表示する桁を選択(0-3) 桁番号
//それ以外の数字の場合は，表示を消す
void SelectSel(int sel)
{
  int mask;

  if((sel<0)||(sel>3)){
    HAL_GPIO_WritePin(GPIOC, 0xf00, GPIO_PIN_RESET);
    return;
  }
  sel=3-sel;

  mask=(1<<(sel+8));
  HAL_GPIO_WritePin(GPIOC, mask, GPIO_PIN_SET);
  mask=(~mask)&0xf00;
  HAL_GPIO_WritePin(GPIOC, mask, GPIO_PIN_RESET);
}

//7Segment データの表示
void ShowSeg(int val)
{
  char pat[16]={ 0xfc, 0x60, 0xda, 0xf2, 0x66, 0xb6, 0xbe, 0xe4,   // 0-7
                 0xfe, 0xe6, 0xee, 0x3e, 0x1a, 0x7a, 0x9e, 0x8e }; // 8-F
  int mask;
  mask=pat[val];
  HAL_GPIO_WritePin(GPIOC, mask, GPIO_PIN_SET);
  mask=(~mask)&0xff;
  HAL_GPIO_WritePin(GPIOC, mask, GPIO_PIN_RESET);
}

//4桁の数字を表示して終了
void ShowData(int dat)
{
  int i;
  int val;

  for(i=0; i<4; i++){
    val=(dat & 0x0f);
    ShowSeg(val);
    SelectSel(i);
    delay_ms(1);
    SelectSel(-1);
    dat>>=4;
  }
}

int main(void)
{
  int i;

  HAL_Init();

  SystemClock_Config();

  MX_GPIO_Init();

  while (1)
  {
    ShowData(0x1234);
  }
}
```

main()から ShowData()を繰り返し呼び出すことで，ダイナミック点灯を行っています．ここでは，0x1234 という値を表示します（写真 5-2）．

トラブルが起きない GPIO の書き込み方法

MPU トレーナでは，7セグメント LED のピン・アサインは PORTC のビット 0 からビット 7 がセグメントの A~G と DP（SEG7~SEG0），ビット 8 から 11 が桁の選択信号（SEL3~SEL0）となっています．

- SEG7-SEG0 → PC7~PC0
- SEL3~SEL0 → PC11~PC8

GPIO の書き込みは，HAL_GPIO_WritePin()という API を使用しています．

この API は第 3 引数に GPIO_PIN_SET，または GPIO_PIN_RESET を指定するようになっています．

第 3 引数に GPIO_PIN_SET を指定した場合は，書き込むデータが1のビットがセットされ，GPIO_PIN_RESET を指定すると，データが1のビットがリセットされます．

写真 5-2 プログラムの実行結果

Nucleo 版 | 63

データが0のビットは変化しないので，GPIO_PIN_SETとGPIO_PIN_RESETを使って，各ビットをON/OFFする必要があります．

一見，二度手間のようですが，0のビットは変化しないため，このサンプルのように下位ビットと上位ビットが別の機能になっている場合は，GPIOの書き込みの際，他の機能のビットを変化させてしまうようなトラブルが起きないようになっています．

ShowData()では，SelectSel()とShowSeg()を使って4桁の表示を行っています．

1桁当たり1msだけ表示を行っているので，4桁表示するのに4msかかる計算です．

表示時間があまり長くなると表示がちらつくので注意してください．目安としては30ms以内であれば，ちらつきはほとんど感じられないと思います．

PIC16F版

プロジェクト名"seven_seg"を作成します．**リスト5-2**は，PIC16F1789の7セグメントLED点灯プログラムです．実行結果はSTM32と同じです．

リスト5-2 seven_segのmain.c (PIC16F1789)

```c
/*
  7SEGMENT LED Pin Assgin
  7-0(a-g, dp) -> RD7-RD0
  7SEGMENT Select
  SEL3  -> RC1
  SEL2  -> RE2
  SEL1  -> RE1
  SEL0  -> RE0
*/
//表示する桁を選択(0-3) 桁番号
//それ以外の数字の場合は，表示を消す
void SelectSel(int sel)
{
  int mask;

  RC1=0;
  RE2=0;
  RE1=0;
  RE0=0;
  if((sel<0)||(sel>3)){
    return;
  }
  switch(sel)
  {
    case 0:
      RC1=1;
      break;
    case 1:
      RE2=1;
      break;
    case 2:
      RE1=1;
      break;
    case 3:
      RE0=1;
      break;
  }
}

//7Segment データの表示
void ShowSeg(int val)
{
  char pat[16]={ 0xfc, 0x60, 0xda, 0xf2, 0x66, 0xb6, 0xbe, 0xe4,   //0-7
                 0xfe, 0xe6, 0xee, 0x3e, 0x1a, 0x7a, 0x9e, 0x8e }; // 8-F
  PORTD=pat[val];
}

//4桁の数字を表示して終了
void ShowData(int dat)
{
  int i;
  int val;

  for(i=0; i<4; i++){
    val=(dat & 0x0f);
    ShowSeg(val);
    SelectSel(i);
    delay_ms(1);
    SelectSel(-1);
    dat>>=4;
  }
}

void main(void) {
  SYSTEM_Initialize();

  INTERRUPT_GlobalInterruptEnable();

  INTERRUPT_PeripheralInterruptEnable();

  while (1) {
    ShowData(0x1234);
  }
}
```

PIC16F1789の7セグメントLEDのピン・アサインは次のようになっています．

- SEG7~SEG0　→　RD7~RD0
- SEL3　　　　→　RC1
- SEL2~SEL0　→　RE2~RE0

SEGxはセグメントの選択信号，SELxは桁の選択信号です．
7セグメントLEDのアクセス関数は，STM32用に作成した三つの関数をPIC16F用に書き換えています．
コンパイラXC8では，ビット単位のアクセスが可能です．例えば，SEL3信号の制御は，

```
RC1=1;
```

と記述すれば，SEL3がHighとなり，

```
RC1=0;
```

と記述すれば，SEL3がLowとなります．
また，8bit単位でのアクセスは，ShowSeg()のように，

```
PORTD=pat[val];
```

と記述すれば，8bitのGPIOを1回でセットすることができます．

LPCXpresso版

プロジェクト名"seven_seg"を作成します．**リスト5-3**は，LPC1347の7セグメントLED点灯プログラムです．実行結果はSTM32と同じです．
LPC1347の7セグメントLEDのピン・アサインは，次のようになっています．

- SEG7　→　PIO0_22
- SEG6　→　PIO0_21
- SEG5　→　PIO0_03
- SEG4　→　PIO0_01
- SEG3　→　PIO1_15
- SEG2　→　PIO1_14
- SEG1　→　PIO1_25
- SEG0　→　PIO0_06

- SEL3　→　PIO0_20
- SEL2　→　PIO0_17
- SEL1　→　PIO0_16
- SEL0　→　PIO1_24

LPCXpresso LPC1347ボードで使用できるGPIOの関係でGPIOがばらばらになっているため，STM32やPIC16F1789のソース・コードと比べると少々複雑になっています．また，GPIOの初期値の関係でGPIOの初期化も少々複雑になっています．

リスト 5-3　LPC1347 の seven_seg.c

```c
/*
  7SEGMENT LED Pin Assgin
  7-0(a-g, dp) -> RD7-RD0
  SEG7  -> PIO0_22
  SEG6  -> PIO0_21
  SEG5  -> PIO0_03
  SEG4  -> PIO0_01
  SEG3  -> PIO1_15
  SEG2  -> PIO1_14
  SEG1  -> PIO1_25
  SEG0  -> PIO0_06

  7SEGMENT Select
  SEL3  -> PIO0_20
  SEL2  -> PIO0_17
  SEL1  -> PIO0_16
  SEL0  -> PIO1_24
 */
volatile uint32_t msCnt=0;
const uint32_t OscRateIn = 12000000;

//GPIO のアサインによって設定値を変更
uint32_t SegPort[8]={0, 1, 1, 1, 0, 0, 0, 0};
int SegPin[8]={6, 25, 14, 15, 1, 3, 21, 22};
uint32_t SegMux[8]={
    (IOCON_FUNC0 | IOCON_MODE_INACT),   //PIO0_6
    (IOCON_FUNC0 | IOCON_MODE_INACT),   //PIO1_25
    (IOCON_FUNC0 | IOCON_MODE_INACT),   //PIO1_14
    (IOCON_FUNC0 | IOCON_MODE_INACT),   //PIO1_15
    (IOCON_FUNC0 | IOCON_MODE_INACT),   //PIO0_1
    (IOCON_FUNC0 | IOCON_MODE_INACT),   //PIO0_3
    (IOCON_FUNC0 | IOCON_MODE_INACT),   //PIO0_21
    (IOCON_FUNC0 | IOCON_MODE_INACT)    //PIO0_22
};

uint32_t SelPort[4]={0, 0, 0, 1};
int SelPin[4]={20, 17, 16, 24};

//表示する桁を選択(0-3) 桁番号
//それ以外の数字の場合は，表示を消す
void SelectSel(int sel)
{
  int i;

  //全てのビットを OFF
  for(i=0; i<4; i++){
    Chip_GPIO_WritePortBit(LPC_GPIO_PORT, SelPort[i], SelPin[i], 0);
  }
  if((sel<0)||(sel>3)){
    return;
  }
  //選択された SEL ビットを 1 にする
  Chip_GPIO_WritePortBit(LPC_GPIO_PORT, SelPort[sel], SelPin[sel], 1);
}

//7Segment データの表示
void ShowSeg(int val)
{
  char pat[16]={ 0xfc, 0x60, 0xda, 0xf2, 0x66, 0xb6, 0xbe, 0xe4,   //0-7
                 0xfe, 0xe6, 0xee, 0x3e, 0x1a, 0x7a, 0x9e, 0x8e }; // 8-F
  char pdat;
  int i;
  pdat=pat[val];

  for(i=0; i<8; i++){
    if(pdat & 1){
      Chip_GPIO_WritePortBit(LPC_GPIO_PORT, SegPort[i], SegPin[i], 1);
    }else{
      Chip_GPIO_WritePortBit(LPC_GPIO_PORT, SegPort[i], SegPin[i], 0);
    }
    pdat>>=1;
  }
}

//4 桁の数字を表示して終了
void ShowData(int dat)
{
  int i;
  int val;

  for(i=0; i<4; i++){
    val=(dat & 0x0f);
    ShowSeg(val);
    SelectSel(i);
    delay_ms(1);
    SelectSel(-1);
    dat>>=4;
  }
}

int main(void)
{
  int i;
  SystemCoreClockUpdate();
  SysTick_Config(SystemCoreClock / 1000);

  Chip_GPIO_Init(LPC_GPIO_PORT);
  //LED ポートの初期化
  for(i=0; i<8; i++){
    Chip_IOCON_PinMuxSet(LPC_IOCON, SegPort[i], SegPin[i], SegMux[i]);
    Chip_GPIO_WriteDirBit(LPC_GPIO_PORT, SegPort[i], SegPin[i], 1);
  }
  for(i=0; i<4; i++){
    Chip_GPIO_WriteDirBit(LPC_GPIO_PORT, SelPort[i], SelPin[i], 1);
  }
  while(1) {
    ShowData(0x1234);
  }
  return 0 ;
}
```

表 5-1[3]　PI00_2 ピンの設定レジスタ

ビット	記号	意味	値	説明	リセット時
2:0	FUNC	ピン機能選択．0x3~0x7 は予約	0x0	PIO0_2.	0
			0x1	SSEL0	
			0x2	CT16B0_CAP0	
4:3	MODE	プルアップ/プルダウン	0x0	なし	0x2
			0x1	プルダウン	
			0x2	プルアップ	
			0x3	繰り返しモード	
5	HYS	ヒステリシス	0	無効	0
			1	有効	
6	INV	反転入力	0	なし	0
			1	あり	
9:7	-	予約			0x1
10	OD	オープン・ドレイン	0	無効	0
			1	有効	
31:11	-	予約			1

GPIO の設定は，

```
uint32_t SegPort[8]={0, 1, 1, 1, 0, 0, 0, 0};
int SegPin[8]={6, 25, 14, 15, 1, 3, 21, 22};
uint32_t SegMux[8]={
    (IOCON_FUNC0 | IOCON_MODE_INACT), //PIO0_6
    (IOCON_FUNC0 | IOCON_MODE_INACT), //PIO1_25
    (IOCON_FUNC0 | IOCON_MODE_INACT), //PIO1_14
    (IOCON_FUNC0 | IOCON_MODE_INACT), //PIO1_15
    (IOCON_FUNC0 | IOCON_MODE_INACT), //PIO0_1
    (IOCON_FUNC0 | IOCON_MODE_INACT), //PIO0_3
    (IOCON_FUNC0 | IOCON_MODE_INACT), //PIO0_21
    (IOCON_FUNC0 | IOCON_MODE_INACT)  //PIO0_22
};
```

というように配列にしています．SEL0~SEL3，SEG0~SEG7 に対する PIO ポートやピン番号はこの配列にアクセスして取得できるようになっています．

例えば，SEG3 のポート番号は SegPort[3]で取得でき，ピン番号は SegPin[3]で取得可能です．

SelectSel()や ShowSeg()では，これらの配列を使って，指定されたピンの出力レベルを設定しています．ピンの出力の設定は，Chip_GPIO_WritePortBit()でポート番号とピン番号を指定し，4 番目の引数で 0 か 1 を指定することで，出力を Low か High にしています．

属性の設定も兼ねた GPIO の初期化

GPIO の初期化では，GPIO の入出力の設定のほかに GPIO の属性の設定も行っています．LPC1347 の GPIO は，ピンごとに設定レジスタで機能を設定できるようになっています．例えば，GPIO の PIO0_2 ピンは表 5-1 のような設定が可能になっています．

PIO0_2 は FUNC ビットの設定で，PIO0_2，SSEL0，CT16B0_CAP0 のいずれかの機能を割り当てることができます．MODE ビットではプルアップやプルダウンなどの設定が可能です．また，反転入力やオープン・ドレインの設定もできるようになっています．

GPIO の初期化は，

```
for(i=0; i<8; i++){
  Chip_IOCON_PinMuxSet(LPC_IOCON, SegPort[i], SegPin[i], SegMux[i]);
  Chip_GPIO_WriteDirBit(LPC_GPIO_PORT, SegPort[i], SegPin[i], 1);
}
for(i=0; i<4; i++){
  Chip_GPIO_WriteDirBit(LPC_GPIO_PORT, SelPort[i], SelPin[i], 1);
}
```

のコードです．SEG0~SEG7 の設定では，Chip_GPIO_WriteDirBit() で GPIO を出力に設定し，Chip_IOCON_PinMuxSet() でピンの属性を設定しています．

ここでは，すべてのピンを GPIO の出力として，プルアップやプルダウンは使用しない設定にしています．

第6章 LCD モジュールに文字表示

よく利用される表示デバイスとして，キャラクタ・タイプのLCD（Liquid Crystal Display）モジュールがあります．キャラクタ・タイプのLCDモジュール（以下，LCDモジュール）は，数字や文字などをマイコンで表示したい場合によく利用されます．

LCDモジュールにはいろいろなものが販売されていますが，代表的なものは16文字×2行表示のもので，多くの場合，コントローラにHD44780（ルネサス・エレクトロニクス），またはその互換ICを使用しています（写真6-1）．LCDモジュールで特にコントローラの記述がない場合は，このタイプのコントローラを使用していると考えてよいでしょう．

写真6-1 LCDモジュールの外観

LCD コントローラの使い方

マイコンとのインターフェース

HD44780互換のLCDコントローラを使用しているLCDモジュールのマイコン・インターフェースを図6-1に示します．

データ・バスはDB0~DB7の8本ですが，4bitモードを使用する場合は，DB4~DB7の4本にすることができます．制御信号は，R/$\overline{\text{W}}$，RS（Register Select），E（Enable）の3本ですが，表示だけ行う場合は，R/$\overline{\text{W}}$をGNDに接続して，RSとEの2本の線だけで制御することができます．従って，最低6本の信号線で制御することができるので，小規模なマイコンでも使いやすいコントローラです．

タイミング特性

図6-2は，HD44780互換IC MSM6222B（ラピスセミコンダクタ）のタイミング特性（8bitモード）です．E信号をHighからLowに落とした際に，データがコントローラに取り込まれます．

RS信号はコマンドとデータの識別に使用します．4bitモードの場合は，8bitのデータを上位4bit，下位4bitの順に2回に分けで書き込みます．データに合わせてE信号も2回，ON/OFFします．

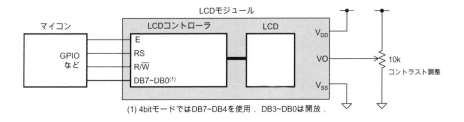

(1) 4bitモードではDB7~DB4を使用．DB3~DB0は開放．

図6-1 HD44780互換LCDコントローラのインターフェース

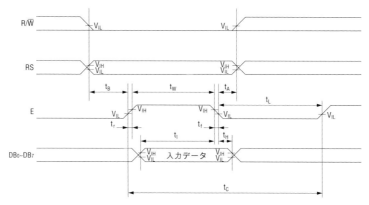

項目	記号	Min	Typ	Max	単位
R/$\overline{W}$, RSセットアップ時間	t_B	140	—	—	ns
E, Highパルス幅	t_W	280	—	—	ns
R/$\overline{W}$, RSホールド時間	t_A	10	—	—	ns
E, 立ち上がり時間	t_r	—	—	25	ns
E, 立ち下がり時間	t_f	—	—	25	ns
E, Lowパルス幅	t_L	280	—	—	ns
E, サイクル時間	t_C	667	—	—	ns
DB_0~DB_7入力データ・セットアップ時間	t_I	180	—	—	ns
DB_0~DB_7入力データ・ホールド時間	t_H	10	—	—	ns

図 6-2[4]　HD44780 互換 LCD コントローラ MSM6222B のタイミング特性

　マイコンで使用する場合は GPIO で制御信号を ON/OFF するので，図 6-2 のタイミング特性に対してはかなり余裕がある（かなり遅い）ことになるので，タイミング特性の数値についてはマイコンで使う際はほとんど気にする必要はありません．

表 6-1　HD44780 互換 LCD コントローラの制御コマンド

コマンド名	コマンド								備考
	DB7	DB6	DB5	DB4	DB3	DB2	DB1	DB0	
表示クリア	0	0	0	0	0	0	0	1	LCD の表示を消す
カーソル・ホーム	0	0	0	0	0	0	1	-	カーソルを行の先頭に移動
移動モード・セット	0	0	0	0	0	1	I/D	SH	I/D：アドレスのインクリメント/デクリメント SH：表示シフト・フラグ
表示モード・セット	0	0	0	0	1	DI	C	B	DI：表示 ON/OFF C：カーソル ON/OFF B：ブリンク ON/OFF
カーソル/表示移動	0	0	0	1	D/C	R/L	-	-	D/C=0：カーソル移動，1：表示シフト R/L=0：左移動，1：右移動
イニシャル・セット	0	0	1	8B	N	F	-	-	8B=0：4bit モード，1：8bit モード N=0：1 行表示，1：2 行表示 F=0：8 ライン/行，1：11 ライン/行
CGRAM アドレス・セット	0	1	C5	C4	C3	C2	C1	C0	C5~C0：CGRAM アドレス
DDRAM アドレス・セット	1	D6	D5	D4	D3	D2	D1	D0	D6~D0：DDRAM アドレス

1. 電源投入
2. V_{DD}が4.5V以上になってから15ms以上待つ
3. インストラクションのイニシャル・セットにより8bitモードを設定する
4. 4.1ms以上待つ
5. インストラクションのイニシャル・セットにより8bitモードを設定する
6. 100μs以上待つ
7. インストラクションのイニシャル・セットにより8bitモードを設定する
8. ビジー・フラグを確認しNo Busyを確認する（または100μs以上待つ）
9. インストラクションのイニシャル・セットにより4bitモードを設定する．以後は2回で1組のアクセスを実行する
10. 100μs以上待つ
11. インストラクションのイニシャル・セットにより，4bitモード，LCDの行数，文字フォントを設定する（これ以後，LCDの行数，文字フォントの変更はできない）
12. ビジー・フラグを確認しNo Busyを確認する
13. 表示モード・セットにより表示OFF
14. ビジー・フラグを確認しNo Busyを確認する
15. 表示クリア
16. ビジー・フラグを確認しNo Busyを確認する
17. 移動モード・セット
18. ビジー・フラグを確認しNo Busyを確認する
19. 初期設定完了

3,5,7のインストラクション・コード例

R/W	RS	DB7	DB6	DB5	DB4
0	0	0	0	1	1

図 6-3[4]　MSM6222Bの4bitモードでの初期化手順

制御コマンド

表 6-1 に HD44780 互換 LCD コントローラの制御コマンドを示します．制御コマンドは RS を Low にして書き込みます．

文字を表示するときは RS を High にして表示したい文字コード（ASCII コード）を書き込みます．

LCD コントローラの初期化方法

図 6-3 は MSM6222B の 4bit モード（DB4～DB7 使用）での初期化手順です．R/$\overline{W}$を GND に接続して使用する場合はビジー・フラグの読み出しができませんが，100μs 以上のウェイトを入れれば問題ありません．初期化が終わり RS を High にして文字コードを書き込むと，文字を表示することができます．

LCD モジュール用関数

MPU トレーナを使用すると 16 文字×2 行の LCD モジュール SC1602（3.3V 品）を使用することができます．ここでは，MPU トレーナを使って LCD に文字列を出力するプログラムを作成します．

LCD 関連のプログラムは，lcd.c と lcd.h ファイル（**リスト 6-1**）にまとめてあり，ハードウェア依存部分を書き換えれば，他のマイコンでも使用できるようになっています．

lcd.c のハードウェア依存関数は，次の三つの関数にまとめてあります．

```
void LCD_E(char act);
void LCD_RS(char act);
void LCD_OUT(int dat);
```

LCD_E()と LCD_RS()は，それぞれ E 信号と RS 信号の High/Low を制御します．このソース・コードでは，LCD_RW()も定義されていますが，MPU トレーナでは R/$\overline{W}$信号は使用していないため，この関数は使用していません．

リスト 6-1 LCD モジュール用関数宣言 lcd.h

```
#ifndef _LCD_
#define _LCD_
/*===========================================================
関数名：LcdCls
機能：　LCD の表示をクリアする
===========================================================*/
extern void LcdCls(void);
/*===========================================================
関数名：LcdDisplayMode
機能：　LCD の表示モードを設定する
　　　　disp:LCD 全体の表示の ON/OFF
　　　　cursor:カーソル表示の ON/OFF
　　　　blink:カーソル位置の文字のブリンクの ON/OFF
===========================================================*/
extern void LcdDisplayMode(char disp, char cursor, char blink);
/*===========================================================
関数名：LcdInit
機能：　LCD の初期化．起動時に 1 回だけ呼び出す
===========================================================*/
extern void LcdInit(void);
/*===========================================================
関数名：LcdPutc
機能：　現在設定されている LCD の DDRAM アドレスへ 1 文字出力する
===========================================================*/
extern void LcdPutc(char c);
/*===========================================================
関数名：LcdPuts
機能：　現在設定されている LCD の DDRAM アドレスへ文字列を出力する
===========================================================*/
extern void LcdPuts(char *str);
/*===========================================================
関数名：LcdXy
機能：　引数 x，y で示された位置へ文字列 s を表示する
===========================================================*/
extern void LcdXy(char x, char y);

#endif /*end of #ifndef _LCD_*/
```

表 6-2 LCD インターフェース API

API の名称	機能
LcdCls()	画面クリア
LcdDisplayMode(char disp, char cursor, char blink)	表示モードの設定
LcdInit()	LCD の初期化
LcdPutc(char c)	1 文字の表示
LcdPuts(char *str)	文字列の表示
LcdXy(char x, char y)	表示位置の設定

写真 6-2　プログラムの実行結果

これらの三つの関数を，使用するマイコンに合わせて書き換えることで，他のマイコンでも LCD モジュールを使用することができます．

lcd.c では，表 6-2 のような API を用意しています．アプリケーション・プログラムでは lcd.h をインクルードして，これらの API を呼び出すことで LCD を使用することができます．

Nucleo 版

STM32F103 を使用したときの LCD インターフェース信号は表 6-3 のようになっています．プロジェクト名 "lcd" を作成します．STM32F103 の lcd.c をリスト 6-2 にテスト・プログラムをリスト 6-3 に示します．実行結果を写真 6-2 に示します．

main() では，内蔵モジュールの初期化を行った後，LCD の初期化を行っています．LCD の初期化が終わると，while 文の無限ループで，

　　Welcome to..
　　MPU-Trainer!

というメッセージを LCD に繰り返し表示しています．繰り返しのための秒単位の遅延を作るために delay_s() を作っていますが，これは，内部で delay_ms() を使って 1 秒の遅延を作り必要回数呼び出しています（遅延関数の章参照）．

リスト6-2　STM32F103のlcd.c

```c
#include "lcd.h"

#define  CMD  0
#define  DAT  1
#define  ON   1
#define  OFF  0
#define  IN   1
#define  OUT  0

//LCD Control (ハードウェア依存部) ==================
#define  E_PORT   GPIOA
#define  E_PIN    (1 << 6)
#define  RS_PORT  GPIOA
#define  RS_PIN   (1 << 8)

void LCD_RW(char act);
void LCD_E(char act);
void LCD_RS(char act);
void LCD_OUT(int dat);

void LCD_RW(char act)
{
  //MPUトレーナは，RW=L固定のため，制御しない
}

void LCD_E(char act)
{
  if(act){
    HAL_GPIO_WritePin(E_PORT, E_PIN, GPIO_PIN_SET);
  }else{
    HAL_GPIO_WritePin(E_PORT, E_PIN, GPIO_PIN_RESET);
  }
}

void LCD_RS(char act)
{
  if(act){
    HAL_GPIO_WritePin(RS_PORT, RS_PIN, GPIO_PIN_SET);
  }else{
    HAL_GPIO_WritePin(RS_PORT, RS_PIN, GPIO_PIN_RESET);
  }
}

void LCD_OUT(int dat)
{
  int pin;
  pin=(dat<<4) & 0xf00;
  HAL_GPIO_WritePin(GPIOB, pin, GPIO_PIN_SET);
  pin=(~pin) & 0xf00;
  HAL_GPIO_WritePin(GPIOB, pin, GPIO_PIN_RESET);
}

void lcd_write8(char reg, char dat);
void lcd_write(char reg, char dat);

//8bit mode write
void lcd_write8(char reg, char dat)
{
  LCD_RS(reg);
  LCD_OUT(dat);
  LCD_E(ON);
  delay_ms(1);
  LCD_E(OFF);
  delay_ms(2);
}

//4bit mode write
void lcd_write(char reg, char dat)
{
  LCD_RS(reg);
  LCD_OUT(dat);
  LCD_E(ON);
  delay_ms(1);
  LCD_E(OFF);
  dat<<=4;
  LCD_OUT(dat);
  LCD_E(ON);
  delay_ms(1);
  LCD_E(OFF);
}

void LcdCls()
{
  lcd_write(CMD, 1);
}

void LcdDisplayMode(char disp, char cursor, char blink)
{
  char mode=0x08;
  if(disp)   mode|=0x04;
  if(cursor) mode|=0x02;
  if(blink)  mode|=0x01;
  lcd_write(CMD, mode);
}

void LcdInit()
{
  //LCDの初期化
  LCD_RW(OUT);
  delay_ms(30);
  lcd_write8(CMD, 0x30);   // Function 8bit
  delay_ms(5);
  lcd_write8(CMD, 0x30);   // Function 8bit
  delay_ms(5);
  lcd_write8(CMD, 0x30);   // Function 8bit
  delay_ms(5);

  lcd_write8(CMD, 0x20);   // Function 4bit
  delay_ms(5);
  lcd_write8(CMD, 0x20);   // Function 4bit
  delay_ms(5);
  lcd_write8(CMD, 0x80);   // Function 4bit
  delay_ms(5);

  LcdDisplayMode(0, 0, 0);
  delay_ms(5);
  LcdCls();
  delay_ms(5);
  lcd_write(CMD, 0x06);
      //EntryMode Set.書き込んだ際にアドレスインクリメント，カーソル右移動
  delay_ms(40);
  LcdDisplayMode(1, 1, 1);
  delay_ms(5);
}

void LcdPutc(char c)
{
  lcd_write(DAT, c);
}

void LcdPuts(char *str)
{
  while(*str){
    LcdPutc(*str);
    str++;
  }
}

void LcdXy(char x, char y)
{
  unsigned char adr;
  adr=(x+(y%2)*0x40) | 0x80;
  lcd_write(CMD, adr);
  delay_ms(10);
}
```

表 6-3 LCD と STM32F1030 の接続

LCD 信号名	ポート番号
E	PA6
RS	PA8
DB7	PB11
DB6	PB10
DB5	PB9
DB4	PB8

表 6-4 LCD と PIC16F1789 の接続

LCD 信号名	ポート番号
E	PA6
RS	PA8
DB7	PB11
DB6	PB10
DB5	PB9
DB4	PB8

リスト 6-3 lcd の main.c (STM32F103)

```c
#include "lcd.h"

void delay_s(int sec)
{
  while(sec){
    delay_ms(1000);
    sec--;
  }
}

int main(void)
{
  HAL_Init();

  SystemClock_Config();

  MX_GPIO_Init();

  LcdInit();

  while (1)
  {
    delay_s(1);
    LcdPuts((char *)"Welcome to...");
    LcdXy(0, 1);  //2 行目に移動
    delay_s(1);
    LcdPuts((char *)"MPU-Trainer!");
    delay_s(3);
    LcdCls();   //LCD をクリア
  }
}
```

PIC16F 版

PIC16F1789 の LCD インターフェース信号は**表 6-4** のようになります．プロジェクト名 "lcd" を作成します．PIC16F1789 でのテスト・プログラムを**リスト 6-4** に lcd.c を**リスト 6-5** に示します．実行結果は STM32 と同じです．

lcd.c および lcd.h ファイルは，STM32 用に作成したファイルをコピーし，ハードウェア依存部分のみを LPC16F1789 用に書き換えています．

その他の部分は，STM32 のソース・コードとまったく同じで動作も同じです．

リスト 6-4 lcd の main.c (PIC16F1789)

```c
#include "mcc_generated_files/mcc.h"
#include "lcd.h"

volatile int msCnt=0;

void delay_s(int sec)
{
  while(sec){
    delay_ms(1000);
    sec--;
  }
}

void main(void) {
  SYSTEM_Initialize();

  INTERRUPT_GlobalInterruptEnable();
  INTERRUPT_PeripheralInterruptEnable();

  LcdInit();

  while (1) {
    // Add your application code
    delay_s(1);
    LcdPuts((char *)"Welcome to...");
    LcdXy(0, 1);    //goto 2nd line
    delay_s(1);
    LcdPuts((char *)"MPU-Trainer!");
    delay_s(3);
    LcdCls();       //clear LCD
  }
}
```

リスト6-5　PIC16F1789のlcd.c

```c
#ifndef _LCD_H_
#define _LCD_H_

#include "main.h"
#include "lcd.h"

#define  CMD  0
#define  DAT  1
#define  ON   1
#define  OFF  0
#define  IN   1
#define  OUT  0

//LCD Control (ハードウェア依存部) ======================
#define  E_PIN   RB0
#define  RS_PIN  RB1

void LCD_RW(char act);
void LCD_E(char act);
void LCD_RS(char act);
void LCD_OUT(int dat);

void LCD_RW(char act)
{
  //MPUトレーナは，RW=L固定のため，制御しない
}

void LCD_E(char act)
{
  if(act){
    E_PIN=1;
  }else{
    E_PIN=0;
  }
}

void LCD_RS(char act)
{
  if(act){
    RS_PIN=1;
  }else{
    RS_PIN=0;
  }
}

void LCD_OUT(int dat)
{
  int pin;
  pin=PORTA & 0x0f;
  dat&=0xf0;
  pin|=dat;
  PORTA=pin;
}

下記の関数はSTM32F103RBと同じ
void lcd_write8(char reg, char dat)
void lcd_write(char reg, char dat)
void LcdCls()
void LcdDisplayMode(char disp, char cursor, char blink)
void LcdInit()
void LcdPutc(char c)
void LcdPuts(char *str)
void LcdXy(char x, char y)

#endif
```

表6-5　LCDとLPC1347の接続

LCD信号名	ポート番号
E	PIO0_23
RS	PIO1_22
DB7	PIO1_31
DB6	PIO1_27
DB5	PIO1_26
DB4	PIO1_23

LPCXpresso版

LPC1347のLCDインターフェース信号を表6-5に示します．

プロジェクト名"lcd"を作成します．LPC1347のlcd.cをリスト6-6にテスト・プログラムをリスト6-7に示します．

PIC16F1789と同様に，LCDモジュールの制御用の関数をLPC1347用に書き換えています．

GPIOの初期化は，7セグメントLEDと同様に，main()の中でGPIOのモードと入出力方向の設定を行っています．

リスト6-6 LPC1347のlcd.c

```c
#ifndef _LCD_H_
#define _LCD_H_

#include "board.h"
#include <cr_section_macros.h>
#include "lcd.h"

#define CMD 0
#define DAT 1
#define ON  1
#define OFF 0
#define IN  1
#define OUT 0

//LCD Control (ハードウェア依存部) ==================
extern uint32_t LcdPort[6];
extern int LcdPin[6];

#define E_PORT   LcdPort[4]
#define E_PIN    LcdPin[4]
#define RS_PORT  LcdPort[5]
#define RS_PIN   LcdPin[5]

void LCD_RW(char act);
void LCD_E(char act);
void LCD_RS(char act);
void LCD_OUT(int dat);

void LCD_RW(char act)
{
  //MPUトレーナは，RW=L固定のため，制御しない
}

void LCD_E(char act)
{
  Chip_GPIO_WritePortBit(LPC_GPIO_PORT, E_PORT, E_PIN, act);
}

void LCD_RS(char act)
{
  Chip_GPIO_WritePortBit(LPC_GPIO_PORT, RS_PORT, RS_PIN, act);
}

void LCD_OUT(int dat)
{
  int pin;
  int i;
  for(i=0; i<4; i++){
    if(dat &0x10)
      pin=1;
    else
      pin=0;
    Chip_GPIO_WritePortBit(LPC_GPIO_PORT, LcdPort[i], LcdPin[i], pin);
    dat>>=1;
  }
}

下記の関数はSTM32F103RBと同じ
void lcd_write8(char reg, char dat)
void lcd_write(char reg, char dat)
void LcdCls()
void LcdDisplayMode(char disp, char cursor, char blink)
void LcdInit()
void LcdPutc(char c)
void LcdPuts(char *str)
void LcdXy(char x, char y)

#endif
```

リスト6-7 lcdのmain.c (LPC1347)

```c
#include "lcd.h"

volatile uint32_t msCnt=0;

const uint32_t OscRateIn = 12000000;

//GPIOのアサインによって設定値を変更
uint32_t LcdPort[6]={1, 1, 1, 1, 0, 1};
int LcdPin[6]={23, 26, 27, 31, 23, 22};
uint32_t LcdMux[6]={
    (IOCON_FUNC0 | IOCON_MODE_INACT),   //PIO1_23
    (IOCON_FUNC0 | IOCON_MODE_INACT),   //PIO1_26
    (IOCON_FUNC0 | IOCON_MODE_INACT),   //PIO1_27
    (IOCON_FUNC0 | IOCON_MODE_INACT),   //PIO1_31
    (IOCON_FUNC0 | IOCON_MODE_INACT),   //PIO0_23
    (IOCON_FUNC0 | IOCON_MODE_INACT)    //PIO1_22
};

void delay_s(int sec)
{
  while(sec){
    delay_ms(1000);
    sec--;
  }
}

int main(void)
{
  int i;
  SystemCoreClockUpdate();
  SysTick_Config(SystemCoreClock / 1000);

  Chip_GPIO_Init(LPC_GPIO_PORT);
  //ポートの初期化
  for(i=0; i<6; i++){
    Chip_IOCON_PinMuxSet(LPC_IOCON, LcdPort[i], LcdPin[i], LcdMux[i]);
    Chip_GPIO_WriteDirBit(LPC_GPIO_PORT, LcdPort[i], LcdPin[i], 1);
  }

  LcdInit();
  while (1) {
    delay_s(1);
    LcdPuts((char *)"Welcome to...");
    LcdXy(0, 1); //goto 2nd line
    delay_s(1);
    LcdPuts((char *)"MPU-Trainer!");
    delay_s(3);
    LcdCls();       //clear LCD
  }
  return 0;
}
```

第7章　タイマを使った遅延関数の作り方

　タイマはハードウェアで動作するカウンタです．通常プログラムの動作とは無関係にタイマに与えたクロックで動作します．
　タイマは時間のカウントや入力パルスのカウント，出力パルスの生成，遅延（delay）の発生など，いろいろな用途に使用することができます．

タイマの動作とプログラムの作成手順

タイマの動作

　図 7-1 は簡略化したタイマのブロック図です．タイマはクロックで動作しますが，通常，タイマに与えるクロックの供給元をソフトウェアで設定できるようになっています．
　クロックの供給元は CPU のクロックの場合や外部クロック，内蔵の専用クロックなどいろいろなものがあるので，プログラマが適切なクロックを選択する必要があります．また，多くのタイマにはあらかじめクロックを分周するプリスケーラ（分周回路）が用意され，クロック周波数の選択の幅を広げられるようになっています．
　タイマの値はソフトウェアで読み書きできるようになっています．タイマをリセットしたい場合はタイマに 0 を書き込み，経過時間を知りたいときはタイマの値を読み出します．
　多くのタイマではオーバーフロー時に割り込みを発生するようになっています．例えば，8bit のタイマでは，FFH（$255 = 2^8 - 1$）から 00H に戻る際に割り込みが発生します．この機能を使うと一定時間ごとに正確な割り込みが発生するので，割り込みプログラムで変数をカウントすれば，タイマの値を操作しなくても時間経過を知ることができます．

プログラムの作成手順

　タイマのプログラムを作成する手順は次のようになります．

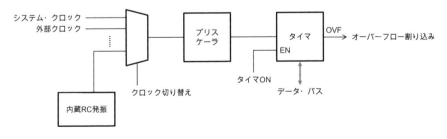

図 7-1　簡略化したタイマのブロック図

1. 入力クロックの決定
2. プリスケーラ値の決定
3. 割り込みを使う/使わないの検討

　プログラムではタイマの入力クロックとプリスケーラの設定を行います．多くのプログラムではタイマ割り込みを使って時間管理を行います．

　タイマ割り込みは，PIC16F1789のように複数の要因を一つの割り込み関数で処理するものもあります．このような場合は，割り込みプログラム内部で割り込み発生要因を特定してからそれぞれの割り込み処理を行います．

　正確な割り込み周期が必要な場合は，クロック周波数とプリスケーラで割り込み周期を調整します．また，タイマ割り込み中にタイマの値を再設定することで，周期を調整することも可能です．この方法はクロック周波数とプリスケーラの組み合わせだけでは設定したい周期を作れない場合に使用します．

遅延関数 delay_ms(int cnt)の作成

　マイコンを使ってプログラムを作成する際，ちょっとした時間を待つ関数が必要になることがよくあります．例えば，I/Oデバイスのデータが確定するまで待つときや，スイッチのチャタリングを防ぐ場合などです．

　また，時計やストップ・ウォッチのようなプログラムを作る場合，メインのプログラムとは別に時間を測定する機能が必要になります．

　このような機能を実現するために，通常はインターバル・タイマを使用して，一定時間ごとの割り込みを発生させて時間の測定を行います．

ソフトウェア・ループによる遅延関数

　時間測定を行わず単に一定時間の遅延が必要な場合は，リスト7-1のような関数でも遅延を作ることができます．

　この関数では，iに特定の値を設定し，iをデクリメントして0になるまでの時間を遅延時間としています．iに設定する値を遅延時間がちょうど1msになるように設定すれば，1msのディレイ関数として機能します．

　この方法は簡単ですが，次のような欠点があります．

リスト7-1　簡単な遅延関数

```
void x_delay()
{
    int i;
    i=10000;
    while(i>0){
        i--;
    }
}
```

- 希望する遅延時間になる値を決定することが難しい．
- 割り込みが発生すると，遅延時間が変わってしまう．
- マイコンやマイコンのクロックが変わると，設定値を変える必要がある．
- コンパイラが変わると，設定値を再調整しなければならない場合がある．
- コンパイル時に最適化すると，正しく機能しなくなる可能性がある．

　以上のような欠点があるため，メンテナンスを考えるとかえって使いにくい関数であり，製品に用いるのは特別な場合を除いて避けた方がよいでしょう．

インターバル・タイマによる遅延関数

ソフトウェアによる遅延関数は前述のような問題があるため，通常はインターバル・タイマを使って遅延関数を作成します．インターバル・タイマとはタイマ・モジュールを使用して，一定時間ごとの割り込みを発生させるようなタイマのことを言います．

タイマはマイコンには必ずと言ってよいほどよく使われる内蔵モジュールなので，ほとんどのマイコンには最低1個のタイマが入っています．

タイマは通常決められたクロックでカウントアップを繰り返し，タイマがオーバーフローするときに割り込みが発生します．タイマはオーバーフローすると，また0からカウントアップが始まるため，タイマ割り込みは特定の周期で発生することになります．インターバル・タイマが動作すれば，あとはこの割り込みの中で時間をカウントする変数をカウントアップしていけば，簡単に時間の測定をすることができます．

ここでは，それぞれのマイコンで遅延関数を作成し，作成した遅延関数で LED を点滅させてみることにします．作成する遅延関数は，次のような関数です．

```
void delay_ms(int ms);
```

引数の ms は遅延時間で，単位はミリ秒となります．delay_ms(10)の場合は 10ms の遅延，delay_ms(1000)とすれば 1s の遅延が発生します．

作成するサンプルでは500ms（=0.5s）の遅延を発生して，0.5s ごとに LED が ON と OFF を繰り返すプログラムを作成します．

Nucleo版

プロジェクト名"delay_ms"を作成します．リスト 7-2 は遅延関数のテスト・プログラムです．

ここでは，システム・タイマ System tick timer を使って遅延関数を作成しました．HAL ライブラリではシステム・タイマを使って一定時間の割り込み（SysTick 割り込み：後述）を得ることができます．

割り込み処理は，システム・タイマのコールバック関数 HAL_SYSTICK_Callback(void)に定義されています．処理内容は msCnt の値が 0 以上のときには 1 だけデクリメントするというものです．実際の delay_ms()の定義では引数で指定された値を msCnt にセットし，この値がインターバル・タイマ割り込みにより 0 になるまで待つようになっています．

割り込み周期を決定するために，①の HAL_RCC_GetHCLKFreq()で内部クロック周波数を取得しています．ここで取得した周波数を1000で割ることで1msの割り込みに必要なカウント数を取得しています．

main()では LED の ON/OFF を delay_ms()で 0.5 秒ごとに繰り返すようにしているため，1 秒ごとに LED が点灯することになります．

HAL ライブラリの遅延関数 HAL_Delay()

遅延関数はよく利用される関数のため，STM32 の HAL ライブラリにはすでに遅延関数が含まれています．このため，このライブラリを使えば delay_ms()を次のように定義することができます．

```
#define  delay_ms(x)    HAL_Delay(x)
```

リスト 7-2　delay_ms の main.c（STM32F103）

```
//#define USE_HAL_DELAY

#define LED_PORT GPIOA
#define LED_PIN  GPIO_PIN_5
#define LED_ON   GPIO_PIN_SET
#define LED_OFF  GPIO_PIN_RESET

#ifdef USE_HAL_DELAY
#define delay_ms(x) HAL_Delay(x)
#else

volatile int msCnt=0;

void HAL_SYSTICK_Callback(void)
{
  if(msCnt)
    msCnt--;
}

void delay_ms(int cnt)
{
  msCnt=cnt;
  while(msCnt);
}

#endif

int main(void)
{
  HAL_Init();

  SystemClock_Config();

  MX_GPIO_Init();

  while (1)
  {
    HAL_GPIO_WritePin(LED_PORT,LED_PIN,LED_ON);
    delay_ms(500);
    HAL_GPIO_WritePin(LED_PORT,LED_PIN,LED_OFF);
    delay_ms(500);
  }
}

/** System Clock Configuration
*/
void SystemClock_Config(void)
{

  RCC_OscInitTypeDef RCC_OscInitStruct;
  RCC_ClkInitTypeDef RCC_ClkInitStruct;
  RCC_PeriphCLKInitTypeDef PeriphClkInit;

  RCC_OscInitStruct.OscillatorType = RCC_OSCILLATORTYPE_HSI;
  RCC_OscInitStruct.HSIState = RCC_HSI_ON;
  RCC_OscInitStruct.HSICalibrationValue = 16;
  RCC_OscInitStruct.PLL.PLLState = RCC_PLL_ON;
  RCC_OscInitStruct.PLL.PLLSource = RCC_PLLSOURCE_HSI_DIV2;
  RCC_OscInitStruct.PLL.PLLMUL = RCC_PLL_MUL16;
  HAL_RCC_OscConfig(&RCC_OscInitStruct);

  RCC_ClkInitStruct.ClockType = RCC_CLOCKTYPE_SYSCLK|RCC_CLOCKTYPE_PCLK1;
  RCC_ClkInitStruct.SYSCLKSource = RCC_SYSCLKSOURCE_PLLCLK;
  RCC_ClkInitStruct.AHBCLKDivider = RCC_SYSCLK_DIV1;
  RCC_ClkInitStruct.APB1CLKDivider = RCC_HCLK_DIV2;
  RCC_ClkInitStruct.APB2CLKDivider = RCC_HCLK_DIV1;
  HAL_RCC_ClockConfig(&RCC_ClkInitStruct, FLASH_LATENCY_2);

  PeriphClkInit.PeriphClockSelection = RCC_PERIPHCLK_ADC;
  PeriphClkInit.AdcClockSelection = RCC_ADCPCLK2_DIV8;
  HAL_RCCEx_PeriphCLKConfig(&PeriphClkInit);

  HAL_SYSTICK_Config(HAL_RCC_GetHCLKFreq()/1000);     //①

  HAL_SYSTICK_CLKSourceConfig(SYSTICK_CLKSOURCE_HCLK);

}
```

このプログラムでは，冒頭で USE_HAL_DELAY を定義すると HAL ライブラリの遅延関数 HAL_Delay()を使用するようになっています．

PIC16F 版

　PIC16F の遅延関数は Timer0 を使ったインターバル・タイマを使用します．フレームワークをコピーして"delay_ms"プロジェクトを作成します．
　リスト 7-3 は遅延関数のテスト・プログラムです．このソースでは，STM32 の場合と同様に delay_ms() を定義しています．msCnt は，Timer0 を 1ms のインターバル・タイマとして使用して，この割り込み処理内でデクリメントするようにしています．
　タイマ周期の設定は，システム・クロック周波数とプリスケーラ，タイマの再設定値などの組み合わせを適切に設定しなければならず少々面倒なのですが，Code Configurator を使うと比較的簡単に設定することができます．

Code Configurator で Timer0 の周期設定とコード生成

　図 7-2 は，Code Configurator で Timer0 の設定を行っているところです．

リスト 7-3　delay_ms の main.c（PIC16F1789）

```
#define  LED0    RB2
#define  LED_ON  1
#define  LED_OFF 0

volatile int msCnt=0;

void delay_ms(int cnt)
{
  msCnt=cnt;
  while(msCnt);
}

void main(void) {
  SYSTEM_Initialize();

  INTERRUPT_GlobalInterruptEnable();

  INTERRUPT_PeripheralInterruptEnable();

  while (1) {
    // Add your application code
    LED0=LED_ON;
    delay_ms(500);
    LED0=LED_OFF;
    delay_ms(500);
  }
}
```

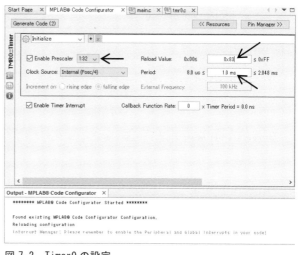

図 7-2　Timer0 の設定

図 7-2 のように，プリスケーラを「1:32」に設定し，「Reload Value」を「0x83（131）」に設定すると内部クロックの 16MHz でちょうど 1ms の周期となります．

「Period」のエディット・ボックスに"1ms"と入力すると，「Reload Value」に適切な値が設定されます．

最後に，［Generate Code］ボタンを押すとソース・コードが生成されます．リスト 7-4 は生成された tmr0.c です．このソース・コードの TMR0_ISR() 内部で，msCnt をデクリメントするように修正しています．

ペリフェラル割り込み，グローバル割り込みを有効化

タイマ割り込みを使用する場合は図 7-2 の下に警告が出ているように，ペリフェラルとグローバル割り込みを有効にする必要があります．

Code Configurator で生成された main.c には，この割り込みを有効にするための処理がコメントアウトされた形で生成されています．必要な関数のコメントを外すことでこれらの割り込みを有効にすることができます．

リスト 7-3 では，次の二つの関数を有効にしています．

　　INTERRUPT_GlobalInterruptEnable();
　　INTERRUPT_PeripheralInterruptEnable();

タイマ周期の計算方法

Code Configurator では自動でタイマ周期を計算できましたが，実際の計算方法を簡単に説明します．

リスト 7-4　PIC16F1789 の tmr0.c

```c
#include <xc.h>
#include "tmr0.h"

volatile uint8_t timer0ReloadVal;
extern volatile int msCnt;

void TMR0_Initialize(void) {
  // Set TMR0 to the options selected in the User Interface

  // PSA assigned; PS 1:32; TMRSE Increment_hi_lo; mask the nWPUEN and INTEDG bits
  OPTION_REG = (OPTION_REG & 0xC0) | 0xD4 & 0x3F;

  // TMR0 131;
  TMR0 = 0x83;

  // Load the TMR value to reload variable
  timer0ReloadVal = 131;

  // Clear Interrupt flag before enabling the interrupt
  INTCONbits.TMR0IF = 0;

  // Enabling TMR0 interrupt
  INTCONbits.TMR0IE = 1;
}
uint8_t TMR0_ReadTimer(void) {
  uint8_t readVal;

  readVal = TMR0;

  return readVal;
}

void TMR0_WriteTimer(uint8_t timerVal) {
  // Write to the TimerO register
  TMR0 = timerVal;
}

void TMR0_Reload(void) {
  // Write to the TimerO register
  TMR0 = timer0ReloadVal;
}

void TMR0_ISR(void) {
  // clear the TMR0 interrupt flag
  INTCONbits.TMR0IF = 0;

  TMR0 = timer0ReloadVal;

  // add your TMR0 interrupt custom code
  if(msCnt)
    msCnt--;
}
```

　タイマのクロック・ソースはシステムの内部クロックで 16MHz の 4 分の 1，すなわち 4MHz のクロックとなります．

　プリスケーラで 1:32 としているので，タイマのクロックは 4MHz/32=125kHz となり，タイマの 1 カウントはこのクロックの 1 周期で 8μs となります．

　1ms の周期を作るには，1ms/8μs=125 カウントごとに割り込みを発生させる必要があります．

　Timer0 はオーバーフロー時に割り込みを発生させるので，Timer0 に設定する値は，256－125=131 となります．

Timer0 の動作

　インターバル・タイマで使用した 8bit の Timer0 はほとんどの PIC16F に内蔵されているので，インターバル・タイマと使用するのに最適なタイマです．また，Timer0 はどの PIC16F でも機能もほとんど同じものが内蔵されているので，PIC16F を変更する場合も簡単に変更することができます．

　図 7-3 は PIC16F1789 の Timer0 のブロック図です．ブロック図の右端の TMR0 と書かれたブロックが Timer0 のカウンタになります．Timer0 は 8bit のタイマで，選択されたクロックでカウントアップし，オーバーフロー時に TMR0IF というフラグがセットされ割り込みが発生します．また，Timer0 はデータ・バスに接続され，タイマの値の設定と読み出しができるようになっています．

　Timer0 のクロックは Fosc/4 というシステム・クロックか，T0CKI ピンから入力される外部クロックを OPTION レジスタの T0CS ビットで選択できるようになっています．また，OPTION レジスタの PSA ビットで 8bit プリスケーラの使用の有無を選択できます．

　PIC16F は 4 クロックで 1 命令を実行するようになっているため，システム・クロックとして Fosc/4 が利用されます．これは，メイン・クロックの 4 分の 1 の周波数のクロックとなります．多くの PIC16F の内部クロックにはこの Fosc/4 が利用されます．

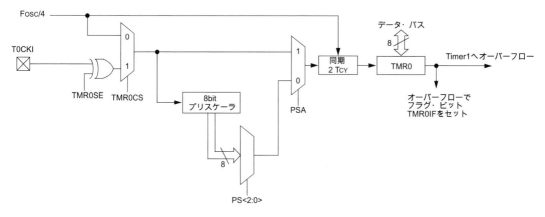

図 7-3[2]　Timer0 のブロック図

LPCXpresso 版

　LPC1347 の場合も，STM32 と同じように<u>システム・タイマ</u>（SysTick 割り込み：後述）を使用することができます．プロジェクト名 "delay_ms" を作成します．リスト 7-4 に LPC1347 の delay_ms.c を示

リスト 7-5　LPC1347 の delay_ms.c

```
#define  LED_PORT  0
#define  LED_PIN   7
#define  LED_ON    true
#define  LED_OFF   false

volatile uint32_t msCnt=0;

const uint32_t OscRateIn = 12000000;

void SysTick_Handler(void)
{
    if(msCnt)
        msCnt--;
}

void delay_ms (uint32_t cnt)
{
    msCnt=cnt;
    while(msCnt);
}

int main(void) {

    SystemCoreClockUpdate();
    SysTick_Config(SystemCoreClock / 1000);

    Chip_GPIO_Init(LPC_GPIO_PORT);
    Chip_GPIO_WriteDirBit(LPC_GPIO_PORT, LED_PORT, LED_PIN, 1);

    while(1) {
        Chip_GPIO_WritePortBit(LPC_GPIO_PORT, LED_PORT, LED_PIN, LED_ON);
        delay_ms(500);
        Chip_GPIO_WritePortBit(LPC_GPIO_PORT, LED_PORT, LED_PIN, LED_OFF);
        delay_ms(500);
    }
    return 0 ;
}
```

します．

システム・タイマ SysTick 割り込み

システム・タイマの初期化には SysTick_Config() を使っています．SysTick_Config() の引数には SystemCoreClock を 1000 で割って 1ms のタイマの値を取得しています．SystemCoreClock 変数はシステムのコア・クロックを保持しています．

システムのコア・クロックとタイマ・クロックが一致する場合はこのように SystemCoreClock を使用してコードを簡略化することができます．

システム・クロックの割り込みハンドラは SysTick_Handler() になります．この関数は delay_ms.c に記述しています．

ARM Cortex-M シリーズの共通ライブラリ CMSIS

先の SysTick 割り込みは CMSIS（Cortex Microcontroller Software Interface Standard）の機能を使用しています．CMSIS というのは ARM の Cortex-M シリーズをコアに持つマイコンの共通ライブラリのようなものです．

現在，さまざまなメーカから ARM の Cortex-M シリーズをコアに持つマイコンが発売されています．本書でも，ST マイクロエレクトロニクスの STM32 と NXP セミコンダクターズの LPC を使用しています．

これらのマイコンは同じ ARM 社の Cortex-M シリーズの CPU を搭載しているので，命令体系は同じものになっていますが，内蔵されているモジュールは各社が独自のものを搭載しています．このため，内蔵モジュールのマッピングや操作方法が異なるためそれぞれのマイコンに合わせたコーディングが必要になります．

このように，メーカごとにコーディングの仕方が変わってしまうと，せっかく同じ CPU コアを使用しているメリットがなくなってしまします．そこで，ARM 社ではマイコン・ベンダに依存しないインターフェース規格 CMSIS を策定しています．

CMSIS は，すべてのペリフェラルが共通インターフェースで使用できるわけではありませんが，RTOS（Realtime OS）やミドルウェアを作る場合の基本インターフェースとして有用です．

第8章　GPIO と遅延関数の応用例

簡単なパルス出力

図8-1のような信号をパルスと言います．パルスも方形波もデューティの違いだけで本質的には同じものですが，一般にはデューティが50％のものを方形波，50％からかなり離れてくるとパルスと呼ばれます．

パルスは主に車のハザード・ランプや工事現場の赤色の点滅ランプのような，周期の長いものにも使われます．ここでは，LEDを使って，パルスのテストを行います．

図8-1　パルス波形

パルス間隔をボリュームで変えられるパルス出力プログラム

テスト・プログラムでは，MPUトレーナのボリュームを使ってパルスの発生間隔を調整できるようにしています．パルスの発生間隔はLED0で確認します．

プロジェクト名"pulse_led"を作成します．リスト8-1~リスト8-3に，STM32F103，PIC16F1789，LPC1347のプログラムを示します．このプログラムでは，パルス幅（LEDの点灯時間）は10msに固定して，間隔をボリュームの読み取り値で設定しています．現在のパルスの間隔はLCDに表示されます．

ボリュームを右に回すとパルスの間隔が短くなります．個人差もあるかもしれませんが，パルスの間隔が20ms以下ではLEDの点滅識別できず，連続して点灯しているように見えると思います．LEDのON時間は10msに固定しているので，このときの周期は30ms以下ということになります．この実験で，PWMでLEDの明るさを制御する場合は，周期を30msに設定すればよいということが分かります．

リスト8-1　pulse_led の main.c (STM32F103)

```
ADC_HandleTypeDef hadc1;                              LcdInit();
                                                      LcdDisplayMode(1, 0, 0);
#define  LED_PORT    GPIOB
#define  LED_PIN     GPIO_PIN_0                       HAL_ADCEx_Calibration_Start(&hadc1);
#define  LED_ON      GPIO_PIN_SET                     HAL_ADC_Start_IT(&hadc1);
#define  LED_OFF     GPIO_PIN_RESET                   odly=0;

#define  LedOn()     HAL_GPIO_WritePin(LED_PORT, LED_PIN, LED_ON)
#define  LedOff()    HAL_GPIO_WritePin(LED_PORT, LED_PIN, LED_OFF)
                                                      while (1)
                                                      {
int AdcValue=0;                                         dly_val=(AdcValue>>3) & 0x1ff;
                                                        if(dly_val!=odly) {
void HAL_ADC_ConvCpltCallback(ADC_HandleTypeDef* hadc)     sprintf(str, "Int:%d.%03dsec  ", dly_val/1000, dly_val%1000);
{                                                          LcdXy(0, 0);
  AdcValue=HAL_ADC_GetValue(hadc);                         LcdPuts(str);
}                                                          odly=dly_val;
                                                        }
int main(void)                                          LedOn();
{                                                       delay_ms(10);
  char str[16];                                         LedOff();
  int dly_val;                                          delay_ms(dly_val);
  int odly=-1;                                        }
                                                    }
```

ボリュームを左に回していくと点滅の間隔が長くなり，いわゆるフラッシュ点灯になります．フラッシュ点灯は連続点灯よりも目につきやすく，消費電流も少なくなるというメリットがあるので，工事現場の赤色ランプやペットの夜間散歩用の LED ランプなどに利用されています．

ボリュームの読み取りは ADC を使っています．ADC はアナログ・ディジタル変換の章を参照してください．

リスト 8-2　pulse_led の main.c（PIC16F1789）

```
volatile adc_result_t AdcValue=0;

#define LED0        RB2
#define LED_ON      1
#define LED_OFF     0
#define PUSH_SW     RA3

#define LedOn()     LED0=LED_ON
#define LedOff()    LED0=LED_OFF

char GetSwitch(void)
{
  if(!PUSH_SW)
    return 1;
  return 0;
}

void main(void) {
  // initialize the device
  char str[17];
  int dly_val;
  int odly=-1;

  SYSTEM_Initialize();

  INTERRUPT_GlobalInterruptEnable();

  INTERRUPT_PeripheralInterruptEnable();

  LcdInit();
  LcdDisplayMode(1, 0, 0);
  ADC_Initialize();
  ADC_StartConversion(channel_AN0);
  while (1) {
    // Add your application code
    dly_val=(AdcValue>>3) & 0x1ff;
    if(dly_val!=odly) {
      sprintf(str, "Int:%d.%03dsec  ", dly_val/1000, dly_val%1000);
      LcdXy(0, 0);
      LcdPuts(str);
      odly=dly_val;
    }
    LedOn();
    delay_ms(10);
    LedOff();
    delay_ms(dly_val);
  }
}
```

リスト 8-3　pulse_led の main.c（LPC1347）

```
//GPIO のアサインによって設定値を変更
#define GPIO_IN     0
#define GPIO_OUT    1
#define LED_PORT    1
#define LED_PIN     21
#define LED_ON      true
#define LED_OFF     false
#define GPIO_IN     0
#define GPIO_OUT    1
#define SW_PORT     0
#define SW_PIN      2

uint16_t AdcValue=0;

#define LedOn()  Chip_GPIO_WritePortBit(LPC_GPIO_PORT, LED_PORT, LED_PIN, LED_ON)
#define LedOff() Chip_GPIO_WritePortBit(LPC_GPIO_PORT, LED_PORT, LED_PIN, LED_OFF)

void ADC_IRQHandler()
{
  if(Chip_ADC_ReadStatus(LPC_ADC, ADC_CH0, ADC_DR_DONE_STAT)==SET) {
    Chip_ADC_ReadValue(LPC_ADC, ADC_CH0, &AdcValue);
    Chip_ADC_SetStartMode(LPC_ADC, ADC_START_NOW, ADC_TRIGGERMODE_RISING);
  }
}

int GetSwitch(void)
{
  if(!Chip_GPIO_GetPinState(LPC_GPIO_PORT, SW_PORT, SW_PIN))
    return 1;
  return 0;
}

int main(void)
{
  char str[17];
  int dly_val;
  int odly=-1;

  static ADC_CLOCK_SETUP_T ADCSetup;

  SystemCoreClockUpdate();
  SysTick_Config(SystemCoreClock / 1000);
  GpioInit();
  LcdInit();
  LcdDisplayMode(1, 0, 0);

  /* Enable interrupt in the NVIC */
  NVIC_ClearPendingIRQ(ADC_IRQn);
  NVIC_EnableIRQ(ADC_IRQn);
  Chip_ADC_Init(LPC_ADC, &ADCSetup);
  Chip_ADC_Int_SetChannelCmd(LPC_ADC, ADC_CH0,
                             ENABLE);
  Chip_ADC_SetStartMode(LPC_ADC, ADC_START_NOW,
                        ADC_TRIGGERMODE_RISING);

  while (1) {
    dly_val=(AdcValue>>3) & 0x1ff;
    if(dly_val!=odly) {
      sprintf(str, "Int:%d.%03dsec  ",
              dly_val/1000, dly_val%1000);
      LcdXy(0, 0);
      LcdPuts(str);
      odly=dly_val;
    }
    LedOn();
    delay_ms(10);
    LedOff();
    delay_ms(dly_val);
  }
  return 0 ;
}
```

簡単なワンショット・パルス出力

<u>1回だけ発生するパルスをワンショット・パルス</u>と言います．ワンショット・パルスは，図8-2のように1回だけ発生するパルスです．

ワンショット・パルスの分かりやすい使用例として，呼び鈴が挙げられます（図8-3）．図8-3（a）のように家の呼び鈴にブザーを使った場合は，お客がボタンを押している間だけブザーが鳴ります．このため，ボタンを一瞬だけ押すとブザーも一瞬だけしか鳴らないため，聞き逃してしまうことがあります．逆にブザーを長押しされると，押している間中ブザーが鳴るため，やかましいということになります．

図8-3（b）のように，チャイムの場合はボタンを短く押しても長く押しても，一定時間だけベルが鳴るため，聞き逃すこともやかましいこともないでしょう．

図8-2 ワンショット・パルス

ボリュームでパルス幅を変えられるワンショット・パルス出力プログラム

ワンショット・パルスのテスト・プログラムは，パルスの発生プログラムを改造して作成しています．プロジェクト名"one_shot_led"を作成します．**リスト8-4～リスト8-6**に，STM32F103とPIC16F1789，LPC1347のプログラムを示します．

このプログラムではSW0を押すと1回だけパルスを発生させます．パルス幅はボリュームの読み取り値で設定しています．設定されたパルス幅はLCDに表示され，0～1023msの範囲でパルス幅の設定が可能です．

ボリュームを右に回すとパルス幅が短くなり，左に回すと長くなります．パルス幅を短くしても，スイッチを押すとLEDが一瞬点灯することが識別できると思います．LEDの点灯が呼び鈴の長さだと思うと，ワンショットの意味合いが理解できると思います．

なお，このプログラムでは，スイッチのチャタリング対策は行っていないため，チャタリングによる誤動作がある場合があります．

ボリュームの読み取りはADCを使っています．ADCはアナログ-ディジタル変換の章を参照してください．

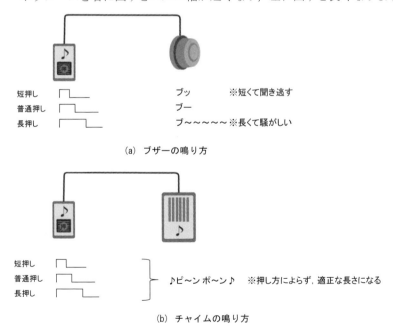

図8-3 ブザーとチャイムの鳴り方

リスト 8-4　one_shot_led の main.c (STM32F103)

```
ADC_HandleTypeDef hadc1;

#define LED_PORT    GPIOB
#define LED_PIN     GPIO_PIN_0
#define LED_ON      GPIO_PIN_SET
#define LED_OFF     GPIO_PIN_RESET
#define SW_PORT     GPIOA
#define SW_PIN      GPIO_PIN_10
#define ON          GPIO_PIN_SET
#define OFF         GPIO_PIN_RESET

#define LedOn()   HAL_GPIO_WritePin(LED_PORT, LED_PIN, LED_ON)
#define LedOff()  HAL_GPIO_WritePin(LED_PORT, LED_PIN, LED_OFF)

int main(void)
{
  char str[16];
  int dly_val;
  int odly=-1;

  HAL_Init();

  SystemClock_Config();

  MX_GPIO_Init();

  MX_ADC1_Init();

  LcdInit();
  LcdDisplayMode(1, 0, 0);

  HAL_ADCEx_Calibration_Start(&hadc1);
  HAL_ADC_Start_IT(&hadc1);
  odly=0;
  while (1)
  {
    dly_val=(AdcValue>>2)&0x3ff;
    if(dly_val!=odly){
      sprintf(str, "PW:%d.%03dsec  ", dly_val/1000, dly_val%1000);
      LcdXy(0, 0);
      LcdPuts(str);
      odly=dly_val;
    }
    if(GetSwitch()){
      LedOn();
      delay_ms(dly_val);
      LedOff();
      while(GetSwitch());
    }
  }
}
```

リスト 8-5　one_shot_led の main.c (PIC16F1789)

```
volatile adc_result_t AdcValue=0;

#define LED0       RB2
#define LED_ON     1
#define LED_OFF    0
#define PUSH_SW    RA3

#define LedOn()   LED0=LED_ON
#define LedOff()  LED0=LED_OFF

void main(void) {
  char str[17];
  int dly_val;
  int odly=-1;

  SYSTEM_Initialize();

  INTERRUPT_GlobalInterruptEnable();

  INTERRUPT_PeripheralInterruptEnable();

  LcdInit();
  LcdDisplayMode(1, 0, 0);
  ADC_Initialize();
  ADC_StartConversion(channel_AN0);
  while (1) {
    // Add your application code
    dly_val=(AdcValue>>2)&0x3ff;
    if(dly_val!=odly){
      sprintf(str, "PW:%d.%03dsec  ", dly_val/1000, dly_val%1000);
      LcdXy(0, 0);
      LcdPuts(str);
      odly=dly_val;
    }
    if(GetSwitch()){
      LedOn();
      delay_ms(dly_val);
      LedOff();
      while(GetSwitch());
    }
  }
}
```

リスト 8-6　one_shot_led の main.c (LPC1347)

```
int main(void)
{
  char str[17];
  int dly_val;
  int odly=-1;

  static ADC_CLOCK_SETUP_T ADCSetup;

  SystemCoreClockUpdate();
  SysTick_Config(SystemCoreClock / 1000);
  GpioInit();
  LcdInit();
  LcdDisplayMode(1, 0, 0);

  NVIC_ClearPendingIRQ(ADC_IRQn);
  NVIC_EnableIRQ(ADC_IRQn);
  Chip_ADC_Init(LPC_ADC, &ADCSetup);
  Chip_ADC_Int_SetChannelCmd(LPC_ADC, ADC_CH0, ENABLE);
  Chip_ADC_SetStartMode(LPC_ADC, ADC_START_NOW, ADC_TRIGGERMODE_RISING);

  while (1) {
    dly_val=(AdcValue>>2)&0x3ff;
    if(dly_val!=odly){
      sprintf(str, "PW:%d.%03dsec  ", dly_val/1000, dly_val%1000);
      LcdXy(0, 0);
      LcdPuts(str);
      odly=dly_val;
    }
    if(GetSwitch()){
      LedOn();
      delay_ms(dly_val);
      LedOff();
      while(GetSwitch());
    }
  }
  return 0;
}
```

第9章　スイッチのチャタリング除去

チャタリングとは

　スイッチは，通常電気的な接点を機械的に接続したり切断したりすることで電気回路の ON と OFF を制御します．このような接点を持つスイッチの場合，接続時や切断時にチャタリングと呼ばれる現象が発生します．

　チャタリングは図 9-1 のように回路の接続時や切断時に接点の汚れやばねの振動などにより，瞬間的に回路の ON と OFF が発生する現象です．

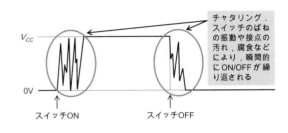

図 9-1　スイッチのチャタリング

　チャタリングの発生時間は通常最大で 30ms 程度と言われています．このため，家庭の電灯の ON/OFF や LED の ON/OFF などでは，実際にはチャタリングが発生していたとしても人間の目では確認することができないため，このような用途では全く実害のない現象です．

　しかしながら，スイッチを押すたびに ON と OFF を反転させるような回路やカウンタを使ってスイッチが押された回数をカウントするような場合，チャタリングによる誤動作が問題になります．カウンタは，チャタリングで発生した ON/OFF も正確にカウントするため，1 回のスイッチの ON/OFF でもチャタリングの発生回数分カウントアップしていますので，チャタリングの除去は重要です．

遅延関数を使ったチャタリング除去

　最初に遅延関数でチャタリングを除去する方法を紹介します．スイッチを押すごとに，LED を ON/OFF させるプログラムを作成しチャタリング除去を確認します．

　リスト 9-1〜リスト 9-3 に，STM32F103 と PIC16F1789 および LPC1347 それぞれの場合のソース・コードを示します．いずれも，プロジェクト名 "led_toggle" を作成します．

　プログラムの最初に定義している次の行をコメントアウトすると，チャタリングの除去は行われません．

　　　#define CHATTERING_OFF

　この状態でスイッチを何度か押すと，スイッチを押しても LED がトグル動作にならない場合があります．これがチャタリングの影響によるものです．チャタリングの影響によりスイッチが 2 回押されたことになると，点灯するはずの LED が一瞬で点灯→消灯と動作して点灯しなかったように見えるわけです．

プログラムの動作

　GetSwitch()がスイッチの入力関数で，スイッチが押されスイッチが解放されまで待つ関数となっています．GetSwitch()ではスイッチが押されたときと解放されたときに，それぞれ delay_ms()を使って遅延を

発生させ，この間は次の動作に入らないようにしています．スイッチのチャタリングは長くても 30ms と言われているため，ここでは 30ms の遅延を使っています．

チャタリングの防止のためにあまり長い遅延を使用すると，当然ながらスイッチのレスポンスは悪くなります．今回のプログラムではスイッチの ON と OFF で合わせて 60ms の遅延が発生します．ファミコン名人の高橋名人は，1 秒間に 16 回以上スイッチを連打できたということなので，スイッチ連打の間隔は約 63ms となり，今回のプログラムの応答速度は十分とは言えません．

チャタリングの防止時間は数 ms でも十分な場合もあるので，実際に使用するスイッチに合わせて，調整する必要があります．

リスト 9-1　led_toggle の main.c（STM32F103）

```
#define  CHATTERING_OFF //この行をコメントアウトすると，チャタリングの除去を行わない

#define  LED_PORT   GPIOA
#define  LED_PIN    GPIO_PIN_5
#define  LED_ON     GPIO_PIN_SET
#define  LED_OFF    GPIO_PIN_RESET
#define  SW_PORT    GPIOC
#define  SW_PIN     GPIO_PIN_13
#define  SW_OFF     GPIO_PIN_SET
#define  SW_ON      GPIO_PIN_RESET

#ifdef CHATTERING_OFF
#define  wait_delay()   HAL_Delay(30)
#else
#define  wait_delay()
#endif

void GetSwitch(void)
{
  while(HAL_GPIO_ReadPin(SW_PORT, SW_PIN)!=SW_ON);   //スイッチが押されるのを待つ
  wait_delay();
  while(HAL_GPIO_ReadPin(SW_PORT, SW_PIN)==SW_ON);   //スイッチが放されるのを待つ
  wait_delay();
}

int main(void)
{
  HAL_Init();

  SystemClock_Config();

  MX_GPIO_Init();

  while (1)
  {
    GetSwitch();
    HAL_GPIO_WritePin(LED_PORT, LED_PIN, LED_ON);
    GetSwitch();
    HAL_GPIO_WritePin(LED_PORT, LED_PIN, LED_OFF);
  }
}
```

リスト 9-2　led_toggle の main.c（PIC16F1789）

```
#define  CHATTERING_OFF    //この行をコメントアウトすると，チャタリングの除去を行わない

#define  LED0     RB2
#define  LED_ON   1
#define  LED_OFF  0
#define  PUSH_SW  RA3

#ifdef CHATTERING_OFF
#define  wait_delay()   delay_ms(30)
#else
#define  wait_delay()
#endif

volatile int msCnt=0;

void delay_ms(int cnt)
{
  msCnt=cnt;
  while(msCnt);
}

void GetSwitch(void)
{
  while(!PUSH_SW);   //スイッチが押されるのを待つ
  wait_delay();
  while(PUSH_SW);    //スイッチが放されるのを待つ
  wait_delay();
}

void main(void) {
  SYSTEM_Initialize();

  INTERRUPT_GlobalInterruptEnable();

  INTERRUPT_PeripheralInterruptEnable();

  while (1) {
    // Add your application code
    GetSwitch();
    LED0=LED_ON;
    GetSwitch();
    LED0=LED_OFF;
  }
}
```

リスト 9-3　LPC1347 の led_toggle.c

```c
#define CHATTERING_OFF  //この行をコメントアウトすると，チャタリングの除去を行わない

#define LED_PORT  0
#define LED_PIN   7
#define LED_ON    true
#define LED_OFF   false
#define GPIO_IN   0
#define GPIO_OUT  1
#define SW_PORT   0
#define SW_PIN    2

volatile uint32_t msCnt=0;

const uint32_t OscRateIn = 12000000;

#ifdef CHATTERING_OFF
#define wait_delay()  delay_ms(30)
#else
#define wait_delay()
#endif

void SysTick_Handler(void)
{
  if(msCnt)
    msCnt--;
}

void delay_ms (uint32_t cnt)
{
  msCnt=cnt;
  while(msCnt);
}

void GetSwitch(void)
{
  while(!Chip_GPIO_GetPinState(LPC_GPIO_PORT, SW_PORT, SW_PIN)); //スイッチが押されるのを待つ
  wait_delay();
  while(Chip_GPIO_GetPinState(LPC_GPIO_PORT, SW_PORT, SW_PIN));  //スイッチが放されるのを待つ
  wait_delay();
}

int main(void) {

  SystemCoreClockUpdate();
  SysTick_Config(SystemCoreClock / 1000);

  Chip_GPIO_Init(LPC_GPIO_PORT);
  Chip_GPIO_WriteDirBit(LPC_GPIO_PORT, LED_PORT, LED_PIN, GPIO_OUT);
  Chip_GPIO_WriteDirBit(LPC_GPIO_PORT, SW_PORT, SW_PIN, GPIO_IN);

  while(1) {
    GetSwitch();
    Chip_GPIO_WritePortBit(LPC_GPIO_PORT, LED_PORT, LED_PIN, LED_ON);
    GetSwitch();
    Chip_GPIO_WritePortBit(LPC_GPIO_PORT, LED_PORT, LED_PIN, LED_OFF);
  }
  return 0;
}
```

サンプリングを使ったチャタリング除去

　led_toggle のサンプルでは，遅延関数を使ってスイッチのチャタリング対策を行いました．この方法は，遅延関数があればチャタリング対策ができます．この場合の遅延関数は余り精度は要求されないため，ソフトウェア・タイマでも問題なく，直感的で扱いやすい方法です．

　スイッチのチャタリング対策で，他によく利用される方法としてサンプリングによる方法があります．この方法は図 9-2 のように，スイッチの入力を一定のサンプリング周期でサンプルします．

　サンプリングの周期を，使用するスイッチで発生するチャタリングの最大時間よりも大きくしておくと，サンプリング結果はチャタリングが除去されたものになります．

　図 9-2 のように，たまたまサンプリング・ポイントでチャタリングが発生した場合は，サンプリング結果が異なる可能性がありますが，次のサンプルで正しい結果が読み込まれるので，スイッチの状態の読み

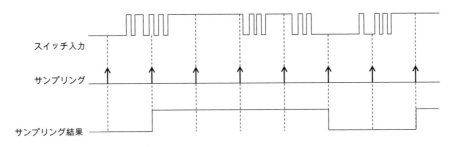

図 9-2　サンプリングによるチャタリング除去

込みが1サンプルだけ遅れるだけで，サンプル結果自体にチャタリングは発生しません．

リスト9-4～リスト9-6に，STM32F103とPIC16F1789，およびLPC1347のソース・コードを示します．

これらのソースは，led_toggleのプロジェクトをベースにサンプリング方式に変更しています．プロジェクト名は"sampling_sw"です．プログラムの動作はまったく同じになります．

プログラムの動作

サンプリングの方法はインターバル・タイマの割り込みを使い，30msごとにスイッチをサンプルして，サンプル結果をグローバル変数SwStatusに格納しています．

スイッチの状態を読み出すGetSwitch()はスイッチの状態を読み出す代わりにSwStatusを参照しています．

この方法のメリットは，スイッチの数が増えたときに処理が簡単になる点と，スイッチの状態の読み出しが変数の参照だけで済む点です．

このプログラムではスイッチを一つだけしか使わないためSwStatusは0か1の値になっていますが，多くのスイッチを使用する場合はビットごとにスイッチの状態を示したり，スイッチの状態を構造体に格納するといった方法を使えば見通しの良いソース・コードになります．

リスト9-4　sampling_swのmain.c（STM32F103）

```c
#define  SAMPLE_COUNT  30   //30ms

#define  LED_PORT   GPIOA
#define  LED_PIN    GPIO_PIN_5
#define  LED_ON     GPIO_PIN_SET
#define  LED_OFF    GPIO_PIN_RESET
#define  SW_PORT    GPIOC
#define  SW_PIN     GPIO_PIN_13
#define  SW_OFF     GPIO_PIN_SET
#define  SW_ON      GPIO_PIN_RESET

void SystemClock_Config(void);
static void MX_GPIO_Init(void);

int SampleCount=0;

volatile int SwStatus=0;

void HAL_SYSTICK_Callback(void)
{
  SampleCount++;
  if(SampleCount>=SAMPLE_COUNT){
    SampleCount=0;
    if(HAL_GPIO_ReadPin(SW_PORT, SW_PIN)==SW_ON){
      //スイッチが押されている
      SwStatus=1;
    }else{
      SwStatus=0;
    }
  }
}

void GetSwitch(void)
{
  while(!SwStatus);  //スイッチが押されるのを待つ
  while(SwStatus);   //スイッチが放されるのを待つ
}

int main(void)
{
  HAL_Init();

  SystemClock_Config();

  MX_GPIO_Init();

  while (1)
  {
    GetSwitch();
    HAL_GPIO_WritePin(LED_PORT, LED_PIN, LED_ON);
    GetSwitch();
    HAL_GPIO_WritePin(LED_PORT, LED_PIN, LED_OFF);
  }
}
```

リスト 9-5　sampling_sw の main.c（PIC16F1789）

```c
#include "mcc_generated_files/mcc.h"

#define    LED0     RB2
#define    LED_ON   1
#define    LED_OFF  0
#define    PUSH_SW  RA3

volatile int SwStatus=0;

void GetSwitch(void)
{
  while(!SwStatus);   //スイッチが押されるのを待つ
  while(SwStatus);    //スイッチが放されるのを待つ
}

void main(void) {
  SYSTEM_Initialize();

  INTERRUPT_GlobalInterruptEnable();

  INTERRUPT_PeripheralInterruptEnable();

  while (1) {
    // Add your application code
    GetSwitch();
    LED0=LED_ON;
    GetSwitch();
    LED0=LED_OFF;
  }
}
```

リスト 9-6　PIC16F1789 の tmr0.c

```c
#include <xc.h>
#include "tmr0.h"
#define  SAMPLE_COUNT  30    //30ms
#define  PUSH_SW RA3

extern volatile int SwStatus;
int SampleCount=0;

volatile uint8_t timer0ReloadVal;
extern volatile int msCnt;

void TMR0_Initialize(void) {
  // Set TMR0 to the options selected in the User Interface

  // PSA assigned; PS 1:32; TMRSE Increment_hi_lo; mask the nWPUEN and INTEDG bits
  OPTION_REG = (OPTION_REG & 0xC0) | 0xD4 & 0x3F;

  // TMR0 131;
  TMR0 = 0x83;

  // Load the TMR value to reload variable
  timer0ReloadVal = 131;

  // Clear Interrupt flag before enabling the interrupt
  INTCONbits.TMR0IF = 0;

  // Enabling TMR0 interrupt
  INTCONbits.TMR0IE = 1;
}
uint8_t TMR0_ReadTimer(void) {
  uint8_t readVal;

  readVal = TMR0;

  return readVal;
}

void TMR0_WriteTimer(uint8_t timerVal) {
  // Write to the Timer0 register
  TMR0 = timerVal;
}

void TMR0_Reload(void) {
  // Write to the Timer0 register
  TMR0 = timer0ReloadVal;
}

void TMR0_ISR(void) {

  // clear the TMR0 interrupt flag
  INTCONbits.TMR0IF = 0;

  TMR0 = timer0ReloadVal;

  // add your TMR0 interrupt custom code
  SampleCount++;
  if(SampleCount>=SAMPLE_COUNT){
    SampleCount=0;
    if(!PUSH_SW){
    //スイッチが押されている
      SwStatus=1;
    }else{
      SwStatus=0;
    }
  }
}
```

リスト9-7　sampling_swのmain.c（LPC1347）

```
#define SAMPLE_COUNT  30   //30ms

#define LED_PORT   0
#define LED_PIN    7
#define LED_ON     true
#define LED_OFF    false
#define GPIO_IN    0
#define GPIO_OUT   1
#define SW_PORT    0
#define SW_PIN     2

const uint32_t OscRateIn = 12000000;
volatile int SampleCount=0;

volatile int SwStatus=0;

void SysTick_Handler(void)
{
  SampleCount++;
  if(SampleCount>=SAMPLE_COUNT){
    SampleCount=0;
    if(!Chip_GPIO_GetPinState(LPC_GPIO_PORT, SW_PORT, SW_PIN)){
      //スイッチが押されている
      SwStatus=1;
    }else{
      SwStatus=0;
    }
  }
}

void GetSwitch(void)
{
  while(!SwStatus);   //スイッチが押されるのを待つ
  while(SwStatus);    //スイッチが放されるのを待つ
}

int main(void) {

  SystemCoreClockUpdate();
  SysTick_Config(SystemCoreClock / 1000);

  Chip_GPIO_Init(LPC_GPIO_PORT);
  Chip_GPIO_WriteDirBit(LPC_GPIO_PORT, LED_PORT, LED_PIN, GPIO_OUT);
  Chip_GPIO_WriteDirBit(LPC_GPIO_PORT, SW_PORT, SW_PIN, GPIO_IN);

  while(1) {
    GetSwitch();
    Chip_GPIO_WritePortBit(LPC_GPIO_PORT, LED_PORT, LED_PIN, LED_ON);
    GetSwitch();
    Chip_GPIO_WritePortBit(LPC_GPIO_PORT, LED_PORT, LED_PIN, LED_OFF);
  }
  return 0 ;
}
```

第10章 周波数の測り方

周波数カウンタの仕組み

マイコンのタイマは外部クロックで動作させることができます．この機能を使うとタイマをカウンタとして動作させることができるので，スイッチを押された回数などを数えるハードウェアのカウンタ（計数器）として使用することができます．

これを応用して，外部から入力されたクロックが1秒間に何回カウントするかを数えると，そのクロックの周波数が分かり，周波数カウンタとして使用できます．

この方法の場合，外部のクロックをカウントするタイマ（カウンタ）と，1秒という時間を測定するタイマの二つのタイマが必要なことに注意してください．

Nucleo版

プロジェクト名"freq_counter"を作成します．**リスト 10-1** はSTM32F103の周波数カウンタのプログラムです．

リスト 10-1 freq_counter の main.c (STM32F103)

```
TIM_HandleTypeDef htim1;

void TIM_SetCounter(TIM_HandleTypeDef * tim, int val)
{
  tim->Instance->CNT=val;
}

int TIM_GetCounter(TIM_HandleTypeDef * tim)
{
  return tim->Instance->CNT;
}

int main(void)
{
  int nval;
  char str[17];

  HAL_Init();

  SystemClock_Config();

  MX_GPIO_Init();
  MX_TIM1_Init();

  LcdInit();
  LcdPuts("FREQUENCY");

  TIM_ClockConfigTypeDef sClockSourceConfig;
  sClockSourceConfig.ClockSource=TIM_CLOCKSOURCE_TI2;
  sClockSourceConfig.ClockFilter=0x0f;
  sClockSourceConfig.ClockPolarity=TIM_CLOCKPOLARITY_RISING;
  sClockSourceConfig.ClockPrescaler=TIM_CLOCKPRESCALER_DIV1;
  HAL_TIM_ConfigClockSource(&htim1, &sClockSourceConfig);
  __HAL_TIM_ENABLE(&htim1);

  while (1)
  {
    TIM_SetCounter(&htim1, 0);
    delay_ms(1000);
    nval=TIM_GetCounter(&htim1);
    sprintf(str, "%d.%03dKHz", (nval/1000), (nval%1000));
    LcdXy(0, 1);
    LcdPuts(str);
  }
}

/* TIM1 init function */
void MX_TIM1_Init(void)
{
  TIM_MasterConfigTypeDef sMasterConfig;
  TIM_IC_InitTypeDef sConfigIC;

  htim1.Instance = TIM1;
  htim1.Init.Prescaler = 0;
  htim1.Init.CounterMode = TIM_COUNTERMODE_UP;
  htim1.Init.Period = 65535;
  htim1.Init.ClockDivision = TIM_CLOCKDIVISION_DIV4;
  htim1.Init.RepetitionCounter = 0;
  HAL_TIM_IC_Init(&htim1);

  sMasterConfig.MasterOutputTrigger = TIM_TRGO_RESET;
  sMasterConfig.MasterSlaveMode = TIM_MASTERSLAVEMODE_DISABLE;
  HAL_TIMEx_MasterConfigSynchronization(&htim1, &sMasterConfig);

  sConfigIC.ICPolarity = TIM_INPUTCHANNELPOLARITY_RISING;
  sConfigIC.ICSelection = TIM_ICSELECTION_DIRECTTI;
  sConfigIC.ICPrescaler = TIM_ICPSC_DIV1;
  sConfigIC.ICFilter = 0;
  HAL_TIM_IC_ConfigChannel(&htim1, &sConfigIC, TIM_CHANNEL_2);
}
```

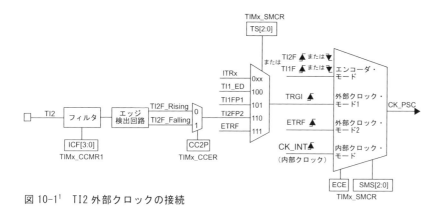

図 10-1[1]　TI2 外部クロックの接続

　STM32F103 はタイマ TIM1 を外部クロックで動作させることができます．TIM1 では，TI2 入力を外部クロックの入力として使用することができます．

　図 10-1 は，STM32F103 の TI2 外部クロック接続のブロック図です．TIM1 の TI2 は，TIM1_CH2 に割り当てられており，PA9 がこのピンと兼用になっています．MPU トレーナの FREQ ピンはこのピンに接続されているので，FREQ ピンからクロックを入力するとこのクロックの周波数を測定することができます．

　写真 10-1 は FREQ 端子にファンクション・ジェネレータを接続して測定しているところです．NUCLEO-F103RB は内部の RC 発振回路で動作しているため，多少誤差がありますが正しく周波数が測定されていることが分かります．

　周波数の測定は次のように行っています．

1. TIM1 を外部クロック・モードで初期化する．
2. プリスケーラを 1:1 に設定．
3. TIM1 をクリアする．
4. 1 秒待つ．
5. TIM1 の値から周波数を求めて表示する．
6. 3 から繰り返す．

　TIM1 の初期化は MX_TIM1_Init() で初期化した後，HAL_TIM_ConfigClockSource() でクロック入力を外部入力に切り換えています．その後，TIM1 を有効にして測定を開始しています．測定されたデータは kHz 単位で表示できるように，sprintf でフォーマットしています．

　このコードは，16bit のタイマを想定しているので，測定可能周波数は 65.535kHz までとなります．

PIC16F 版

　プロジェクト名"freq_counter"を作成します．リスト 10-2 は PIC16F1789 を使った周波数カウンタのプログラム・ソースです．このプログラムでは，Timer0 を他のプログラムと同様に 1ms のインターバル・タイマとして使用し，Timer1 を周波数カウンタとして使用しています．

　Timer1 を周波数カウンタとして使用するために，図 10-2 のように Code Configurator の Timer1 の設定を外部クロックに設定します．

写真 10-1 プログラムの実行結果（STM32F103）

写真 10-2 プログラムの実行結果（PIC16F1789）

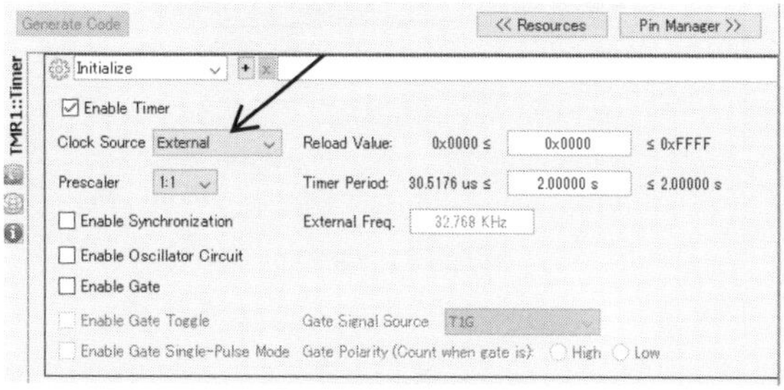

図 10-2 PIC16F1789 の Timer1 の設定

リスト 10-2 freq_counter の main.c（PIC16F1789）

```c
void main(void) {
  char str[17];
  unsigned int freq;
  SYSTEM_Initialize();

  INTERRUPT_GlobalInterruptEnable();

  INTERRUPT_PeripheralInterruptEnable();

  LcdInit();
  LcdPuts("FREQUENCY");
  while (1) {
    TMR1=0;
    TMR1ON=1;
    delay_ms(1000);
    TMR1ON=0;
    freq=TMR1;
    sprintf(str, "%d.%03dKHz", (freq/1000), (freq%1000));
    LcdXy(0, 1);
    LcdPuts(str);
    delay_ms(1000);
  }
}
```

Timer1 は 16bit のタイマです．8bit でアクセスする場合は，TMR1H と TMR1L の二つの 8bit レジスタとしてアクセスします．

タイマのクロックは TMR1CS<1:0> で選択できます．このビットを 10 にすると外部クロックになります．外部クロックは外部発振回路と外部クロック入力ピンがありますが，T1OSCEN を 0 にすると外部クロック・ピン入力が使用できます．入力されたクロックはプリスケーラを通して Timer1 に入力されます．

Timer1 は 16bit タイマのため最大で 65535Hz，すなわち約 65kHz まで測定可能です．プリスケーラを使えば，この 8 倍までの周波数が測定可能になります．さらに高い周波数を測定したい場合は測定時間を短くします．例えば，測定時間を 1 秒ではなく 0.1 秒とすれば，10 倍の周波数まで測定できます．

写真 10-2 は本プログラムの動作状態です．このプログラムは内蔵の RC 発振回路で時間を測定しているため精度はあまり高くなく，多少の誤差が発生しています．

LPCXpresso 版

プロジェクト名 "freq_counter" を作成します．リスト 10-3 は LPC1347 の周波数カウンタのプログラムです．このプログラムでは 16bit カウンタ/タイマ 0 CT16B0（LPC_TIMER16_0）を使用しています．

リスト 10-3 freq_countrer の main.c (LPC1347)

```c
//GPIO のアサインによって設定値を変更
#define GPIO_IN   0
#define GPIO_OUT  1

int main(void)
{
  uint32_t value;
  char str[17];

  SystemCoreClockUpdate();
  SysTick_Config(SystemCoreClock / 1000);
  GpioInit();
  LcdInit();
  LcdPuts("FREQUENCY");
  Chip_TIMER_Init(LPC_TIMER16_0);
  Chip_TIMER_TIMER_SetCountClockSrc(
    LPC_TIMER16_0, TIMER_CAPSRC_RISING_CAPN, 0); //CLK=CT16B0_CAP0
  Chip_IOCON_PinMuxSet(
    LPC_IOCON, 1, 16, IOCON_FUNC2); // PIO1_16 を CT16B0_CAP0 に割り当て

  while (1) {
    // Add your application code
    Chip_TIMER_Reset(LPC_TIMER16_0);
    Chip_TIMER_Enable(LPC_TIMER16_0);
    delay_ms(1000);  //遅延関数
    value=Chip_TIMER_ReadCount(LPC_TIMER16_0);
    Chip_TIMER_Disable(LPC_TIMER16_0);
    sprintf(str, "%d.%03dkHz", (value/1000), (value%1000));
    LcdXy(0, 1);
    LcdPuts(str);
    delay_ms(100);
  }
  return 0 ;
}
```

写真 10-3 プログラムの実行結果 (LPC1347)

CTCR レジスタ (Count Control Register) の CTM (Counter/Timer Mode) ビットの値を 0x1 にすると，外部クロックの立ち上がりでタイマをカウント・アップすることができます．

外部クロック・ピンは，CTCR レジスタの CIS (Count Input Select) の値で，CT16B0_CAP0 または，CT16B0_CAP1 のいずれかを選択することができます．このプログラムでは CT16B0_CAP0 を使用するようにしています．

LPC1347 では，CT16B0_CAP0 は，PIO0_2 の FUNC2 または，PIO1_16 の FUNC2 が使用可能です．このプログラムでは，PIO1_16 を CT16B0_CAP0 に割り当てています．

周波数の測定の流れは STM32F103 とほぼ同様で，次のような流れになっています．

1. CT16B0 を外部クロック・モードで初期化する．
2. CT16B0 をリセットする．
3. CT16B0 を有効にする．
4. 1 秒待つ．
5. CT16B0 の値から周波数を求めて表示する．
6. CT16B0 を停止する．
7. 2 から繰り返す．

写真 10-3 は MPU トレーナに LPCXpresso LPC1347 を接続して本プログラムを動作させているようすです．LPCXpresso LPC1347 は水晶発振回路で動作しているので，PIC16F1789 や STM32F103 のときと比較して，誤差が少なくなっています．

第11章 パルス幅の測り方

パルス幅測定の仕組み

　周波数カウンタでは，タイマを外部クロックで動作させて周波数を測定しました．タイマを既知のクロック周波数で動作させて外部信号が High の期間を測定すると，パルス幅を測定することができます．

　ここでは，MPU トレーナの外部クロック端子にファンクション・ジェネレータを接続し，入力されたパルスの幅を測定するプログラムを紹介します．

　パルス幅の測定プログラムは，周波数カウンタのプログラムをベースにして，次のような仕様で作成しています．

- 使用するタイマは周波数カウンタで使用したものと同じカウンタを使用する．
- 外部クロック入力ピンは周波数入力ピンを GPIO で使用．
- タイマのクロックを 1MHz にする．
- 入力信号の High の期間を ms 単位で表示する．

Nucleo 版

　プロジェクト名"pulse_width"を作成します．リスト 11-1 は STM32F103 を使ったパルス幅の測定プログラムです．

　パルス幅測定のため，図 11-1 のように STM32CubeMX で PA9 を GPIO の Input に設定しています．

　パルス幅測定はタイマ TIM1 を使用するので，図 11-2 のように TIM1 の設定を変更します．

　STM32F103 のクロックは 64MHz なので，プリスケーラで 64 分の 1 にするとタイマ TIM1 のクロックは 1MHz となります．プリスケーラの設定値は「プリスケーラの値－1」となるので，設定値は 63 になります．

　このプログラムでは GPIO で外部クロックを監視し，信号が Low→High に変わるタイミングを待ちます．信号が High に変わったらタイマをクリアしてからスタートし，信号が Low になるまで待ちます．信号が Low になったらカウンタの値を読み出して"msec"単位で表示します．

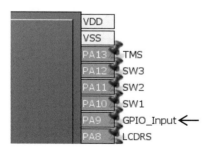

図 11-1　STM32F103 の GPIO の変更

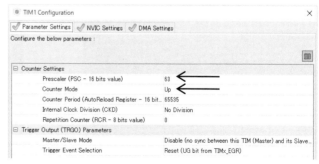

図 11-2　STM32F103 の TIM1 の設定

リスト11-1 pulse_widthのmain.c（STM32F103）

```c
TIM_HandleTypeDef htim1;

#define EXT_PORT  GPIOA
#define EXT_PIN   GPIO_PIN_9
#define GetExt()  HAL_GPIO_ReadPin(EXT_PORT, EXT_PIN)

void SystemClock_Config(void);
static void MX_GPIO_Init(void);
static void MX_TIM1_Init(void);

void TIM_SetCounter(TIM_HandleTypeDef * tim, int val)
{
  tim->Instance->CNT=val;
}

int TIM_GetCounter(TIM_HandleTypeDef * tim)
{
  return tim->Instance->CNT;
}

int main(void)
{
  int nval;
  char str[17];

  HAL_Init();

  SystemClock_Config();

  MX_GPIO_Init();
  MX_TIM1_Init();

  LcdInit();
  LcdPuts("Pulse Width");

  while (1)
  {
    //EXT L->H を待つ
    while(GetExt());            //L になるまで待つ
    while(!GetExt());           //H になるまで待つ

    TIM_SetCounter(&htim1, 0);
    HAL_TIM_Base_Start(&htim1);

    while(GetExt());            //L になるまで待つ

    nval=TIM_GetCounter(&htim1);
    HAL_TIM_Base_Stop(&htim1);
    sprintf(str, "%d.%03dmsec", (nval/1000), (nval%1000));
    LcdXy(0, 1);
    LcdPuts(str);
  }
}

/* TIM1 init function */
void MX_TIM1_Init(void)
{
  TIM_ClockConfigTypeDef sClockSourceConfig;
  TIM_MasterConfigTypeDef sMasterConfig;

  htim1.Instance = TIM1;
  htim1.Init.Prescaler = 63;
  htim1.Init.CounterMode = TIM_COUNTERMODE_UP;
  htim1.Init.Period = 65535;
  htim1.Init.ClockDivision = TIM_CLOCKDIVISION_DIV1;
  htim1.Init.RepetitionCounter = 0;
  HAL_TIM_Base_Init(&htim1);

  sClockSourceConfig.ClockSource = TIM_CLOCKSOURCE_INTERNAL;
  HAL_TIM_ConfigClockSource(&htim1, &sClockSourceConfig);

  sMasterConfig.MasterOutputTrigger = TIM_TRGO_RESET;
  sMasterConfig.MasterSlaveMode = TIM_MASTERSLAVEMODE_DISABLE;
  HAL_TIMEx_MasterConfigSynchronization(&htim1, &sMasterConfig);
}
```

カウンタの周波数は1MHzなので1μsごとにカウントアップします．表示は小数点以下3桁の1μsまでを表示しています．ここでは16bitカウンタを使用しているため，測定可能なパルス幅は65.535msまでとなります．

写真11-1はFREQピンにファンクション・ジェネレータを接続し，10msの方形波を測定している

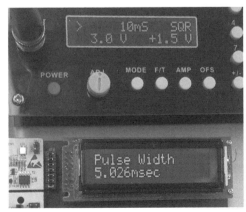

写真11-1 プログラムの実行結果（STM32F103）

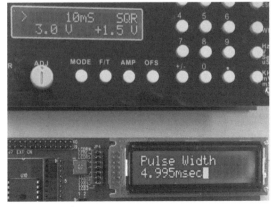

写真11-2 プログラムの実行結果（PIC16F1789）

ところです．周期 10ms の方形波のデューティは 50%なのでのパルス幅は 5ms となります．
　NUCLEO-F103RB は内部の RC 発振回路で動作しているため多少誤差がありますが，正しくパルス幅が測定されていることが分かります．

PIC16F 版

　プロジェクト名 "pulse_width" を作成します．リスト 11-2 は，PIC16F1789 を使ったパルス幅の測定プログラムです．写真 11-2 は本プログラムの動作状態です．STM32F103 と同様に 10ms の方形波を測定しています．
　このプログラムでは Timer1 をパルス幅の測定に使用しています．Timer1 をパルス幅の測定に使用する

リスト 11-2　pulse_width の main.c (PIC16F1789)

```c
#include "lcd.h"
#include <stdio.h>

#define EXT_PIN  RC0
#define GetExt() EXT_PIN

void main(void) {
  char str[17];
  unsigned int freq;
  SYSTEM_Initialize();

  INTERRUPT_GlobalInterruptEnable();

  INTERRUPT_PeripheralInterruptEnable();

  LcdInit();
  LcdPuts("Pulse Width");
  while (1) {
    //EXT L->H を待つ
    while(GetExt());    //L になるまで待つ
    while(!GetExt());   //H になるまで待つ
    TMR1=0;
    TMR1ON=1;
    while(GetExt());    //L になるまで待つ
    TMR1ON=0;
    freq=TMR1;
    sprintf(str, "%d.%03dmsec", (freq/1000), (freq%1000));
    LcdXy(0, 1);
    LcdPuts(str);
    delay_ms(1000);
  }
}
```

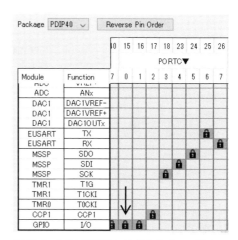

図 11-3　PIC16F1789 の外部入力ピンの設定

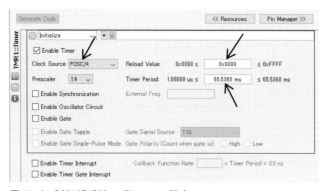

図 11-4　PIC16F1789 の Timer1 の設定

ために，図 11-3 のように Code Configurator で PORTC のビット 0 を GPIO の入力に設定しています．
また，Timer1 の設定は図 11-4 のようになります．

LPCXpresso 版

プロジェクト名"pulse_width"を作成します．**リスト 11-3** は LPC1347 のパルス幅の測定プログラムです．このプログラムでは 16bit カウンタ/タイマ 0 CT16B0（LPC_TIMER16_0）を使用しています．FREQ 入力ピンは GPIO1 の 16 ピンなので，①と②で GPIO を入力に設定します．

写真 11-3 は本プログラムの動作状態です．STM32F103 と同様に 10ms の方形波を測定しています．

LPCXpresso LPC1347 は水晶発振回路で動作しているので，PIC16F1789 や NUCLEO-F103RB と比較して，誤差が少なくなっていることが分かります．

リスト 11-3　pulse_width の main.c（LPC1347）

```
//GPIOのアサインによって設定値を変更
#define  GPIO_IN    0
#define  GPIO_OUT   1

#define  EXT_PORT   1
#define  EXT_PIN    16
#define  GetExt()   Chip_GPIO_GetPinState(LPC_GPIO_PORT, EXT_PORT, EXT_PIN)

int main(void)
{
  uint32_t value;
  char str[17];

  SystemCoreClockUpdate();
  SysTick_Config(SystemCoreClock / 1000);
  GpioInit();
  LcdInit();
  LcdPuts("Pulse Width");
  Chip_TIMER_Init(LPC_TIMER16_0);
  Chip_TIMER_PrescaleSet(LPC_TIMER16_0, 71);  //CLK=1MHz
  Chip_IOCON_PinMuxSet(LPC_IOCON, EXT_PORT, EXT_PIN, IOCON_FUNC0);  // ① PIO1_16 = GPIO
  Chip_GPIO_WriteDirBit(LPC_GPIO_PORT, EXT_PORT, EXT_PIN, GPIO_IN); // ② PIO1_16 = INPUT

  while (1) {
    // Add your application code
    //EXT L->Hを待つ
    while(GetExt());      //Lになるまで待つ
    while(!GetExt());     //Hになるまで待つ
    Chip_TIMER_Reset(LPC_TIMER16_0);
    Chip_TIMER_Enable(LPC_TIMER16_0);
    while(GetExt());      //Lになるまで待つ
    value=Chip_TIMER_ReadCount(LPC_TIMER16_0);
    Chip_TIMER_Disable(LPC_TIMER16_0);
    sprintf(str, "%d.%03dmsec", (value/1000), (value%1000));
    LcdXy(0, 1);
    LcdPuts(str);
    delay_ms(100);
  }
  return 0 ;
}
```

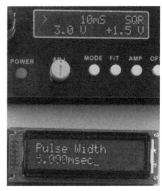

写真 11-3　実行結果（LPC1347）

第12章 GPIO とタイマの応用例

ストップ・ウォッチの作り方

ここでは，GPIO/タイマの応用例として，ストップ・ウォッチを作成します．
ストップ・ウォッチで使用する内蔵モジュールは次の三つです．

- LCD（時間表示用）
- ボタン・スイッチ（スタート/ストップ用）
- インターバル・タイマ（時間計測用）

どれもすでに単体のプログラムを作成しているので，あとはそれぞれの内蔵モジュールを組み合わせるだけになります．
作成するストップ・ウォッチの仕様は次のようにします．

- LCD の 1 行目には，機能が分かるように "Stop Watch" と表示する．
- LCD の 2 行目には，経過時間を表示する．
- 経過時間は 1/100 秒単位で表示し，"00:00:00" の形で表示する．
- 最大計測時間は "99:59:99"．
- ボタン・スイッチを押すごとに，リセット→実行→停止→リセット・・・を繰り返す．

Nucleo 版

リスト 12-1 は，STM32F103 のストップ・ウォッチのプログラム・ソースです．LCD モジュールは，LCD の章で作成したもの使用しています．
スイッチは，NUCLEO-F103RB 上のユーザ用スイッチを使用して，ボタン・スイッチを押してスタート，もう一度押すとストップ，さらに押すとリセットになります．
実行例を写真 12-1 に示します．

プログラムの詳細

このプログラムでは，リセット，実行，停止の三つの状態をグローバル変数 State で表しています．
この三つの状態は，プログラムの先頭で次のように定義しています．

写真 12-1　プログラムの実行結果

```
#define  SET   0    //リセット状態（表示＝00:00:00）
#define  RUN   1    //実行状態(1/100秒でカウントアップ)
#define  STOP  2    //停止状態（測定した時間を表示）
```

経過時間の測定は 1ms のタイマ割り込みを使って，グローバル変数 time_count で測定しています．State 変数が RUN 状態のときは，タイマ割り込み中に time_count をインクリメントしているので，この値が経過時間となります．

タイマ割り込みは 1ms なので time_count は 1/000 秒の精度となりますが，通常ここまでの精度は要求されないため，表示の際に 1/1000 秒の桁をカットしています．

メイン・ループ

main()では，最初にハードウェアの初期化を行い，State を SET 状態にして，time_count の値を 0 にセットします．

メイン・ループではボタン・スイッチが押されるごとに，状態を SET→RUN→STOP→SET･･･と変

リスト 12-1　stop_watch の main.c（STM32F103）

```c
#define LED_PORT  GPIOA
#define LED_PIN   GPIO_PIN_5
#define LED_ON    GPIO_PIN_SET
#define LED_OFF   GPIO_PIN_RESET
#define SW_PORT   GPIOC
#define SW_PIN    GPIO_PIN_13
#define SW_OFF    GPIO_PIN_SET
#define SW_ON     GPIO_PIN_RESET

char GetSwitch(void);
void ShowCount(void);
void Beep(void);

volatile int time_count=0;

//state
#define SET   0
#define RUN   1
#define STOP  2

char State=SET;

void ShowCount()
{
  char str[9];
  static int lastval=-1;
  int val=time_count/10;
  int ms, sec, min;
  if(lastval==val)
    return;
  lastval=val;

  ms=val%100;
  sec=(val/100)%60;
  min=(val/6000);
  sprintf(str, "%02d:%02d:%02d", min, sec, ms);
  LcdXy(0, 1);  //goto 2nd line
  LcdPuts(str);
}

char GetSwitch()
{
  if(HAL_GPIO_ReadPin(SW_PORT, SW_PIN)==SW_ON){
    HAL_GPIO_WritePin(LED_PORT, LED_PIN, LED_ON);
    return 1;
  }else{
    HAL_GPIO_WritePin(LED_PORT, LED_PIN, LED_OFF);
    return 0;
  }
}

int main(void)
{
  HAL_Init();

  SystemClock_Config();

  MX_GPIO_Init();

  LcdInit();

  LcdDisplayMode(1, 0, 0);
  State=SET;
  time_count=0;
  LcdPuts((char *)"Stop Watch");
  ShowCount();

  while (1)
  {
    if(GetSwitch()){
      switch(State){
        case SET:
          State=RUN;
          break;
        case RUN:
          State=STOP;
          break;
        case STOP:
          time_count=0;
          State=SET;
          break;
      }
      while(GetSwitch())
        ShowCount();
    }
    ShowCount();
  }
}
```

更します．また，STOP から SET に戻る際は，time_count を 0 に戻しています．
　ボタン・スイッチが押されたら，スイッチが放されるまで時間を表示しながら待つようになっています．また，スイッチが押されなかった場合は，現在の時間を表示します．

時間の表示

　時間の表示は，ShowCount() で行っています．ShowCount() では最初に経過時間を 1/10 にして，1/100 の精度に直します．時間表示のロスを防ぐため，ここで最後に表示した時間と現在の時間が同じであれば，何もしないでリターンするようにしています．
　時間の表示は，sprintf で表示するデータをフォーマットした後，その文字列を LCD の 2 行目に表示しています．

LPCXpresso 版

　リスト 12-2 は LPC1347 のストップ・ウォッチのプログラムです．
　delay_ms() のための変数のデクリメントとストップ・ウォッチのカウント用変数のインクリメントは SysTick_Handler() で行っています．

リスト 12-2　stop_watch の main.c（LPC1347）

```
//state
#define   SET    0
#define   RUN    1
#define   STOP   2

char State=SET;

#define   LED_PORT   0
#define   LED_PIN    7
#define   LED_ON     true
#define   LED_OFF    false
#define   GPIO_IN    0
#define   GPIO_OUT   1
#define   SW_PORT    0
#define   SW_PIN     2

char GetSwitch()
{
  if(Chip_GPIO_GetPinState(LPC_GPIO_PORT,SW_PORT,SW_PIN)){
    return 0;
  }else{
    return 1;
  }
}

void ShowCount()
{
  char str[9];
  static int lastval=-1;
  int val=time_count/10;
  int ms,sec,min;
  if(lastval==val)
    return;
  lastval=val;

  ms=val%100;
  sec=(val/100)%60;
  min=(val/6000);
  sprintf(str,"%02d:%02d:%02d",min,sec,ms);
  LcdXy(0,1);    //goto 2nd line
  LcdPuts(str);
}

int main(void)
{
  SystemCoreClockUpdate();
  SysTick_Config(SystemCoreClock / 1000);
  GpioInit();
  LcdInit();
  LcdDisplayMode(1,0,0);
  State=SET;
  time_count=0;
  LcdPuts((char *)"Stop Watch");
  ShowCount();
  while(1){
    if(GetSwitch()){
      switch(State){
      case SET:
        State=RUN;
        break;
      case RUN:
        State=STOP;
        break;
      case STOP:
        time_count=0;
        State=SET;
        break;
      }
      while(GetSwitch())
        ShowCount();
    }
    ShowCount();
  }
  return 0 ;
}
```

スタート/ストップ/リセットのスイッチは MPU トレーナの SW0 を使用しています．その他の部分でハードウェアに依存しない部分は，STM32F103 の場合と同じになっています．

PIC16F 版

リスト 12-3，リスト 12-4 は PIC16F1789 のストップ・ウォッチのプログラムです．

tmr0.c は Code Configurator が生成したプログラム・ソースのうちの一つで，mcc_generated_files というフォルダの中にあります．このソース・コードには，Timer0 に関係するソースがまとめられていて，Timer0 のオーバーフロー割り込みは TMR0_ISR()という関数になります．この関数内では，delay_ms()のための変数のデクリメントと，ストップ・ウォッチのための変数のインクリメントを行っています．

main.c は，ハードウェアやライブラリに依存しない部分に関しては，STM32F103 のプログラムとまったく同じです．スタート/ストップ/リセットのスイッチは，MPU トレーナの SW0 を使用しています．

リスト 12-3　stop_watch の main.c（PIC16F1789）

```
volatile int msCnt=0;
volatile int time_count=0;

//state
#define  SET   0
#define  RUN   1
#define  STOP  2

#define  LED0     RB2
#define  PUSH_SW   RA3
#define  LED_ON    1
#define  LED_OFF   0

char State=SET;

char GetSwitch()
{
  if(PUSH_SW==1){
    return 0;
  }else{
    return 1;
  }
}

void ShowCount()
{
  char str[9];
  static int lastval=-1;
  int val=time_count/10;
  int ms,sec,min;
  if(lastval==val)
    return;
  lastval=val;

  ms=val%100;
  sec=(val/100)%60;
  min=(val/6000);
  sprintf(str,"%02d:%02d:%02d",min,sec,ms);
  LcdXy(0,1);    //goto 2nd line
  LcdPuts(str);
}

void main(void) {
  SYSTEM_Initialize();

  INTERRUPT_GlobalInterruptEnable();

  INTERRUPT_PeripheralInterruptEnable();

  LcdInit();
  LcdDisplayMode(1,0,0);
  State=SET;
  time_count=0;
  LcdPuts((char *)"Stop Watch");
  ShowCount();
  while(1){
    if(GetSwitch()){
      switch(State){
      case SET:
        State=RUN;
        break;
      case RUN:
        State=STOP;
        break;
      case STOP:
        time_count=0;
        State=SET;
        break;
      }
      while(GetSwitch())
        ShowCount();
    }
    ShowCount();
  }
}
```

リスト 12-4　stop_watch の tmr0.c (PIC16F1789)

```c
#include <xc.h>
#include "tmr0.h"
/**
    Section: Global Variables Definitions
 */
//state
#define  SET   0
#define  RUN   1
#define  STOP  2

volatile uint8_t timer0ReloadVal;
extern volatile int msCnt;
extern volatile int time_count;
extern char State;

/**
    Section: TMR0 APIs
 */
void TMR0_Initialize(void) {
    // Set TMR0 to the options selected in the User Interface

    // PSA assigned; PS 1:32; TMRSE Increment_hi_lo; mask the nWPUEN and INTEDG bits
    OPTION_REG = (OPTION_REG & 0xC0) | 0xD4 & 0x3F;

    // TMR0 131;
    TMR0 = 0x83;

    // Load the TMR value to reload variable
    timer0ReloadVal = 131;

    // Clear Interrupt flag before enabling the interrupt
    INTCONbits.TMR0IF = 0;

    // Enabling TMR0 interrupt
    INTCONbits.TMR0IE = 1;
}

uint8_t TMR0_ReadTimer(void) {
    uint8_t readVal;

    readVal = TMR0;

    return readVal;
}
void TMR0_WriteTimer(uint8_t timerVal) {
    // Write to the Timer0 register
    TMR0 = timerVal;
}

void TMR0_Reload(void) {
    // Write to the Timer0 register
    TMR0 = timer0ReloadVal;
}

void TMR0_ISR(void) {

    // clear the TMR0 interrupt flag
    INTCONbits.TMR0IF = 0;

    TMR0 = timer0ReloadVal;

    // add your TMR0 interrupt custom code
    if(msCnt)
        msCnt--;
    if(State==RUN){
        time_count++;
    }
}

/**
    End of File
 */
```

キッチン・タイマの作り方

キッチン・タイマはストップ・ウォッチとよく似ていますが，あらかじめ時間を指定して時間を減算していく点と，時間が来るとアラームを鳴らす必要がある点が異なります．

作成するキッチン・タイマは，次のような仕様とします．

- 使用するデバイスは，LCD，SW0~SW2，LED0．
- 時間の設定は SW1 と SW2 で行い，SW0 はスタート/ストップとする．
- SW1 を押すごとに設定値が 5 秒増え，60 秒になると，0 秒に戻る．
- SW2 を押すごとに設定値が 1 分増え，15 分を超えると 0 秒に戻る．
- SW0 を押すと減算を開始する．
- 設定した時間が経過すると LED が点灯し，時間設定モードに戻る．

LED の代わりにブザーを鳴らせば，通常のキッチン・タイマと同じように動作します．

Nucleo 版

キッチン・タイマのプログラムは，ストップ・ウォッチのソースを少し変えるだけ可能です．
リスト 12-5 は，STM32F103 のキッチン・タイマのプログラムです．
ストップ・ウォッチからの主な変更点は次の通りです．

- 時間計測用の変数をミリ秒用と秒用に分けて，1000ms ごとに秒の変数を減算するように変更．
- 設定モードでは SW1 と SW2 で時間の設定を行い，SW0 が押されると減算を開始する．
- 設定時間に到達したことを知らせるための Beep() を追加．

Beep() はブザーの代わりに LED を点灯させています．ブザーがあればブザーを鳴らすように変更した方がよいでしょう．実行例を**写真 12-2** に示します．

PIC16F 版

PIC16F1789 のプログラムを**リスト 12-6** と**リスト 12-7** に示します．
PIC16F1789 ではタイマ処理を tmr0.c で行っているため二つのソースを変更しています．変更点は，STM32F103 のソースとまったく同じです．

LPCXpresso 版

LPC1347 のプログラムを**リスト 12-8** に示します．
GPIO のアクセス関数が異なる以外は，STM32F103 のソースと同じ修正を加えています．

写真 12-2　プログラムの実行結果

リスト 12-5　kitchen_timer の main.c（STM32F103）

```c
#define  LED_PORT   GPIOB
#define  LED_PIN    GPIO_PIN_0
#define  LED_ON     GPIO_PIN_SET
#define  LED_OFF    GPIO_PIN_RESET
#define  SW_0       GPIO_PIN_10
#define  SW_1       GPIO_PIN_11
#define  SW_2       GPIO_PIN_12
#define  SW_OFF     GPIO_PIN_SET
#define  SW_ON      GPIO_PIN_RESET

#define  mSW0   1
#define  mSW1   2
#define  mSW2   4

char DGetSwitch(void);
char GetSwitch(void);
void ShowCount(void);
void Beep(int mode);

volatile int time_count=0;
//state
#define  SET   0
#define  RUN   1

char State=SET;

void SystemClock_Config(void);
static void MX_GPIO_Init(void);

char DGetSwitch()
{
  //スイッチの状態を返す
  char swmask;
  swmask=0;
  if(HAL_GPIO_ReadPin(GPIOA, SW_0)==SW_ON){
    swmask|=mSW0;
  }
  if(HAL_GPIO_ReadPin(GPIOA, SW_1)==SW_ON){
    swmask|=mSW1;
  }
  if(HAL_GPIO_ReadPin(GPIOA, SW_2)==SW_ON){
    swmask|=mSW2;
  }
  delay_ms(20);
  return swmask;
}
void WaitOff()
{
  //スイッチが全て解放されるまで待つ
  while(DGetSwitch());
}

char GetSwitch()
{
  //スイッチが押されるまで待ってから，スイッチの状態を返す
  char sw;
  WaitOff();
  do{
    sw=DGetSwitch();
  }while(sw==0);
  return sw;
}
void ShowCount()
{
  char str[16];
  int min, sec;
  min=time_count/60;
  sec=time_count%60;
  sprintf(str, "%02d:%02d", min, sec);
  LcdXy(0, 1);  //goto 2nd line
  LcdPuts(str);
}

void Beep(int mode)
{
  if(mode){
    HAL_GPIO_WritePin(LED_PORT, LED_PIN, LED_ON);
  }else{
    HAL_GPIO_WritePin(LED_PORT, LED_PIN, LED_OFF);
  }
}
int main(void)
{
  char sw;
  int min, sec;
  char *modestr[2]={(char *)"SET ", (char *)"RUN "};
  int lastval;

  HAL_Init();

  SystemClock_Config();

  MX_GPIO_Init();

  LcdInit();

  LcdXy(0, 0);
  LcdPuts(modestr[State]);
  time_count=0;
  ShowCount();
  while (1)
  {
    if(State==SET){
      sw=GetSwitch();
      sec=time_count%60;
      min=time_count/60;
      switch(sw){
        case mSW0:  //START/STOP
          WaitOff();
          State=RUN;
          LcdXy(0, 0);
          LcdPuts(modestr[State]);
          lastval=time_count;
          Beep(0);
          break;
        case mSW1:  //inc 5 sec
          sec=(sec+5)%60;
          break;
        case mSW2:  //inc 1 min(max 15)
          min=(min+1)%16;
          break;
      }
      time_count=min*60+sec;
      ShowCount();
    }else{
      //State==RUN
      if(lastval!=time_count){
        ShowCount();
        lastval=time_count;
      }
      sw=DGetSwitch();
      if(sw==mSW0){
        State=SET;
        LcdXy(0, 0);
        LcdPuts(modestr[State]);
      }
      if(time_count==0){
        ShowCount();
        Beep(1);
        State=SET;
        LcdXy(0, 0);
        LcdPuts(modestr[State]);
      }
    }
  }
}
```

キッチン・タイマの作り方 | 109

リスト 12-6　kitchen_timer の main.c (PIC16F1789)

```c
#include "lcd.h"
#include <stdio.h>

volatile int msCnt=0;
#define  LED0      RB2
#define  LED_ON    1
#define  LED_OFF   0
#define  SW_0      RA3
#define  SW_1      RB7
#define  SW_2      RE3

#define  mSW0   1
#define  mSW1   2
#define  mSW2   4

char DGetSwitch(void);
char GetSwitch(void);
void ShowCount(void);
void Beep(int mode);

volatile int time_count=0;

//state
#define  SET   0
#define  RUN   1

char State=SET;

char DGetSwitch()
{
  //スイッチの状態を返す
  char swmask;
  swmask=0;
  if(!SW_0){
    swmask|=mSW0;
  }
  if(!SW_1){
    swmask|=mSW1;
  }
  if(!SW_2){
    swmask|=mSW2;
  }
  delay_ms(20);
  return swmask;
}
void WaitOff()
{
  //スイッチが全て解放されるまで待つ
  while(DGetSwitch());
}

char GetSwitch()
{
  //スイッチが押されるまで待ってから，スイッチの状態を返す
  char sw;
  WaitOff();
  do{
    sw=DGetSwitch();
  }while(sw==0);
  return sw;
}

void ShowCount()
{
  char str[16];
  int min, sec;
  min=time_count/60;
  sec=time_count%60;
  sprintf(str, "%02d:%02d", min, sec);
  LcdXy(0, 1);  //goto 2nd line
  LcdPuts(str);
}

void Beep(int mode)
{
  if(mode){
    LED0=LED_ON;
  }else{
    LED0=LED_OFF;
  }
}

void main(void) {
  char sw;
  int min, sec;
  char *modestr[2]={(char *)"SET ", (char *)"RUN "};
  int lastval;
  SYSTEM_Initialize();

  INTERRUPT_GlobalInterruptEnable();

  INTERRUPT_PeripheralInterruptEnable();

  LcdInit();
  LcdXy(0, 0);
  LcdPuts(modestr[State]);
  time_count=0;
  ShowCount();
  while (1)
  {
    if(State==SET){
      sw=GetSwitch();
      sec=time_count%60;
      min=time_count/60;
      switch(sw){
        case mSW0:  //START/STOP
          WaitOff();
          State=RUN;
          LcdXy(0, 0);
          LcdPuts(modestr[State]);
          lastval=time_count;
          Beep(0);
          break;
        case mSW1:  //inc 5 sec
          sec=(sec+5)%60;
          break;
        case mSW2:  //inc 1 min(max 15)
          min=(min+1)%16;
          break;
      }
      time_count=min*60+sec;
      ShowCount();
    }else{
      //State==RUN
      if(lastval!=time_count){
        ShowCount();
        lastval=time_count;
      }
      sw=DGetSwitch();
      if(sw==mSW0){
        State=SET;
        LcdXy(0, 0);
        LcdPuts(modestr[State]);
      }
      if(time_count==0){
        ShowCount();
        Beep(1);
        State=SET;
        LcdXy(0, 0);
        LcdPuts(modestr[State]);
      }
    }
  }
}
```

リスト 12-7　kitchen_timer の tmr0.c (PIC16F1789)

```c
#include <xc.h>
#include "tmr0.h"

//state
#define SET    0
#define RUN    1

volatile uint8_t timer0ReloadVal;
extern volatile int msCnt;
extern volatile int time_count;
extern char State;
int msec;

void TMR0_Initialize(void) {
    // Set TMR0 to the options selected in the User Interface

    // PSA assigned; PS 1:32; TMRSE Increment_hi_lo;
    // mask the nWPUEN and INTEDG bits
    OPTION_REG = (OPTION_REG & 0xC0) | 0xD4 & 0x3F;

    // TMR0 131;
    TMR0 = 0x83;

    // Load the TMR value to reload variable
    timer0ReloadVal = 131;

    // Clear Interrupt flag before enabling the interrupt
    INTCONbits.TMR0IF = 0;

    // Enabling TMR0 interrupt
    INTCONbits.TMR0IE = 1;
}
uint8_t TMR0_ReadTimer(void) {
    uint8_t readVal;

    readVal = TMR0;

    return readVal;
}

void TMR0_WriteTimer(uint8_t timerVal) {
    // Write to the Timer0 register
    TMR0 = timerVal;
}

void TMR0_Reload(void) {
    // Write to the Timer0 register
    TMR0 = timer0ReloadVal;
}

void TMR0_ISR(void) {

    // clear the TMR0 interrupt flag
    INTCONbits.TMR0IF = 0;

    TMR0 = timer0ReloadVal;

    // add your TMR0 interrupt custom code
    if(msCnt)
        msCnt--;
    if((State==RUN)&&(time_count)){
        msec++;
        if(msec>=1000){
            msec=0;
            time_count--;
        }
    }else{
        msec=0;
    }
}
```

リスト12-8 kitchen_timer の main.c (LPC1347)

```c
    volatile uint32_t time_count=0;

    //state
    #define   SET    0
    #define   RUN    1
    int State=SET;

    #define   LED_PORT   1
    #define   LED_PIN    21
    #define   LED_ON     true
    #define   LED_OFF    false
    #define   SW_0       GPIO_PIN_10
    #define   SW_1       GPIO_PIN_11
    #define   SW_2       GPIO_PIN_12
    #define   SW_OFF     GPIO_PIN_SET
    #define   SW_ON      GPIO_PIN_RESET
    #define   GPIO_IN    0
    #define   GPIO_OUT   1

    #define   mSW0   1
    #define   mSW1   2
    #define   mSW2   4

    char DGetSwitch(void);
    char GetSwitch(void);
    void ShowCount(void);
    void Beep(int mode);

    int msec=0;

    //state
    #define   SET    0
    #define   RUN    1

    char DGetSwitch()
    {
      //スイッチの状態を返す
      char swmask;
      swmask=0;
      //SW0
      if(!Chip_GPIO_GetPinState(LPC_GPIO_PORT,
             gpio_set[enSW0].port, gpio_set[enSW0].pin)){
        swmask|=mSW0;
      }
      //SW1
      if(!Chip_GPIO_GetPinState(LPC_GPIO_PORT,
             gpio_set[enSW1].port, gpio_set[enSW1].pin)){
        swmask|=mSW1;
      }
      //SW2
      if(!Chip_GPIO_GetPinState(LPC_GPIO_PORT,
             gpio_set[enSW2].port, gpio_set[enSW2].pin)){
        swmask|=mSW2;
      }
      delay_ms(20);
      return swmask;
    }

    void WaitOff()
    {
      //スイッチが全て解放されるまで待つ
      while(DGetSwitch());
    }

    char GetSwitch()
    {
      //スイッチが押されるまで待ってから，スイッチの状態を返す
      char sw;
      WaitOff();
      do{
        sw=DGetSwitch();
      }while(sw==0);
      return sw;
    }

    void ShowCount()
    {
      char str[16];
      int min, sec;
      min=time_count/60;
      sec=time_count%60;
      sprintf(str, "%02d:%02d", min, sec);
      LcdXy(0, 1);  //goto 2nd line
      LcdPuts(str);
    }

    void Beep(int mode)
    {
      if(mode){
        Chip_GPIO_SetPinState(LPC_GPIO_PORT, LED_PORT, LED_PIN, LED_ON);
      }else{
        Chip_GPIO_SetPinState(LPC_GPIO_PORT, LED_PORT, LED_PIN, LED_OFF);
      }
    }

    int main(void)
    {
      char sw;
      int min, sec;
      char *modestr[2]={(char *)"SET ", (char *)"RUN "};
      int lastval;
      SystemCoreClockUpdate();
      SysTick_Config(SystemCoreClock / 1000);
      GpioInit();
      LcdInit();
      LcdXy(0, 0);
      LcdPuts(modestr[State]);
      time_count=0;
      ShowCount();
      while (1)
      {
        if(State==SET){
          sw=GetSwitch();
          sec=time_count%60;
          min=time_count/60;
          switch(sw){
            case mSW0:  //START/STOP
              WaitOff();
              State=RUN;
              LcdXy(0, 0);
              LcdPuts(modestr[State]);
              lastval=time_count;
              Beep(0);
              break;
            case mSW1:  //inc 5 sec
              sec=(sec+5)%60;
              break;
            case mSW2:  //inc 1 min(max 15)
              min=(min+1)%16;
              break;
          }
          time_count=min*60+sec;
          ShowCount();
        }else{
          //State==RUN
          if(lastval!=time_count){
            ShowCount();
            lastval=time_count;
          }
          sw=DGetSwitch();
          if(sw==mSW0){
            State=SET;
            LcdXy(0, 0);
            LcdPuts(modestr[State]);
          }
          if(time_count==0){
            ShowCount();
            Beep(1);
            State=SET;
            LcdXy(0, 0);
            LcdPuts(modestr[State]);
          }
        }
      }
      return 0;
    }
```

第13章 アナログ-ディジタル変換の使い方

マイコンを組み込み用に利用する場合，さまざまな量を測定したい場合があります．測定対象は，電圧，電流，温度や湿度の測定，光量，アナログ信号のレベルの測定など，さまざまなものがあります．

これらの測定対象は基本的にはアナログ量であり，またこれらの測定が可能なセンサの出力もアナログ出力のものがあります．このため，マイコンにはアナログ-ディジタル変換用にA-Dコンバータ（ADC）を内蔵しているものが多くあります．

マイコン内蔵のADCはマイコンの動作と比較すると低速なモジュールとなります．そのため，A-D変換は変換開始命令で測定を開始し，ビジー信号を監視してA-D変換の完了を待ってからA-D変換値を読み取ります．

マイコンにはマルチチャネルADC入力がありますが，ほとんどの場合，ADC自体は一つだけで，測定するチャネルを切り換えて測定したいチャネルのアナログ値を測定します．

ADCの一例として，図13-1に，PIC16F1789のADCの内部ブロックを示します．AN0~AN13，AN21はアナログ入力で，その他，DACや温度インジケータ，内部リファレンス電圧 FVR（Fixed Voltage Reference）モジュールなどをADCの入力とすることができます．

ADCは，内部または外部からリファレンス電圧V_{REF}を取得して動作します．このリファレンス電圧を最大値として，入力された電圧がこのリファレンス電圧に対してどのくらいの割合であるかを得ることができます．

なお，PIC16F1789の場合，ADCを使用する際はADCの機能を有効にして，対応するGPIOのピンを入力に設定する必要があります．GPIOピンを出力にしてしまうとADCの入力とGPIOの出力が衝突してしまうためです．

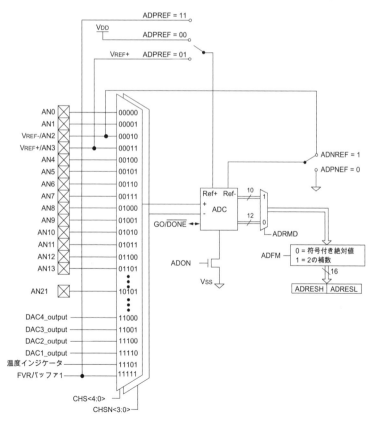

図 13-1[2]　PIC16F1789 の ADC の内部ブロック

A-D 変換値の読み取り

MPU トレーナのボリューム（可変抵抗）は，ADC の入力ピンに接続されています．最初に，このボリュームの電圧を A-D 変換し，その A-D 変換値を LCD に表示するプログラムを作成します（写真 13-1）．

PIC16F 版

PIC16F1789 には 11 チャネルの 12bit ADC が内蔵されています．プロジェクト名"adc"を作成します．リスト 13-1 は PIC16F1789 の ADC プログラム・ソースです．このプログラムでは LCD のサンプルに A-D 変換機能を追加しています．ADC は Code Configurator で図 13-2 の設定にしています．

A-D 変換には ADC_GetConversion()を使用しています．この関数は内部で A-D 変換を開始して，測定完了待ちをしてから A-D 変換値を返すようになっています．

A-D 変換値は，16bit データに変換値を左詰めで格納した状態で戻るので，そのままだと下位 4bit が 0 の状態となります．そこで，このプログラムでは受け取った値を右に 4bit ずらしてからデータを表示しています．

Nucleo 版

STM32F103 には 16 チャネルの 12bit ADC が内蔵されています．プロジェクト名"adc"を作成します．リスト 13-2 は STM32F103 のプログラムです．LCD のサンプルに ADC のコードを追加しています．ADC のチャネルは PA0 ピンで AD1 を使用しています．

ADC のアクセスはすべて HAL ライブラリで行います．A-D 変換値の読み出しは HAL_ADC_GetValue()で行いますが，読み出しの前に ADC をスタートさせて，データが取得できたことを確認してから HAL_ADC_GetValue()で A-D 変換値を取得する必要があります．詳しい読み出し手順はソース・コードの①以降を参照してください．操作方法は PIC16F1789 と同じです．

リスト 13-1　adc の main.c（PIC16F1789）

```
void main(void) {
  adc_result_t adc;
  char str[17];
  SYSTEM_Initialize();

  INTERRUPT_GlobalInterruptEnable();

  INTERRUPT_PeripheralInterruptEnable();

  LcdInit();
  ADC_Initialize();
  while (1) {
    adc=ADC_GetConversion(channel_AN0);
    adc>>=4;
    LcdXy(0,0); //goto top line
    sprintf(str,"%04X",adc);
    LcdPuts(str);
    delay_ms(100);
  }
}
```

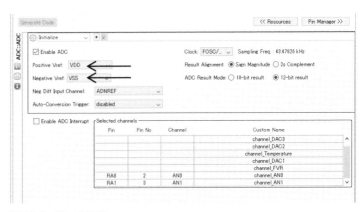

図 13-2　ADC の設定

リスト13-2　adcのmain.c（STM32F103）

```
ADC_HandleTypeDef hadc1;

int main(void)
{
  int adc=1;
  char str[16];

  HAL_Init();

  SystemClock_Config();

  MX_GPIO_Init();
  MX_ADC1_Init();

  LcdInit();

  HAL_ADCEx_Calibration_Start(&hadc1);

  while (1)
  {
    HAL_ADC_Start(&hadc1);          // ①
    HAL_ADC_PollForConversion(&hadc1, 100);
    if(HAL_ADC_GetState(&hadc1) == HAL_ADC_STATE_EOC_REG)
    {
      adc = HAL_ADC_GetValue(&hadc1);
      sprintf(str, "%04X", adc);
      LcdXy(0, 0);
      LcdPuts(str);
    }
    HAL_ADC_Stop(&hadc1);
    delay_ms(100);
  }
}
```

LPCXpresso版

　LPC1347には8チャネルの12bit ADCが内蔵されています．プロジェクト名"adc"を作成します．
リスト13-3はLPC1347のプログラムです．LCDのサンプルにADCのコードを追加しています．
　LCDのソース・コードではLCD用にGPIOの初期化を行っていますが，このソース・コードではGPIOの初期化をMPUトレーナの搭載デバイスに合わせて，LCD以外のGPIOも初期化するようにしています．このため，LCDのプロジェクトと若干初期化コードが異なっているので注意してください．
　sprintfを使用する場合はライブラリを変更する必要があります．**図13-3**のように「Quick Settings」の「Set library/header type」で「Redlib(nohost)」を設定します．この設定を行わないと，ビルド・エラーとなるので注意してください．

写真13-1　実行結果

リスト13-3　adcのmain.c（LPC1347）

```
//GPIOのアサインによって設定値を変更
#define  GPIO_IN   0
#define  GPIO_OUT  1

uint16_t adc_read(int adc_ch)
{
  uint16_t adc_buff;

  Chip_ADC_SetStartMode(LPC_ADC, ADC_START_NOW, ADC_TRIGGERMODE_RISING);
  /* Waiting for A/D conversion complete */
  switch(adc_ch){
    case 0:
      while (Chip_ADC_ReadStatus(LPC_ADC, ADC_CH0, ADC_DR_DONE_STAT) != SET) {}
      /* Read ADC value */
      Chip_ADC_ReadValue(LPC_ADC, ADC_CH0, &adc_buff);
      break;
    case 1:
      /* Waiting for A/D conversion complete */
      while (Chip_ADC_ReadStatus(LPC_ADC, ADC_CH1, ADC_DR_DONE_STAT) != SET) {}
      /* Read ADC value */
      Chip_ADC_ReadValue(LPC_ADC, ADC_CH1, &adc_buff);
      break;
  }
  return adc_buff;
}

int main(void)
{
  char str[17];
  static ADC_CLOCK_SETUP_T ADCSetup;
  uint16_t dataADC;

  SystemCoreClockUpdate();
  SysTick_Config(SystemCoreClock / 1000);
  GpioInit();
  LcdInit();

  /*ADC Init */
  Chip_ADC_Init(LPC_ADC, &ADCSetup);
  Chip_ADC_EnableChannel(LPC_ADC, ADC_CH0, ENABLE);
  while (1) {
    // Add your application code
    dataADC=adc_read(0);
    LcdXy(0, 0);
    sprintf(str, "%04X", dataADC);
    LcdPuts(str);
    delay_ms(100);
  }
  return 0 ;
}
```

A-D変換値の読み取り | 115

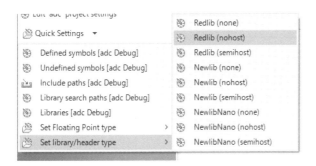
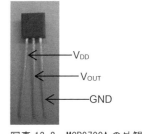

写真 13-2 MCP9700A の外観

図 13-3 LPCXpressoIDE のライブラリの設定

IC 温度センサを使った温度計

ADC の入力をボリュームの代わりにこの IC 温度センサにすると，温度計を作ることができます．MPU トレーナに搭載されている IC 温度センサ MCP9700A を使用した温度計プログラムを紹介します．

温度に比例した電圧を出力する IC 温度センサ

IC 温度センサを使うと簡単に温度が測定できます．MCP9700A/MCP9701A（マイクロチップ社）は温度に比例した電圧を出力する IC 温度センサです（写真 13-2）．

MCP9700A は 0℃のときの出力電圧は 500mV でマイナスの温度も測定可能です．1℃当たり 10mV を出力するので，30℃であれば 800mV が出力電圧となります．

MCP9701A は 0℃のときの出力電圧は 400mV，1℃当たり 19.5mV を出力する以外は，MCP9700A と同じです．19.5mV というのは，一見中途半端な電圧のように思えますが，リファレンス電圧を 5V としたときに 8bit ADC を使用すると，1bit の重みがちょうど 19.5mV となります．

入力電圧の求め方

A-D 変換値 ADC_{conv} から入力電圧を V_{ADCIN} を求めるには，次の計算式を使います．

$$V_{ADCIN} = ADC_{conv} \times \frac{V_{ref}}{2^B - 1}$$

ただし，V_{ref} はリファレンス電圧，B[bit]は ADC の分解能です．

例えば，リファレンス電圧が 3.3V で分解能が 12bit の場合，A-D 変換値が 0x666(=1638)であれば，

$$2^{B-1} = 2^{12} - 1 = 4095(0xFFF)$$

$$V_{ADCIN} = 1638 \times \frac{3.3}{4095} = 1.32[V]$$

という計算になります．

Nucleo 版

プロジェクト名 "adc_thermo" を作成します．リスト 13-4 は STM32F103 を使った温度計のソース・

リスト13-4 adc_thermoのmain.c (STM32F103)

```c
#define   MCP9700        //①
//#define MCP9701        //②

#ifdef MCP9700
#define   TMP_OFST   500
#define   TMP_STEP    10
#else
#define   TMP_OFST   400
#define   TMP_STEP    20
#endif

ADC_HandleTypeDef hadc2;

void SystemClock_Config(void);
static void MX_GPIO_Init(void);
static void MX_ADC2_Init(void);

int main(void)
{
  int adc, tmp;
  char str[16];

  HAL_Init();

  SystemClock_Config();

  MX_GPIO_Init();
  MX_ADC2_Init();

  LcdInit();

  HAL_ADCEx_Calibration_Start(&hadc2);

  while (1)
  {
    HAL_ADC_Start(&hadc2);
    HAL_ADC_PollForConversion(&hadc2, 100);
    if(HAL_ADC_GetState(&hadc2) == HAL_ADC_STATE_EOC_REG)
    {
      adc = HAL_ADC_GetValue(&hadc2);
      tmp=(((adc*3300)/0xfff)-TMP_OFST)/TMP_STEP;   //③
      sprintf(str, "%03d", tmp);
      LcdXy(0, 0);
      LcdPuts(str);
    }
    HAL_ADC_Stop(&hadc2);
    delay_ms(100);
  }
}

/* ADC2 init function */
void MX_ADC2_Init(void)
{
  ADC_ChannelConfTypeDef sConfig;

  /**Common config
  */
  hadc2.Instance = ADC2;
  hadc2.Init.ScanConvMode = ADC_SCAN_DISABLE;
  hadc2.Init.ContinuousConvMode = DISABLE;
  hadc2.Init.DiscontinuousConvMode = DISABLE;
  hadc2.Init.ExternalTrigConv = ADC_SOFTWARE_START;
  hadc2.Init.DataAlign = ADC_DATAALIGN_RIGHT;
  hadc2.Init.NbrOfConversion = 1;
  HAL_ADC_Init(&hadc2);

  /**Configure Regular Channel
  */
  sConfig.Channel = ADC_CHANNEL_1;
  sConfig.Rank = 1;
  sConfig.SamplingTime = ADC_SAMPLETIME_1CYCLE_5;
  HAL_ADC_ConfigChannel(&hadc2, &sConfig);
}
```

コードです．温度センサはMCP9700AまたはMCP9701Aを選択できるようにしました．①，②のいずれかを有効にして，使用するセンサを選択します．A-D変換値から温度への変換は③で行っています．リファレンス電圧が3.3Vのため，A-D変換値に3300を掛けてから0xfffで割って読み取り電圧を取得しています．あとは，オフセット電圧を引いてステップ電圧で割って温度を取得しています．

PIC16F版

プロジェクト名"adc_thermo"を作成します．リスト13-5はPIC16F1789を使った温度計のソース・コードです．基本的にはSTM32F103と同じ流れですが，PIC16F1789はリファレンス電圧に電源電圧のほか，V_{REF}ピンやFVRなどを使用することができるので，ここでは，リファレンス電圧を内部電圧の2.048Vに設定しています．リファレンス電圧の変更はCode Configuratorを使い，図13-4と図13-5のようにADCとFVRの設定を行います．

内部リファレンスを使うメリットは，V_{DD}をリファレンスにする場合に比べてV_{DD}のノイズの影響を受けにくく精度の改善が期待できる点です．また，リファレンス電圧を2.048Vにして12bitのADCで入力電圧を読み取ると，1bit当たりの電圧がちょうど0.5mVとなり計算しやすくなります．リストの①のように，A-D変換値を2で割るとその値がそのまま読み取り電圧（mV）となります．

PIC16F1789のCコンパイラXC8はint型が16bitなので，STM32F103の計算ルーチンをそのまま使うと計算途中でオーバーフローが発生して正しい温度が測定できません．注意が必要です．

IC温度センサを使った温度計 | 117 |

リスト13-5 adc_thermoのmain.c (PIC16F1789)

```
#define  MCP9700
//#define  MCP9701

#ifdef MCP9700
#define  TMP_OFST  500
#define  TMP_STEP  10
#else
#define  TMP_OFST  400
#define  TMP_STEP  20
#endif

void main(void) {
    adc_result_t adc;
    uint16_t tmp;
    char str[17];
    SYSTEM_Initialize();

    INTERRUPT_GlobalInterruptEnable();

    INTERRUPT_PeripheralInterruptEnable();

    LcdInit();
    ADC_Initialize();
    while (1) {
        adc=ADC_GetConversion(channel_AN1);
        adc>>=4;
        tmp=((adc/2)-TMP_OFST)/TMP_STEP;     //①
        LcdXy(0,0);
        sprintf(str,"%04d",tmp);
        LcdPuts(str);
        delay_ms(1000);
    }
}
```

図13-4 内部リファレンスを使用する場合のADCの設定

図13-5 内部リファレンスを使用する場合のFVRの設定

写真13-3 プログラムの実行結果

LPCXpresso版

プロジェクト名"adc_thermo"を作成します．リスト13-6はLPC1347を使った温度計のソース・コードです．温度の計算は，STM32F103の場合とまったく同じです．ただし，adcプロジェクトと同様に，ライブラリを「Redlib(nohost)」に変更しています．表示例を写真13-3に示します．

割り込みを使ったA-D変換

ここまでのA-D変換のサンプルでは，ポーリング処理を使ってADCの入力を行いました．この方法はちょっとしたテストには便利ですが，A-D変換中はメインの処理が待たされてしまうため，あまり効率が良くありません．そこでADCのサンプルを修正して，割り込みを使用した方法に変更します．

Nucleo版

プロジェクト名"adc_int"を作成します．リスト13-6はSTM32F103の割り込みを使用したADC入力のプログラムです．

STM32F103でA-D変換割り込みを利用するには，図13-6のようにSTM32CubeMXのADCの「Configuration」設定の「NVIC Settings」タブで，「ADC1 and ADC2 global interrupts」をEnabledにします．また，パラメータの設定タブでは，図13-7のように「Continuous Conversion Mode」をEnabledに設定します．

リスト 13-6　adc_thermo の main.c（LPC1347）

```c
#define   MCP9700
//#define MCP9701

#ifdef MCP9700
#define   TMP_OFST   500
#define   TMP_STEP    10
#else
#define   TMP_OFST   400
#define   TMP_STEP    20
#endif

//GPIOのアサインによって設定値を変更
#define   GPIO_IN    0
#define   GPIO_OUT   1

uint16_t adc_read(int adc_ch)
{
  uint16_t adc_buff;

  Chip_ADC_SetStartMode(LPC_ADC, ADC_START_NOW, ADC_TRIGGERMODE_RISING);
  /* Waiting for A/D conversion complete */
  switch(adc_ch){
    case 0:
      while (Chip_ADC_ReadStatus(LPC_ADC, ADC_CH0, ADC_DR_DONE_STAT) != SET) {}
      /* Read ADC value */
      Chip_ADC_ReadValue(LPC_ADC, ADC_CH0, &adc_buff);
      break;
    case 1:
      /* Waiting for A/D conversion complete */
      while (Chip_ADC_ReadStatus(LPC_ADC, ADC_CH1, ADC_DR_DONE_STAT) != SET) {}
      /* Read ADC value */
      Chip_ADC_ReadValue(LPC_ADC, ADC_CH1, &adc_buff);
      break;
  }
  return adc_buff;
}

int main(void)
{
  char str[17];
  static ADC_CLOCK_SETUP_T ADCSetup;
  uint16_t dataADC;
  int adc;
  int tmp;

  SystemCoreClockUpdate();
  SysTick_Config(SystemCoreClock / 1000);
  GpioInit();
  LcdInit();

  Chip_ADC_Init(LPC_ADC, &ADCSetup);
  Chip_ADC_EnableChannel(LPC_ADC, ADC_CH1, ENABLE);

  while (1) {
    dataADC=adc_read(1);
    tmp=(((dataADC*3300)/0xfff)-TMP_OFST)/TMP_STEP;
    sprintf(str, "%03d", tmp);
    LcdXy(0, 0);
    //sprintf(str, "%04X", dataADC);
    LcdPuts(str);
    delay_ms(100);
  }
  return 0 ;
}
```

図 13-6　STM32CubeMX の ADC の割り込み設定

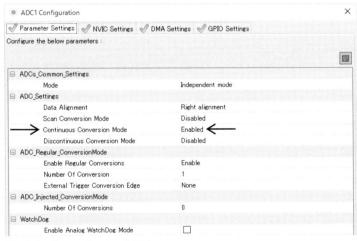

図 13-7　ADC のパラメータ設定

リスト13-7　adc_intのmain.c（STM32F103）

```
ADC_HandleTypeDef hadc1;

int AdcValue=0;

void HAL_ADC_ConvCpltCallback(ADC_HandleTypeDef* hadc)
{
  AdcValue=HAL_ADC_GetValue(hadc);
}

int main(void)
{
  char str[16];

  HAL_Init();

  SystemClock_Config();

  MX_GPIO_Init();
  MX_ADC1_Init();

  LcdInit();

  HAL_ADCEx_Calibration_Start(&hadc1);
  HAL_ADC_Start_IT(&hadc1);    //①

  while (1)
  {
    sprintf(str, "%04X", AdcValue);
    LcdXy(0, 0);
    LcdPuts(str);
    delay_ms(100);
  }
}

/* ADC1 init function */
void MX_ADC1_Init(void)
{
  /**Common config
  */
  hadc1.Instance = ADC1;
  hadc1.Init.ScanConvMode = ADC_SCAN_DISABLE;
  hadc1.Init.ContinuousConvMode = ENABLE;
  hadc1.Init.DiscontinuousConvMode = DISABLE;
  hadc1.Init.ExternalTrigConv = ADC_SOFTWARE_START;
  hadc1.Init.DataAlign = ADC_DATAALIGN_RIGHT;
  hadc1.Init.NbrOfConversion = 1;
  HAL_ADC_Init(&hadc1);
}
```

　以上の設定を行って生成されたプロジェクトは，すでにA-D変換割り込みが使える状態になっています．HALのADCライブラリではリストの①のようにHAL_ADC_Start()の代わりにHAL_ADC_Start_IT()を呼び出すと割り込みを使用することができます．

　A-D変換が完了するとHAL_ADC_ConvCpltCallback()がコールバックされます．この時点でA-D変換が終了しているので，変換した値をグローバル変数AdcValueに格納します．「Continuous Conversion Mode」を「Enabled」にしているため，A-D変換が終了すると自動的に次の変換に入ります．

　main()のwhlieループではAdcValueの値を100msごとに表示しています．このループ内では，ADCに関する処理は一切行わず，AdcValueを表示しているだけです．

　AdcValueの値は割り込みで随時更新されるので，whileループではADCの処理は必要ありません．この部分を見れば，ポーリング処理よりもむしろシンプルなプログラムになっています．プログラムの動作は，ポーリング処理のときとまったく同じです．

PIC16F版

　プロジェクト名"adc_int"を作成します．リスト13-8～リスト13-10はPIC16F1789の割り込みを使ったADC入力プログラムです．

　PIC16F1789でA-D変換割り込みを使用する場合は，図13-8のようにCode ConfiguratorでA-D変換割り込みを有効にします．リスト13-8，リスト13-9は，Code Configuratorで生成したプロジェクトを修正したものです．このプログラムではTimer0で時間を測り，100msごとにADCの入力を行っています．

　A-D変換割り込みは，A-D変換完了を確認するために使用しています．

　メイン・プログラムの処理は，STM32F103の場合とまったく同じで，whileループの中ではADCの処理は行わず，AdcValueの値をLCDに表示する処理を繰り返しています．

リスト13-8　adc_intのadc.c (PIC16F1789)

```c
#include <xc.h>
#include "adc.h"
#include "mcc.h"
extern volatile int adc_busy;
extern volatile adc_result_t AdcValue;

#define ACQ_US_DELAY 5

void ADC_Initialize(void) {
    // set the ADC to the options selected in the User Interface

    // ADRMD 12_bit_mode; GO_nDONE stop; ADON enabled; CHS AN0;
    ADCON0 = 0x01;

    // ADPREF VDD; ADNREF VSS; ADFM sign_magnitude; ADCS FOSC/32;
    ADCON1 = 0x20;

    // CHSN ADNREF; TRIGSEL disabled;
    ADCON2 = 0x0F;

    // ADRESH 0x0;
    ADRESH = 0x00;

    // ADRESL 0x0;
    ADRESL = 0x00;

    // Enabling ADC interrupt.
    PIE1bits.ADIE = 1;
}
void ADC_StartConversion(adc_channel_t channel) {
    // select the A/D channel
    ADCON0bits.CHS = channel;

    // Turn on the ADC module
    ADCON0bits.ADON = 1;

    // Acquisition time delay
    __delay_us(ACQ_US_DELAY);

    // Start the conversion
    ADCON0bits.GO_nDONE = 1;
}
bool ADC_IsConversionDone() {
    // Start the conversion
    return (!ADCON0bits.GO_nDONE);
}
adc_result_t ADC_GetConversionResult(void) {
    // Conversion finished, return the result
    return ((ADRESH << 8) + ADRESL);
}
adc_result_t ADC_GetConversion(adc_channel_t channel) {
    // Select the A/D channel
    ADCON0bits.CHS = channel;

    // Turn on the ADC module
    ADCON0bits.ADON = 1;

    // Acquisition time delay
    __delay_us(ACQ_US_DELAY);

    // Start the conversion
    ADCON0bits.GO_nDONE = 1;

    // Wait for the conversion to finish
    while (ADCON0bits.GO_nDONE) {
    }

    // Conversion finished, return the result
    return ((ADRESH << 8) + ADRESL);
}
void ADC_ISR(void) {
    // Clear the ADC interrupt flag
    PIR1bits.ADIF = 0;
    adc_busy=0;
}
```

リスト13-9　adc_intのmain.c (PIC16F1789)

```c
volatile adc_result_t AdcValue=0;

void main(void) {
    char str[17];
    SYSTEM_Initialize();

    INTERRUPT_GlobalInterruptEnable();

    INTERRUPT_PeripheralInterruptEnable();

    LcdInit();
    ADC_Initialize();
    ADC_StartConversion(channel_AN0);
    while (1) {
        LcdXy(0, 0);//goto top line
        sprintf(str, "%04X", AdcValue>>4);
        LcdPuts(str);
        delay_ms(100);
    }
}
```

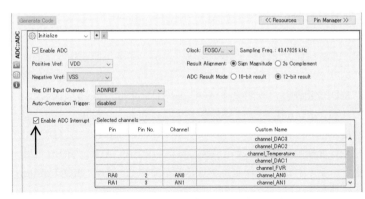

図13-8　Code ConfiguratorでADCの割り込みを有効にする

割り込みを使ったA-D変換 | 121

リスト 13-10　adc_int の tmr0.c (PIC16F1789)

```c
#include <xc.h>
#include "tmr0.h"
#include "adc.h"

volatile uint8_t timer0ReloadVal;
extern volatile int msCnt;

#define ADC_INTERVAL    100
volatile adc_result_t AdcValue;
volatile int adc_busy=0;
int adc_interval=0;

void TMR0_Initialize(void) {
  // Set TMR0 to the options selected in the User Interface

  // PSA assigned; PS 1:32; TMRSE Increment_hi_lo; mask the nWPUEN and INTEDG bits
  OPTION_REG = (OPTION_REG & 0xC0) | 0xD4 & 0x3F;

  // TMR0 131;
  TMR0 = 0x83;

  // Load the TMR value to reload variable
  timer0ReloadVal = 131;

  // Clear Interrupt flag before enabling the interrupt
  INTCONbits.TMR0IF = 0;

  // Enabling TMR0 interrupt
  INTCONbits.TMR0IE = 1;
}
uint8_t TMR0_ReadTimer(void) {
  uint8_t readVal;

  readVal = TMR0;

  return readVal;
}
void TMR0_WriteTimer(uint8_t timerVal) {
  // Write to the Timer0 register
  TMR0 = timerVal;
}

void TMR0_Reload(void) {
  // Write to the Timer0 register
  TMR0 = timer0ReloadVal;
}

void TMR0_ISR(void) {

  // clear the TMR0 interrupt flag
  INTCONbits.TMR0IF = 0;

  TMR0 = timer0ReloadVal;

  // add your TMR0 interrupt custom code
  if(msCnt)
    msCnt--;
  //adc Interval
  adc_interval++;
  if(adc_interval>=ADC_INTERVAL) {
    adc_interval=0;
    if(!adc_busy) {
      AdcValue=ADC_GetConversionResult();
      adc_busy=1;
      ADC_StartConversion(channel_AN0);
    }
  }
}
```

LPCXpresso 版

プロジェクト名 "adc_int" を作成します．リスト 13-11 は LPC1347 の割り込みを使用した ADC 入力のプログラムです．このプログラムは，基本的には STM32F103 と同じです．

A-D 変換割り込みは①の ADC_IRQHandler() に入ります．割り込みハンドラは cr_startup_lpc13xx.c で定義され，使用されていない割り込みハンドラは IntDefaultHandler() を呼び出すようになっています．このハンドラは <u>WEAK</u>（関数定義が上書き可能を指定するキーワード）が指定されているため，割り込みハンドラと同じ名前の関数を定義すると新たに定義した関数が呼び出されるようになります．

A-D 変換割り込み関数は ADC_IRQHandler という名前になっているので，main.c の①に定義した ADC_IRQHandler() が呼ばれるようになります．ADC を割り込みで使用するために，②，③で A-D 変換割り込みを有効にしています．さらに，④で使用する ADC_CH0 の割り込みを有効にしています．

A-D 変換割り込みの設定が終わったら，Chip_ADC_SetStartMode() で最初の A-D 変換を開始します．測定が完了すると A-D 変換割り込みが発生し，①の IRQHandler() が呼び出されます．

この割り込みハンドラでは，ADC のフラグをチェックしてから A-D 変換値を AdcValue に格納します．A-D 変換値の取得が終わったら，繰り返し次のデータ取得するために Chip_ADC_SetStartMode() で A-D 変換を再度行います．

while ループでは，他のサンプルと同様に AdcValue の値をひたすら表示するだけになっています．

リスト13-11 adc_intのmain.c (LPC1347)

```c
//GPIOのアサインによって設定値を変更
#define  GPIO_IN   0
#define  GPIO_OUT  1

uint16_t AdcValue=0;

void ADC_IRQHandler()    //①
{
  if(Chip_ADC_ReadStatus(LPC_ADC, ADC_CH0, ADC_DR_DONE_STAT)==SET) {
    Chip_ADC_ReadValue(LPC_ADC, ADC_CH0, &AdcValue);
    Chip_ADC_SetStartMode(LPC_ADC,ADC_START_NOW,ADC_TRIGGERMODE_RISING);
  }
}

int main(void)
{
  char str[17];
  static ADC_CLOCK_SETUP_T ADCSetup;
  uint16_t dataADC;

  SystemCoreClockUpdate();
  SysTick_Config(SystemCoreClock / 1000);

  GpioInit();
  LcdInit();

  NVIC_ClearPendingIRQ(ADC_IRQn);    //②
  NVIC_EnableIRQ(ADC_IRQn);          //③
  Chip_ADC_Init(LPC_ADC, &ADCSetup);
  Chip_ADC_Int_SetChannelCmd(LPC_ADC, ADC_CH0, ENABLE);  //④
  Chip_ADC_SetStartMode(LPC_ADC,ADC_START_NOW,ADC_TRIGGERMODE_RISING);

  while (1) {
    // Add your application code
    dataADC=AdcValue;
    LcdXy(0, 0);
    sprintf(str, "%04X", dataADC);
    LcdPuts(str);
    delay_ms(100);
  }
  return 0 ;
}
```

複数の入力チャネルを切り換えてA-D変換

　多くのマイコンのADCは複数の入力チャネルを持っています．マイコンに複数のセンサを接続する場合は，複数のチャネルを使ってチャネルを切り換えながらセンサの値を読み込みます．しかし，多くの場合，マイコンに内蔵されているADCは一つで，入力チャネルが複数という構成になっています（図13-1）．従って，この場合は複数のチャネルのデータを同時に入力することはできず，1回に読み出しできるのは一つのチャネルのみです．

　ADCで複数のチャネルを使用する場合は割り込みを使ってADC入力し，A-D変換値を格納するグローバル変数に格納する方法が便利です．例えば，10チャネルのADCを使用する場合は，次のように10個のA-D変換値用変数を配列で用意します．

　　　　unsigned int AdValue[10];

割り込みを使用してADCのチャネル0~9を巡回して測定し，この配列に格納するようにプログラムをすれば，AdValueの値は常に最新のデータが格納されていることになります．従って，メイン・プログラムではこの配列の値を参照すれば，任意のチャネルの最新データを読み出すことができます．

　ここでは，マルチチャネルのサンプルとして，MPUトレーナのAN1のボリュームの値とAN2のIC温度センサの値を読み出して，LCDの1行目と2行目に表示するプログラムを作成します．

　サンプル・プログラムは割り込みを使ったADC入力のソースをベースに，温度センサの読み出しのコードを加えて編集する形で作成しています．

Nucleo版

　プロジェクト名"adc_multi"を作成します．リスト13-12はSTM32F103のマルチチャネルADC入力のプログラムです．①のAdcCHは現在読み出し中のADCのチャネル番号を示すグローバル変数です．また，②のAdcValueはAN1とAN2の測定結果を保存する変数で，AdcValue[0]がAN1，AdcValue[1]がAN2の値となります．

リスト13-12　adc_multi の main.c（STM32F103）

```c
ADC_HandleTypeDef hadc1;

#define   MCP9700
//#define MCP9701

#ifdef MCP9700
#define TMP_OFST  500
#define TMP_STEP  10
#else
#define TMP_OFST  400
#define TMP_STEP  20
#endif

volatile int AdcCH=0;       //①
volatile int AdcValue[2];   //②

void HAL_ADC_ConvCpltCallback(ADC_HandleTypeDef* hadc)   //③
{
  ADC_ChannelConfTypeDef sConfig;
  AdcValue[AdcCH]=HAL_ADC_GetValue(hadc);   //④
  HAL_ADC_Stop_IT(hadc);    //⑤
  if(AdcCH==0){
    sConfig.Channel = ADC_CHANNEL_1;
    AdcCH=1;
  }else{
    sConfig.Channel = ADC_CHANNEL_0;
    AdcCH=0;
  }
  sConfig.Rank = 1;
  sConfig.SamplingTime = ADC_SAMPLETIME_1CYCLE_5;
  HAL_ADC_ConfigChannel(&hadc1, &sConfig);   //⑥
  HAL_ADC_Start_IT(hadc);
}

int main(void)
{
  ADC_ChannelConfTypeDef sConfig;
  char str[16];
  int tmp;

  HAL_Init();

  SystemClock_Config();

  MX_GPIO_Init();
  MX_ADC1_Init();

  LcdInit();
  LcdDisplayMode(1, 0, 0);

  AdcCH=0;
  sConfig.Channel = ADC_CHANNEL_0;
  sConfig.Rank = 1;
  sConfig.SamplingTime = ADC_SAMPLETIME_1CYCLE_5;
  HAL_ADC_ConfigChannel(&hadc1, &sConfig);
  HAL_ADCEx_Calibration_Start(&hadc1);
  HAL_ADC_Start_IT(&hadc1);

  while (1)
  {
    tmp=((((AdcValue[1]*3300)/0xfff)-TMP_OFST)/TMP_STEP;
    sprintf(str, "%04X", AdcValue[0]);
    LcdXy(0, 0);
    LcdPuts(str);
    sprintf(str, "%04d", tmp);
    LcdXy(0, 1);
    LcdPuts(str);
    delay_ms(100);
  }
}

/* ADC1 init function */
void MX_ADC1_Init(void)
{
  /**Common config
  */
  hadc1.Instance = ADC1;
  hadc1.Init.ScanConvMode = ADC_SCAN_DISABLE;
  hadc1.Init.ContinuousConvMode = DISABLE;
  hadc1.Init.DiscontinuousConvMode = DISABLE;
  hadc1.Init.ExternalTrigConv = ADC_SOFTWARE_START;
  hadc1.Init.DataAlign = ADC_DATAALIGN_RIGHT;
  hadc1.Init.NbrOfConversion = 1;
  HAL_ADC_Init(&hadc1);
}
```

　割り込みを使ったADC入力では「Continuous Conversion Mode」を「Enabled」に設定しましたが，ここではチャネルを切り換える都合で「Disabled」としています．

　A-D変換割り込みコールバックは③のHAL_ADC_ConvCpltCallback()です．この関数は，④で現在のチャネルのデータをAdcValueに格納します．次に，⑤でいったんA-D変換割り込みを停止させチャネルを切り換えます．チャネルの切り換えは⑥のHAL_ADC_ConfigChannel()で行います．チャネルの切り換え後，HAL_ADC_Start_IT()でA-D変換割り込みを再スタートさせて関数を抜けます．これで，切り換えたチャネルのA-D変換終了後，再び同じ関数が呼び出されます．

　main()では，whileループ内でAdcValue[0]とAdcValue[1]の値を読み出し，1行目にAdcValue[0]の値，2行目にAdcValue[1]から計算した現在の温度を表示するようにしています．

PIC16F 版

　プロジェクト名"adc_multi"を作成します．リスト13-13とリスト13-14はPIC16F1789のマルチチャネルADC入力のプログラムです．

リスト13-13　adc_multiのmain.c（PIC16F1789）

```c
//#define  MCP9700
#define  MCP9701

#ifdef MCP9700
#define  TMP_OFST   500
#define  TMP_STEP   10
#else
#define  TMP_OFST   400
#define  TMP_STEP   20
#endif

volatile adc_result_t AdcValue[2]={0, 0};
volatile int AdcCH=0;

void main(void) {
  // initialize the device
  char str[17];
  int tmp, adc;
  SYSTEM_Initialize();

  INTERRUPT_GlobalInterruptEnable();

  INTERRUPT_PeripheralInterruptEnable();

  LcdInit();
  ADC_Initialize();
  AdcCH=0;
  ADC_StartConversion(channel_AN0);
  while (1) {
    LcdXy(0, 0);//goto top line
    sprintf(str, "%04X", AdcValue[0]>>4);
    LcdPuts(str);
    adc=(AdcValue[1]>>4);
    tmp=((adc*8/10)-TMP_OFST)/TMP_STEP;
    LcdXy(0, 1);
    sprintf(str, "%04d", tmp);
    LcdPuts(str);
    delay_ms(100);
  }
}
```

リスト13-14　adc_multiのtmr0.c（PIC16F1789）

```c
#include <xc.h>
#include "tmr0.h"
#include "adc.h"

volatile uint8_t timer0ReloadVal;
extern volatile int msCnt;

#define ADC_INTERVAL     100

volatile adc_result_t AdcValue[2];
volatile int AdcCH=0;
volatile int adc_busy=0;
int adc_interval=0;

void TMR0_Initialize(void) {
  // Set TMR0 to the options selected in the User Interface

  // PSA assigned; PS 1:32; TMRSE Increment_hi_lo;
  // mask the nWPUEN and INTEDG bits
  OPTION_REG = (OPTION_REG & 0xC0) | 0xD4 & 0x3F;

  // TMR0 131;
  TMR0 = 0x83;

  // Load the TMR value to reload variable
  timer0ReloadVal = 131;

  // Clear Interrupt flag before enabling the interrupt
  INTCONbits.TMR0IF = 0;

  // Enabling TMR0 interrupt
  INTCONbits.TMR0IE = 1;
}
uint8_t TMR0_ReadTimer(void) {
  uint8_t readVal;

  readVal = TMR0;

  return readVal;
}

void TMR0_WriteTimer(uint8_t timerVal) {
  // Write to the Timer0 register
  TMR0 = timerVal;
}

void TMR0_Reload(void) {
  // Write to the Timer0 register
  TMR0 = timer0ReloadVal;
}

void TMR0_ISR(void) {

  // clear the TMR0 interrupt flag
  INTCONbits.TMR0IF = 0;

  TMR0 = timer0ReloadVal;

  // add your TMR0 interrupt custom code
  if(msCnt)
    msCnt--;
  //adc Interval
  adc_interval++;
  if(adc_interval>=ADC_INTERVAL){
    adc_interval=0;
    if(!adc_busy){
      adc_busy=1;
      AdcValue[AdcCH]=ADC_GetConversionResult();   //①
      if(AdcCH==0){    //②
        AdcCH=1;
        ADC_StartConversion(channel_AN1);
      }else{
        AdcCH=0;
        ADC_StartConversion(channel_AN0);
      }
    }
  }
}
```

複数の入力チャネルを切り換えてA-D変換

main.cはSTM32F103の場合と同様に，ADCの現在のチャネルの変数としてAdcCH，データの格納変数としてAdcValue[2]を宣言しています．main()のwhileループの動作はSTM32F103の場合とまったく同じです．ADCのチャネル切り換えはtmr0.cの②からになります．①で現在のA-D変換値を取得後，チャネルを切り換えてADC_StartComversion()で次のチャネルの測定を開始しています．

LPCXpresso版

プロジェクト名"adc_multi"を作成します．リスト13-15は，LPC1347のマルチチャネルADC入力のプログラムです．

ADCのチャネル切り換えは，STM32F103の場合と同様に割り込みハンドラのADC_IRQHandler()の①から行っています．

ここで現在のチャネルの割り込みをいったん停止し，チャネル切り換え後，割り込みを有効にして次のチャネルのA-D変換を行っています．

リスト13-15　adc_multiのmain.c（LPC1347）

```
#define  MCP9700
//#define  MCP9701

#ifdef MCP9700
#define  TMP_OFST    500
#define  TMP_STEP    10
#else
#define  TMP_OFST    400
#define  TMP_STEP    20
#endif

//GPIOのアサインによって設定値を変更
#define  GPIO_IN     0
#define  GPIO_OUT    1

uint16_t AdcValue[2];
ADC_CHANNEL_T AdcCH=ADC_CH0;

void ADC_IRQHandler()
{
  if(Chip_ADC_ReadStatus(LPC_ADC, AdcCH, ADC_DR_DONE_STAT)==SET){
    Chip_ADC_ReadValue(LPC_ADC, AdcCH, &AdcValue[AdcCH]);
    Chip_ADC_Int_SetChannelCmd(LPC_ADC, AdcCH, DISABLE);    //①
    Chip_ADC_EnableChannel(LPC_ADC, AdcCH, DISABLE);
    if(AdcCH==ADC_CH0)
      AdcCH=ADC_CH1;
    else
      AdcCH=ADC_CH0;
    Chip_ADC_EnableChannel(LPC_ADC, AdcCH, ENABLE);
    Chip_ADC_Int_SetChannelCmd(LPC_ADC, AdcCH, ENABLE);
    Chip_ADC_SetStartMode(LPC_ADC, ADC_START_NOW, ADC_TRIGGERMODE_RISING);
  }
}

int main(void)
{
  char str[17];
  static ADC_CLOCK_SETUP_T ADCSetup;
  uint16_t dataADC;

  SystemCoreClockUpdate();
  SysTick_Config(SystemCoreClock / 1000);
  GpioInit();
  LcdInit();

  NVIC_ClearPendingIRQ(ADC_IRQn);
  NVIC_EnableIRQ(ADC_IRQn);
  Chip_ADC_Init(LPC_ADC, &ADCSetup);
  Chip_ADC_Int_SetGlobalCmd(LPC_ADC, ENABLE);
  Chip_ADC_Int_SetChannelCmd(LPC_ADC, AdcCH, ENABLE);
  Chip_ADC_SetStartMode(LPC_ADC, ADC_START_NOW,
                                 ADC_TRIGGERMODE_RISING);

  while (1) {
    // Add your application code
    dataADC=AdcValue[0];
    LcdXy(0, 0);
    sprintf(str, "%04X", dataADC);
    LcdPuts(str);
    dataADC=AdcValue[1];
    dataADC=(((dataADC*3300)/0xfff)-TMP_OFST)/TMP_STEP;
    sprintf(str, "%04d", dataADC);
    LcdXy(0, 1);
    LcdPuts(str);
    delay_ms(100);
  }
  return 0 ;
}
```

第14章 電圧比較器の使い方

電圧比較器は＋と－の二つの入力端子の電圧を比較して，－端子よりも＋端子の電圧が高ければ High レベルを出力し，そうでなければ Low レベルを出力します．電圧比較器はコンパレータとも呼ばれます．
　マイコンには ADC を搭載したものが多いですが，コンパレータを搭載したマイコンもあります．ADC があれば電圧の比較ができるためコンパレータは必須の機能ではありませんが，電圧を比較する際には ADC で比較するよりも断然高速に動作するので，比較のスピードが要求される用途には重宝する機能です．例えば，安定化電源やスイッチング・レギュレータ回路では電圧比較が欠かせませんが，速度が速いほどよいのでこのような用途には重宝します．
　本書で扱うマイコンのなかで，STM32F072RB（以降，STM32F072 と省略）や PIC16F1789 はコンパレータを内蔵しているので，これらと MPU トレーナの二つのアナログ入力デバイスのボリュームと IC 温度センサを使い，図 14-1 の回路を構成して実験を行います．

　MPU トレーナのボリュームは左に回すほど電圧が高くなり，右に回すほど電圧が低くなります．MCP9700A は温度に合わせて特定の電圧を出力します．ボリュームを左に回し切ると－端子は 3.3V になり MCP9700A の出力電圧を超えるので，この時点では出力は Low となり LED は点灯しません．
　ボリュームを徐々に右に回していき，－端子の電圧が＋端子の MCP9700A の電圧よりも低くなるとその時点から LED が点灯します．

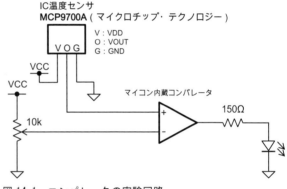

図 14-1　コンパレータの実験回路

Nucleo 版

　ここでは，STM32F072RB 搭載の NUCLEO-F072RB を使用します．図 14-2 は STM32F072 のコンパレータです．図のように，コンパレータの入力には PA0 や PA1 といった入力ピンのほか，D-A コンバータの出力や内部の基準電圧なども使用することができます．

STM32CubeMX の設定とプログラムの動作

　図 14-3 は STM32CubeMX の NUCLEO-F072RB の設定画面です．NUCLEO-F072RB のピン配置は，NUCLEO-F103RB のピン配置とほぼ同じです．
　ただし，ここではコンパレータを使用するため，PA0 を COMP1_INM に，PA1 を COMP1_INP に，PA11 を COMP1_OUT に設定しています．LED が接続されている PA5 は通常出力で使用しますが，実験の都合でここでは入力に設定しています．
　ピン・アウトの左側の「Peripherals」のツリーの「COMP1」は，図 14-3 (b) のように入力 INP と出

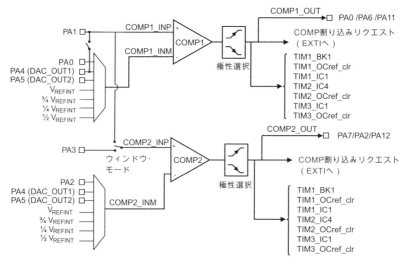

図14-2[1]　STM32F072のコンパレータ

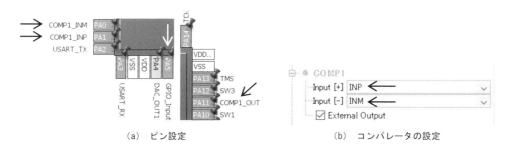

(a)　ピン設定　　　　　　　　　　(b)　コンパレータの設定

図14-3　NUCLEO-F072RBの設定

力INMを設定します．

　プロジェクト名"comparator"を作成します．**リスト14-1**がプログラムです．このサンプルでは，コンパレータの出力ピンから直接LEDを点灯させるため，STM32CubeMXで生成されたmain.cに追加したコードは，

　　HAL_COMP_Start(&hcomp1);

という行のみです．この行でコンパレータをスタートさせています．

　写真14-1は，実際の動作状態のようすです．コンパレータの出力はPA11に出力されるので，これでLEDを点灯させるためこの出力をPA5に接続しています．PA5はNUCLEO-F072RBのユーザ用LEDのピンなので，これをショートすることでPA11でLEDを点灯することができます．

　実際には，次のピンをジャンパ線でショートしています．

- CN10-11（PA5）　－　CN10-14（PA11）

　MPUトレーナのボリュームを左から右に回していくと，電圧が温度センサの電圧より下がった時点でLEDが点灯して，コンパレータの動作を確認することができます．

リスト 14-1　comparator の main.c (STM32F072)

```
COMP_HandleTypeDef hcomp1;

int main(void)
{
  HAL_Init();

  SystemClock_Config();

  MX_GPIO_Init();
  MX_COMP1_Init();

  HAL_COMP_Start(&hcomp1);

  while (1)
  {
  }
}

/* COMP1 init function */
void MX_COMP1_Init(void)
{
  hcomp1.Instance = COMP1;
  hcomp1.Init.InvertingInput = COMP_INVERTINGINPUT_IO1;
  hcomp1.Init.NonInvertingInput = COMP_NONINVERTINGINPUT_IO1;
  hcomp1.Init.Output = COMP_OUTPUT_NONE;
  hcomp1.Init.OutputPol = COMP_OUTPUTPOL_NONINVERTED;
  hcomp1.Init.Hysteresis = COMP_HYSTERESIS_NONE;
  hcomp1.Init.Mode = COMP_MODE_HIGHSPEED;
  hcomp1.Init.WindowMode = COMP_WINDOWMODE_DISABLED;
  hcomp1.Init.TriggerMode = COMP_TRIGGERMODE_NONE;
  HAL_COMP_Init(&hcomp1);
}
```

写真 14-1　STM32F072 のテストの様子

リスト 14-2　comparator の main.c (PIC16F1789)

```
void main(void) {
  SYSTEM_Initialize();

  while (1) {
  }
}
```

PIC16F 版

　PIC16F1789 には四つのコンパレータがあります．図 14-4 は PIC16F1789 のコンパレータです．コンパレータの入力には CxIN0〜CxIN4 のほか，DAC や FVR なども選択することができます．また，STM32F072 と同様に，コンパレータの出力を CxOUT ピンから出力することができます．サンプルではコンパレータ COMP1 を使用して入力ピンを RA0 と RA2 に設定し，出力ピンを RA4 に設定しています．

Code Configurator の設定とプログラムの動作

　図 14-5 は Code Configurator でのコンパレータのピン設定です．コンパレータの設定は図 14-6 のようになります．図のように，＋入力（Positive Input）に CIN0+，－入力（Negative Input）に CIN0－を設定しています．また，「Enable Pin Output」にチェックを入れてコンパレータの出力を有効にしています．

　プロジェクト名"comparator"を作成します．リスト 14-2 がプログラムです．このソースは，Code Configurator で作成したソースですが，コンパレータは初期化時に有効になるため変更していません．

　MPU トレーナでは次の配線の変更が必要です（写真 14-2）．動作は STM32F072 と同じです．

- JP1-4（IC 温度センサ）　　－　　J7-10（RA2）
- JP4-7（RA4）　－－－－－　JP5-2（LED0）

※JP1 と JP4，JP5 の該当ピンのショート・ピンは外してジャンパ線で接続する．

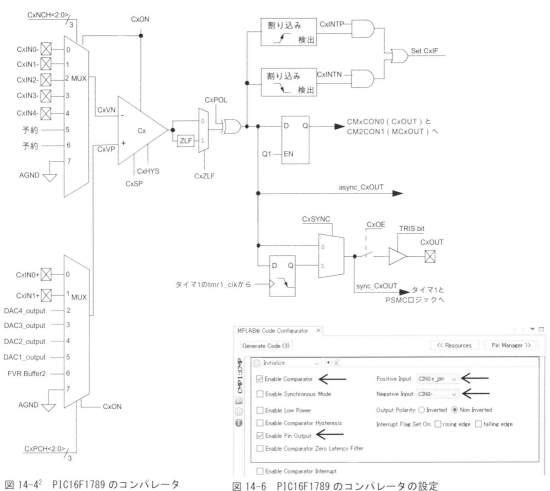

図 14-4[2] PIC16F1789 のコンパレータ

図 14-6 PIC16F1789 のコンパレータの設定

Module	Function	0	1	2	3	4	5
TMR1	T1G						
TMR1	T1CKI						
TMR0	T0CKI						
CCP1	CCP1						
GPIO	I/O		🔒		🔒		🔒
CMP1	C1OUT					🔒	
CMP1	C1IN4-					↑	
CMP1	C1IN3-						
CMP1	C1IN2-						
CMP1	C1IN1-		↓	🔒			
CMP1	C1IN1+	🔒		↓			
CMP1	C1IN0-	🔒					
CMP1	C1IN0+			🔒			

図 14-5 PIC16F1789 のピン設定

写真 14-2 PIC16F1789 のテストの様子

| 130 | 第 14 章 電圧比較器の使い方

第15章 ディジタル-アナログ変換の使い方

A-D コンバータ内蔵マイコンほど D-A コンバータ（DAC）内蔵マイコンは多くありません．DAC がなくても PWM で代用できる場合も多いのですが，DAC を使えば直接アナログ量に変換できるので便利な場合があります．

例えば，DAC の出力を基準電圧にして安定化電源を作れば，マイコンで出力電圧を自由に設定できるようになります．また，オーディオ出力やパイロット・ランプの明るさの制御など，さまざまな用途が考えられます．

ここでは正弦曲線（サイン・カーブ）を繰り返し出力する簡単なプログラムを紹介します．MPU トレーナでは DAC の出力がヘッドホン・ジャックから出力されているので音で確認できます．

Nucleo 版

ここでは DAC 搭載 STM32F072RB の NUCLEO-F072RB を使用します．図 15-1 は STM32F072 の DAC のブロック図です．図のように，STM32F072 の DAC はトリガの選択や出力の設定ができるようになっています．

DAC のデータは 12bit または 8bit です．図 15-2 のように 32bit のレジスタのなかでいくつかのアライメントを選択することができるので，用途に応じて適切なアライメントを選択します．

STM32CubeMX の設定

STM32CubeMX の DAC のピンは図 15-3 のように PA4 を DAC_OUT1 に設定します．DAC の設定は図 15-4 のように「Output buffer」を「Enable」に，「Trigger」を「None」に設定します．

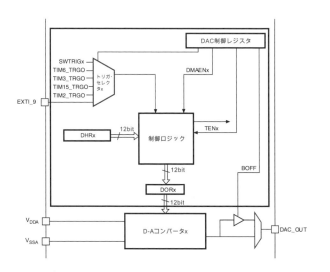

図 15-1[1]　STM32F072 の DAC のブロック図

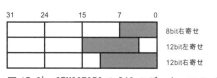

図 15-2[1]　STM32F072 の DAC のデータ・アライン

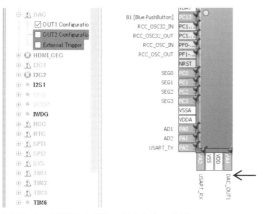

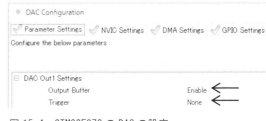

図15-4　STM32F072のDACの設定

図15-3　STM32CubeMXのDAC出力の設定

プログラムの動作

プロジェクト名"sinwave"を作成します．**リスト15-1**にプログラムを示します．CreateSinTbl()でサイン・カーブのテーブルを作成し，その後，作成したテーブルを順次DACからサイン・カーブのアナログ値を出力しています．

STM32F072には12bitのDACが内蔵されているので，作成するデータも12bitのデータに収まるように調整しています．

12bitの最大値の中間を中心に最大振幅が90%になるサイン・カーブを生成するようにしています．サイン・カーブの1サイクルのサンプル数（TBL_CNT）は256としています．

リスト15-1　sinwaveのmain.c（STM32F072）

```
DAC_HandleTypeDef hdac;

#define MAX_VALUE    4096
#define TBL_CNT      256

int SinTbl[TBL_CNT];

void CreateSinTbl(int *tbl, int cnt, int maxval)
{
  int i, wrk;
  double rad;
  double hmax;

  hmax=maxval/2;
  for(i=0; i<cnt; i++) {
    rad=(i*2.0*3.1415)/(double)cnt;
    wrk=(int)(sin(rad)*hmax*0.9+hmax);
    if(wrk<0)
      wrk=0;
    else if(wrk>=maxval)
      wrk=maxval-1;
    tbl[i]=wrk;
  }
}

int main(void)
{
  int datNo;

  HAL_Init();

  SystemClock_Config();

  MX_GPIO_Init();
  MX_DAC_Init();

  HAL_DAC_Start(&hdac, DAC_CHANNEL_1);

  datNo=0;
  CreateSinTbl(SinTbl, TBL_CNT, MAX_VALUE);
  while (1)
  {
    HAL_DAC_SetValue(&hdac, DAC_CHANNEL_1, DAC_ALIGN_12B_R, SinTbl[datNo]);
    datNo=(datNo+1)%TBL_CNT;
  }
}

/* DAC init function */
void MX_DAC_Init(void)
{
  DAC_ChannelConfTypeDef sConfig;

  /**DAC Initialization
  */
  hdac.Instance = DAC;
  HAL_DAC_Init(&hdac);

  /**DAC channel OUT1 config
  */
  sConfig.DAC_Trigger = DAC_TRIGGER_NONE;
  sConfig.DAC_OutputBuffer = DAC_OUTPUTBUFFER_ENABLE;
  HAL_DAC_ConfigChannel(&hdac, &sConfig, DAC_CHANNEL_1);
}
```

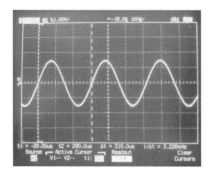

写真15-1 STM32F072のDACの出力波形
(100μs/div, 1V//div)

　DACの初期化はSTM32CubeMXで自動生成されるソース・コードで，初期化のコードも生成されます．使用する際は，HAL_DAC_Start()でDACを開始して，HAL_DAC_SetValue()で出力する値をセットします．
　写真15-1は，DAC_OUT1から出力された信号をオシロスコープで確認しているところです．

PIC16F版

　図15-5は，PIC16F1789のDACのブロック図です．図のように，PIC16F1789のDACではV_{DD}とV_{SS}のソースが選択可能になっています．

Code Configuratorの設定

　図15-6はCode ConfiguratorでDACの設定を行っているところです．図のように，プラス側電源に「VDD」，マイナス側電源に「VSS」を設定し，DAC1OUT1をRA2に設定しています．

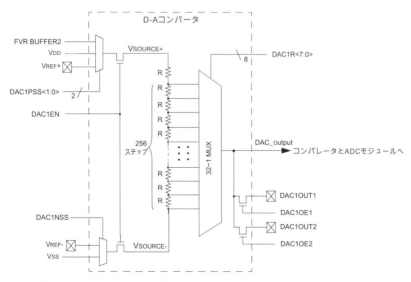

図15-5[2] PIC16F1789のDACのブロック図

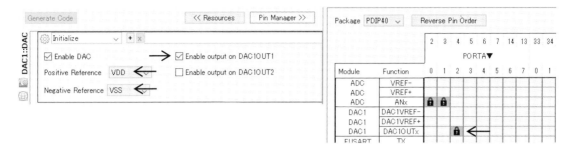

図 15-6　DAC の設定

プログラムの動作

リスト 15-2 に PIC16F1789 のサイン・カーブ出力プログラムを示します．ソース・コードは STM32F072 のソース・コードとほぼ同じですが，PIC16F1789 の DAC が 8bit のためサイン・カーブのテーブルも 8bit になっています．

DAC の出力は，Code Configurator で生成された dac1.c にある DAC1_SetOutput()を呼び出しています．写真 15-2 に，PIC16F1789 の DAC の出力波形を示します．

リスト 15-2　sinwave の main.c (PIC16F1789)

```
#define  MAX_VALUE   256
#define  TBL_CNT     256

uint8_t SinTbl[TBL_CNT];

void CreateSinTbl(uint8_t *tbl, int cnt, int maxval)
{
  int i, wrk;
  double rad;
  double hmax;

  hmax=maxval/2;
  for(i=0; i<cnt; i++){
    rad=(i*2.0*3.1415)/(double)cnt;
    wrk=(int)(sin(rad)*hmax*0.9+hmax);
    if(wrk<0)
      wrk=0;
    else if(wrk>=maxval)
      wrk=maxval-1;
    tbl[i]=wrk;
  }
}

void main(void) {
  int datNo;
  SYSTEM_Initialize();

  datNo=0;
  CreateSinTbl(SinTbl, TBL_CNT, MAX_VALUE);

  while (1) {
    DAC1_SetOutput(SinTbl[datNo]);
    datNo=(datNo+1)%TBL_CNT;
  }
}
```

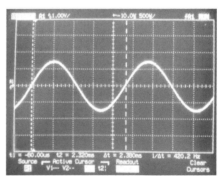

写真 15-2　PIC16F1789 の DAC の出力波形 (500μs/div, 1V/div)

第16章 PWMの使い方

PWM（Pulse Width Modulation，パルス幅変調）は，出力信号をパルス状にして，周期とパルス幅を変化させることで出力端子に接続したデバイスを制御する方法です．図16-1にPWM波形を示します．

PWMはD-Aコンバータを使わずにモータやLEDの明るさを制御したいときによく利用されます．LEDは通常の電球のように電圧で明るさを調整することができませんが，PWMを使えば実効的な明るさを変化させることができます．モータの場合でもモータのON時間が変化するため，D-Aコンバータを使わずにモータの回転数を変化させることができます．マイコンは制御用によく利用されるため，多くのマイコンではPWMモジュールを内蔵し，PWM制御が簡単にできるようになっています．

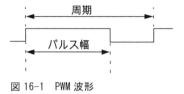

図16-1　PWM波形

PWMの周期/パルス幅の変化を音で確認するプログラム

ここでは，PWM出力にスピーカを繋いで周期とパルス幅の変化を音で確認するプログラムを作成します．PWMの周期の変化は音の周波数の変化として確認することができます．また，PWMのパルス幅の変化は音量の変化として識別することができます．MPUトレーナにはヘッドホン・ジャックがあり，ここにヘッドホンやスピーカを繋いで音の変化を確認します．

Nucleo版

タイマTIM3の設定

STM32F103には四つのタイマがあり，それぞれがPWMの機能を持っています．図16-2はSTM32F103のタイマTIM2~TIM4のブロック図です．PWMの出力は4本あり，パルス幅（デューティ）が異なる出力を同時に取り出すことができます．

プリスケーラは16bitで，クロックを「プリスケーラ値＋1」で分周して取り出すことができます．また，キャプチャ/比較レジスタも16bitです．STM32CubeMXの「Configuration」タブでの設定を図16-3に示します．PWMの出力はTIM3のCH1から取り出しています．この信号はGPIOのPA6に接続されています．MPUトレーナではアンプを通してヘッドホン・ジャックに出力されています．

プログラムの動作

プロジェクト名"pwm_sound"を作成します．リスト16-1にSTM32F103のプログラムを示します．このプログラムは割り込みを使ったA-Dコンバータのソースをベースにしているので，ボリュームの値はAdcValueを参照するようになっています．

PWM波形の周期とパルス幅の設定はSetPWM()で行っています．この関数は現在のモードstateとボリュームの値valを引数に取っています．

リスト16-1　pwm_soundのmain.c（STM32F103）

```c
TIM_HandleTypeDef htim3;

#define   FREREQUENCY_MODE    0
#define   PULSE_WIDTH_MODE    1

#define   LED_PORT  GPIOB
#define   LED_PIN   GPIO_PIN_0

#define   SW_PORT   GPIOA
#define   SW_PIN    GPIO_PIN_10

#define   ON        GPIO_PIN_SET
#define   OFF       GPIO_PIN_RESET

int AdcValue=0;

void SystemClock_Config(void);
static void MX_GPIO_Init(void);
static void MX_ADC1_Init(void);
static void MX_TIM3_Init(void);

void HAL_ADC_ConvCpltCallback(ADC_HandleTypeDef* hadc)
{
  AdcValue=HAL_ADC_GetValue(hadc);
}

char GetSwitch(void)
{
  if(HAL_GPIO_ReadPin(SW_PORT, SW_PIN)==OFF){
    return 1;
  }else{
    return 0;
  }
}

void SetPWM(int state, int val)
{
  static int period=-1;
  static int pwidth=-1;

  TIM_OC_InitTypeDef sConfigOC;

  if(state==PULSE_WIDTH_MODE){
    pwidth=period*val/512;
  }else{
    period=val+10;
    pwidth=period/2;
  }

  HAL_TIM_PWM_Stop(&htim3, TIM_CHANNEL_1);
  HAL_TIM_PWM_DeInit(&htim3);
  htim3.Init.Period = period;
  HAL_TIM_PWM_Init(&htim3);

  sConfigOC.OCMode = TIM_OCMODE_PWM1;
  sConfigOC.Pulse = pwidth;
  sConfigOC.OCPolarity = TIM_OCPOLARITY_HIGH;
  sConfigOC.OCFastMode = TIM_OCFAST_DISABLE;
  HAL_TIM_PWM_ConfigChannel(&htim3, &sConfigOC, TIM_CHANNEL_1);
  HAL_TIM_PWM_Start(&htim3, TIM_CHANNEL_1);
}

int main(void)
{
  char str[17];
  int  volume, ovolume;
  int  state = FREREQUENCY_MODE;

  HAL_Init();

  SystemClock_Config();

  MX_GPIO_Init();
  MX_ADC1_Init();
  MX_TIM3_Init();

  LcdInit();
  LcdPuts("FREQUENCY  ");
  ovolume=-1;

  HAL_ADCEx_Calibration_Start(&hadc1);
  HAL_ADC_Start_IT(&hadc1);
  HAL_TIM_PWM_Start(&htim3, TIM_CHANNEL_1);

  while (1)
  {
    volume=AdcValue>>4; //volume=0-255
    sprintf(str, "%03d", volume);
    LcdXy(0, 1);
    LcdPuts(str);

    if(GetSwitch()){
      while(GetSwitch());
      switch(state){
        case FREREQUENCY_MODE:
          state = PULSE_WIDTH_MODE;
          LcdXy(0, 0);
          LcdPuts("PULSE WIDTH");
          break;
        case PULSE_WIDTH_MODE:
          state = FREREQUENCY_MODE;
          LcdXy(0, 0);
          LcdPuts("FREQUENCY  ");
          break;
      }
    }
    if(volume!=ovolume){
      ovolume=volume;
      SetPWM(state, volume);
    }
  }
}

/* TIM3 init function */
void MX_TIM3_Init(void)
{
  TIM_MasterConfigTypeDef sMasterConfig;
  TIM_OC_InitTypeDef sConfigOC;

  htim3.Instance = TIM3;
  htim3.Init.Prescaler = 8192;
  htim3.Init.CounterMode = TIM_COUNTERMODE_UP;
  htim3.Init.Period = 255;
  htim3.Init.ClockDivision = TIM_CLOCKDIVISION_DIV1;
  HAL_TIM_PWM_Init(&htim3);

  sMasterConfig.MasterOutputTrigger = TIM_TRGO_RESET;
  sMasterConfig.MasterSlaveMode = TIM_MASTERSLAVEMODE_DISABLE;
  HAL_TIMEx_MasterConfigSynchronization(&htim3, &sMasterConfig);

  sConfigOC.OCMode = TIM_OCMODE_PWM1;
  sConfigOC.Pulse = 128;
  sConfigOC.OCPolarity = TIM_OCPOLARITY_HIGH;
  sConfigOC.OCFastMode = TIM_OCFAST_DISABLE;
  HAL_TIM_PWM_ConfigChannel(&htim3, &sConfigOC, TIM_CHANNEL_1);
}
```

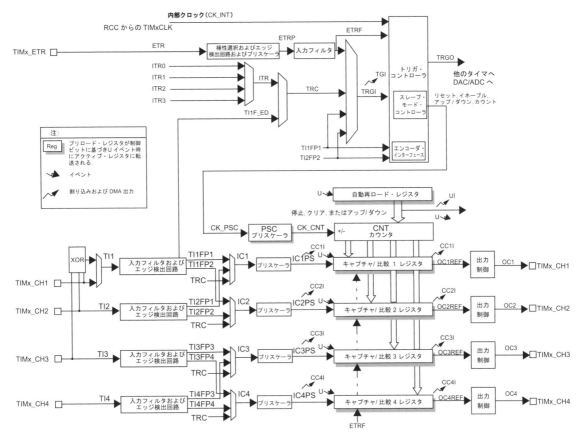

図 16-2[1] STM32F103 のタイマ TIM2, TIM3, TIM4 のブロック図

⊟ Counter Settings	
Prescaler (PSC - 16 bits value)	8192
Counter Mode	Up
Counter Period (AutoReload Register - 16 bit...	255
Internal Clock Division (CKD)	No Division
⊟ Trigger Output (TRGO) Parameters	
Master/Slave Mode	Disable (no sync between this TIM (Master) and its Slave...
Trigger Event Selection	Reset (UG bit from TIMx_EGR)
⊟ PWM Generation Channel 1	
Mode	PWM mode 1
Pulse (16 bits value)	128
Fast Mode	Disable
CH Polarity	High

図 16-3 TIM3 の設定

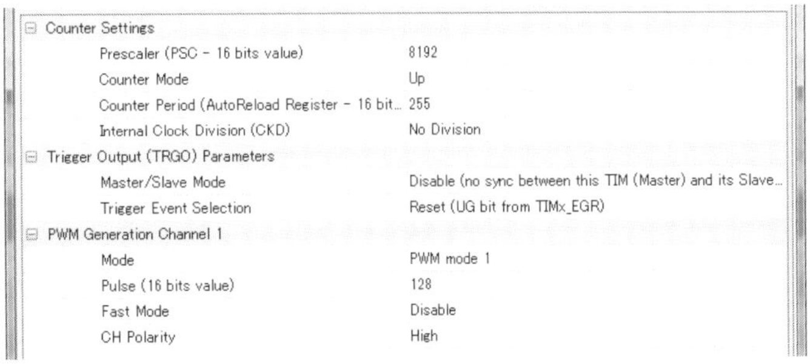

現在のモードが周波数モードの場合は周期を「ボリューム値+10」にしています. ボリュームの値は 0~255 なので, この値の範囲でパルス幅が可聴音で変化するように初期化時にプリスケーラの値を設定しています.

周波数モードの場合は, 周波数を変化させたときデューティが 50%になるようにパルス幅を設定しています. パルス幅を周期の半分にするとデューティは 50%になります.

パルス幅モードに変更してボリュームを回すと, 周波数は変化せずパルス幅が 0~50%の範囲で変化します. パルス幅の変化に合わせて音量が変化することが確認できます.

ただし, パルス幅の変化とともに音質も変化するので注意が必要です. このサンプルでは PWM の動作を分かりやすくするため, 可聴領域の周波数でパルス幅を変化させています. このため, 発音される音質も変化してしまいます. 可聴領域を超える高い周波数で PWM を行えばこのような問題は発生しません.

PIC16F 版

CCP モジュールの設定

PIC16F1789 では CCP（Capture/Compare/PWM）モジュールで PWM を利用することができます．

図 16-4 は PIC16F1789 の CCP モジュールの PWM モードでのブロック図です．PWM モードは Timer2 を利用します．PWM の周期は TMR2 のプリスケーラと PR2 レジスタの値で決まり，TMR2 の値が PR2 になると TMR2 がリセットされます．

パルス幅は CCPR1L レジスタに CCP1CON レジスタの 5, 4bit を加えた 10bit の値と，TMR2 に F_{osc} もしくはプリスケーラからの 2bit を加えた 10bit の値と比較します．パルス幅のレジスタは 10bit のため細かいパルス幅の設定をすることが可能です．

図 16-5 は，Timer2 のブロック構成です．図のように TMR2 のクロックは $F_{osc}/4$ のクロックで分周したものが使われていています．低い周波数で PWM を利用したい場合はプリスケーラでクロックを落

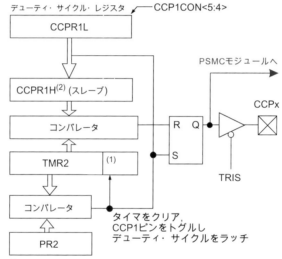

図 16-4[2]　CCP モジュールの PWM モードのブロック図

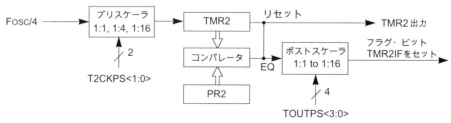

図 16-5[2]　Timer2 のブロック図

第 16 章　PWM の使い方

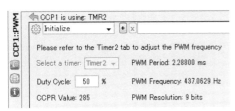

図 16-6　CCP の設定　　　　　　　　　　　　図 16-7　Timer2 の設定

として使用します．

なお，Timer2 にはポストスケーラもありますが，CCP で使用するクロックは TMR2 出力なので CCP では利用することはできません．

Code Configurator の設定内容を図 16-6 と図 16-7 に示します．

プログラムの動作

プロジェクト名 "pwm_sound" を作成します．**リスト 16-2** は PIC16F1789 のプログラムです．このプログラムは CCP1 端子を PWM の出力に使用しています．プログラムの仕様は STM32F103 と同じです．

リスト 16-2　pwm_sound の main.c（PIC16F1789）

```
#define  FREREQUENCY_MODE    0
#define  PULSE_WIDTH_MODE    1

#define  LED0  RB2
#define  SW0   RA3
#define  ON    1
#define  OFF   2

volatile adc_result_t AdcValue=0;

char GetSwitch()
{
  if(SW0==1)
    return 0;
  else
    return 1;
}

void SetPWM(int state, int val)
{
  static int period=-1;
  static int pwidth=-1;
  val&=0xff;
  if(state==PULSE_WIDTH_MODE){
    pwidth=(period*val)/128;
  }else{
    period=val;
    pwidth=period<<1;
  }

  TMR2_LoadPeriodRegister(period);
  PWM1_LoadDutyValue(pwidth);
}

void main(void) {
  // initialize the device
  char str[17];
  int  volume, ovolume;
  int  state = FREREQUENCY_MODE;

  SYSTEM_Initialize();

  INTERRUPT_GlobalInterruptEnable();

  INTERRUPT_PeripheralInterruptEnable();

  LcdInit();
  LcdPuts((char *)"FREQUENCY  ");
  ovolume=-1;

  ADC_Initialize();
  ADC_StartConversion(channel_AN0);
  while (1) {
    volume=AdcValue>>8; //volume=0-255
    sprintf(str, "%03d", volume);
    LcdXy(0, 1);
    LcdPuts(str);
    delay_ms(100);

    if(GetSwitch()){
      while(GetSwitch());
      switch(state){
        case FREREQUENCY_MODE:
          state = PULSE_WIDTH_MODE;
          LcdXy(0, 0);
          LcdPuts((char *)"PULSE WIDTH");
          break;
        case PULSE_WIDTH_MODE:
          state = FREREQUENCY_MODE;
          LcdXy(0, 0);
          LcdPuts((char *)"FREQUENCY  ");
          break;
      }
    }
    if(volume!=ovolume){
      ovolume=volume;
      SetPWM(state, volume);
    }
  }
}
```

Code ConfiguratorでCCPを設定すると，PWMモードのサポート関数が生成されます（**リスト16-8**）．PWM1_Initialize()は初期化時に自動で呼び出されます．

PWM1_LoadDutyValue()はパルス幅の設定を行う関数です．この関数は引数が16bitとなっていますが，パルス幅の設定値として10bitを使用している点に注意してください．設定値の下位2bitはCCP1CONレジスタの5, 4bitに設定され，残りの8bitがCCPR1Lレジスタに設定されます．

周期の設定はこのファイルにはなく，Timer2の関数をまとめたtmr2.cの中のTMR2_LoadPeriodRegister()を使用します．この関数は引数の値をそのままPR2に設定しています．

LPCXpresso版

16bitタイマ CT16B0 を PWM モードに設定

LPC1347には2個の16bitタイマCT16B0, CT16B1と2個の32bitタイマCT32B0, CT32B1があり，それぞれでPWMを利用することができます．**図16-8**はLPC1347の16bitタイマCT16B0のブロック図です．CT16B0には4個の比較レジスタ（マッチ・レジスタ0～マッチ・レジスタ3）があります．

PWMで利用する場合は，マッチ・レジスタ3（MAT3）を周期設定用のレジスタとして利用し，マッチ・レジスタ0～マッチ・レジスタ2がPWMのパルス幅を設定するレジスタとなります．従って，一つのタイマで最大3種類のパルス幅の異なるPWM出力を得ることができます．このタイマのプリスケ

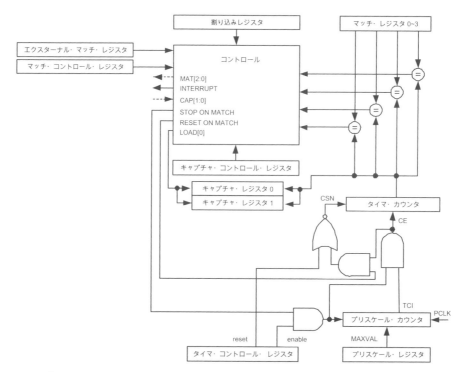

図16-8[3] LPC1347の16bitタイマのブロック図

表 16-1[3]　LPC1347 の PWMC のビット・アサイン（EM：エクスターナル・マッチ・レジスタ）

ビット	記号	意味	値	説明	リセット時
0	PWMEN0	チャネル 0 で PWM モードを有効にする	0	CT16B0_MAT0 は EM0 で制御される	0
			1	PWM モードは CT16B0_MAT0 で有効	
1	PWMEN1	チャネル 1 で PWM モードを有効にする	0	CT16B0_MAT1 は EM1 で制御される	0
			1	PWM モードは CT16B0_MAT1 で有効	
2	PWMEN2	チャネル 2 で PWM モードを有効にする	0	CT16B0_MAT2 は EM2 で制御される	0
			1	PWM モードは CT16B0_MAT2 で有効	
3	PWMEN3	チャネル 3 で PWM モードを有効にする	0	CT16B0_MAT3 は EM3 で制御される	0
			1	PWM モードは CT16B0_MAT3 で有効	
31:4	-	-		予約	-

ーラは 16bit で，STM32F103 と同様に任意の 16bit の値を設定することができます．

プログラムの動作

プロジェクト名"pwm_sound"を作成します．リスト 16-4 は LPC1347 のプログラムです．プログラムの動作は STM32F103 や PIC16F1789 と同様です．

PWM の設定はタイマのレジスタの PWMC で設定します．表 16-1 は PWMC のビット・アサインです．

LPCOpen の PWMC レジスタ

LPCOpen ライブラリを使用する際は，PWMC を使用する際には注意が必要です．LPCOpen ではタイマ・レジスタのアクセスには構造体を使用しますが，LPCOpen の timer_13xx.h で宣言されているタイマ・レジスタの構造体 LPC_TIMER_T には PWMC レジスタがありません（リスト 16-3）．LPCOpen を使わない場合の LPC13Uxx.h で宣言されている構造体 LPC_CT16B0_Type には PWMC が設定されています．

そこで，ここでは，PWMC を利用する場合は LPC13Uxx.h の LPC_CT16B0_Type をコピーしてこの構造体を修正して使っています．

PWM の周期とパルス幅の設定は，STM32F103 や PIC16F1789 と同様に SetPWM() で行っています．マッチ・レジスタ 3 に周期を設定しマッチ・レジスタ 0 にパルス幅を設定しています．

リスト 16-3　LPCOpen ライブラリの timer_13xx.h の LPC_TIMER_T 構造体

```
typedef struct {
    __IO uint32_t IR;
    __IO uint32_t TCR;
    __IO uint32_t TC;
    __IO uint32_t PR;
    __IO uint32_t PC;
    __IO uint32_t MCR;
    __IO uint32_t MR[4];
    __IO uint32_t CCR;
    __IO uint32_t CR[4];
    __IO uint32_t EMR;
    __I  uint32_t RESERVED0[12];
    __IO uint32_t CTCR;
} LPC_TIMER_T;
```

リスト 16-4　pwm_sound の main.c（LPC1347）

```c
//GPIOのアサインによって設定値を変更
#define  GPIO_IN    0
#define  GPIO_OUT   1
#define  SW_PORT    0
#define  SW_PIN     2

#define  FREREQUENCY_MODE  0
#define  PULSE_WIDTH_MODE  1
uint16_t AdcValue=0;

//PWMCの追加
typedef struct {
    __IO uint32_t IR;
    __IO uint32_t TCR;
    __IO uint32_t TC;
    __IO uint32_t PR;
    __IO uint32_t PC;
    __IO uint32_t MCR;
    union {
        __IO uint32_t MR[4];
        struct{
            __IO uint32_t MR0;
            __IO uint32_t MR1;
            __IO uint32_t MR2;
            __IO uint32_t MR3;
        };
    };
    __IO uint32_t CCR;
    union{
        __I  uint32_t CR[4];
        struct{
            __I  uint32_t CR0;
            __I  uint32_t CR1;
            __I  uint32_t CR2;
            __I  uint32_t CR3;
        };
    };
    __IO uint32_t EMR;
    __I  uint32_t RESERVED0[12];
    __IO uint32_t CTCR;
    __IO uint32_t PWMC;
} LPC_CT16B0_Type;

void ADC_IRQHandler()
{
    if(Chip_ADC_ReadStatus(LPC_ADC, ADC_CH0, ADC_DR_DONE_STAT)==SET){
        Chip_ADC_ReadValue(LPC_ADC, ADC_CH0, &AdcValue);
        Chip_ADC_SetStartMode(LPC_ADC, ADC_START_NOW, ADC_TRIGGERMODE_RISING);
    }
}

char GetSwitch()
{
    if(Chip_GPIO_GetPinState(LPC_GPIO_PORT, SW_PORT, SW_PIN)){
        return 0;
    }else{
        return 1;
    }
}

void pwm_init ( void )
{
    LPC_CT16B0_Type *TM16_0=(LPC_CT16B0_Type *)LPC_TIMER16_0;

    Chip_IOCON_PinMuxSet(LPC_IOCON, 0, 8, IOCON_FUNC2);
                                    // PIO0_8 connected to CT16B0_MAT0
    Chip_TIMER_Init(LPC_TIMER16_0);
    Chip_TIMER_Reset(LPC_TIMER16_0);
    Chip_TIMER_ResetOnMatchEnable(LPC_TIMER16_0, 3);
    Chip_TIMER_SetMatch(LPC_TIMER16_0, 0, 128);
    Chip_TIMER_SetMatch(LPC_TIMER16_0, 3, 256);
    Chip_TIMER_PrescaleSet(LPC_TIMER16_0, 719);  //CLK=100KHz
    TM16_0->PWMC=0x07;
    Chip_TIMER_Enable(LPC_TIMER16_0);
}

void SetPWM(int state, int val)
{
    static int period=-1;
    static int pwidth=-1;
    val&=0xff;
    if(state==PULSE_WIDTH_MODE){
        pwidth=period-((period*val)/512);
    }else{
        period=val+100;
        pwidth=period/2;
    }
    Chip_TIMER_SetMatch(LPC_TIMER16_0, 0, pwidth);
    Chip_TIMER_SetMatch(LPC_TIMER16_0, 3, period);
}

int main(void)
{
    char str[17];
    static ADC_CLOCK_SETUP_T ADCSetup;
    int  volume, ovolume;
    int state = FREREQUENCY_MODE;

    SystemCoreClockUpdate();
    SysTick_Config(SystemCoreClock / 1000);
    GpioInit();
    LcdInit();
    LcdPuts((char *)"FREQUENCY   ");
    ovolume=-1;
    /*ADC Init */

    /* Enable interrupt in the NVIC */
    NVIC_ClearPendingIRQ(ADC_IRQn);
    NVIC_EnableIRQ(ADC_IRQn);
    Chip_ADC_Init(LPC_ADC, &ADCSetup);
    Chip_ADC_Int_SetChannelCmd(LPC_ADC, ADC_CH0, ENABLE);
    Chip_ADC_SetStartMode(LPC_ADC,
                ADC_START_NOW, ADC_TRIGGERMODE_RISING);
    /* PWM Init */
    pwm_init();
    //default
    SetPWM(state, 255);

    while (1) {
        // Add your application code
        volume=AdcValue>>4;   //volume=0-255
        sprintf(str, "%03d", volume);
        LcdXy(0, 1);
        LcdPuts(str);
        delay_ms(100);

        if(GetSwitch()){
            while(GetSwitch());
            switch(state){
                case FREREQUENCY_MODE:
                    state = PULSE_WIDTH_MODE;
                    LcdXy(0, 0);
                    LcdPuts((char *)"PULSE WIDTH");
                    break;
                case PULSE_WIDTH_MODE:
                    state = FREREQUENCY_MODE;
                    LcdXy(0, 0);
                    LcdPuts((char *)"FREQUENCY   ");
                    break;
            }
        }
        if(volume!=ovolume){
            ovolume=volume;
            SetPWM(state, volume);
        }
    }
    return 0 ;
}
```

PWM を使ったビープ音で音階発生

1980 年代の PC では，ビープ（Beep）音を使って音楽を奏でることがよく行われていました．PC のスピーカはタイマ出力に接続されていて，タイマの周期を変えることでいろいろな周波数の音を出せたたからです．ここでは同じように PWM を使ってビープ音を鳴らす例を紹介します．

音階と周波数の関係

図 16-9 はピアノの鍵盤の一部を抜き出したものです．音の周波数は中央の'ラ'の音（中央の'ド'の上の'ラ'の音）を基準にしていて，この周波数が 440Hz です．

音の周波数は 1 オクターブ上がるごとに周波数が 2 倍となり，1 オクターブ下がれば周波数は半分になります．従って，中央の'ラ'の音の 1 オクターブ上の'ラ'の音は 880Hz で，1 オクターブ下では 220Hz となります．1 オクターブには，ド，ド#，レ，レ#，ミ，ファ，ファ#，ソ，ソ#，ラ，ラ#，シまでの 12 個の音があり，それぞれの音の間隔は一定です．

1 オクターブの間の音の周波数が一定になるようにするためには，各音の周波数 f_n はベースの音の周波数 f_B に対して次式で表すことができます．

$$f_n = f_B \times 2^{\frac{n}{12}}$$

ここで，n はベース音から何番目の音であるかを示します．

$n=0$ はベース音で，$n=12$ は 1 オクターブ上の音になります．1 オクターブ上だと指数部は 1 となるのでベース音の 2 倍の周波数になります．

表 16-2 はベース音を 220Hz とした場合の音と周波数の関係です．設定値については後述しますが，表にあるように，例えば中央のドの音を出したい場合は約 261.6Hz の音を出せばよいことになります．

ビープ音の出し方

方形波は PWM のデューティを 50% にすれば簡単に作ることができます．PWM の回路では，クロック入力にプリスケーラが接続されているため，かなり広範囲の周波数を設定できます．

今回作成するサンプルでは，220Hz のラの音から 2 オクターブ＋3 音上のドの音までの範囲の音を出せるようにします．

音階を作るためには PWM の周期の設定値を各音に合わせてテーブルで持っておく必要があります．PWM の周期の値は次式で求めることができます．

$$period = \frac{f_{clk}}{f_{out} \times prescaler}$$

ここで，$period$ は PWM の周期の設定値，f_{clk} は CLK 周波数，$prescaler$ はプリスケーラ値，f_{out} は出す

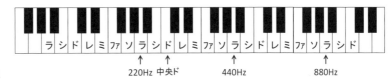

図 16-9 音の周波数の基準

音の周波数です．表16-2にはこの式で求めた各マイコンでの周期の設定値を表示しています．

STM32F103やLPC1347ではプリスケーラの値をかなり自由に設定できます．PWMの設定レジスタは16bit長のため，最低音の220Hzのときに16bitで収まる範囲で選択しますが，周波数誤差をできるだけ小さくするため220Hzのときの設定値ができるだけ大きくなるように設定します．STM32F103のSTM32CubeMXの設定を図16-10に示します．

PIC16F1789はPWMの設定値は8bitの値となります．PIC16F1789のクロックは16MHzですが，タイマに入力されるのはこの1/4の4MHzとなるため，この表では4MHzとなっています．また，プリスケーラは1/64が最大です．

このため，一番下のラの音とその上のラ#の音は8bitの範囲を超えてしまうため使用できません．Code Configuratorの設定を図16-11と図16-12に示します．

表16-2 ベース音を220Hzとした場合の音と周波数の関係

No.	音名	音	周波数 [Hz]	設定値1	設定値2	設定値3
0	A3	ラ	220	E345	011C	FFAE
1	A3#	ラ#	233.0818808	D684	010C	F154
2	B3	シ	246.9416506	CA7A	00FD	E3C9
3	C4	ド	261.6255653	BF1C	00EE	D700
4	C4#	ド#	277.182631	B462	00E1	CAEF
5	D4	レ	293.6647679	AA43	00D4	BF8B
6	D4#	レ#	311.1269837	A0B4	00C8	B4CB
7	E4	ミ	329.6275569	97AF	00BD	AAA5
8	F4	ファ	349.2282314	8F2C	00B2	A111
9	F4#	ファ#	369.9944227	8723	00A8	9807
10	G4	ソ	391.995436	7F8D	009F	8F7F
11	G4#	ソ#	415.3046976	7864	0096	8771
12	A4	ラ	440	71A2	008E	7FD7
13	A4#	ラ#	466.1637615	6B42	0086	78AA
14	B4	シ	493.8833013	653D	007E	71E4
15	C5	ド	523.2511306	5F8E	0077	6B80
16	C5#	ド#	554.365262	5A31	0070	6577
17	D5	レ	587.3295358	5521	006A	5FC5
18	D5#	レ#	622.2539674	505A	0064	5A65
19	E5	ミ	659.2551138	4BD7	005E	5552
20	F5	ファ	698.4564629	4796	0059	5088
21	F5#	ファ#	739.9888454	4391	0054	4C03
22	G5	ソ	783.990872	3FC6	004F	47BF
23	G5#	ソ#	830.6093952	3C32	004B	43B8
24	A5	ラ	880	38D1	0047	3FEB
25	A5#	ラ#	932.327523	35A1	0043	3C55
26	B5	シ	987.7666025	329E	003F	38F2
27	C6	ド	1046.502261	2FC7	003B	35C0

設定値1：STM32F103，CLK=64000000Hz，プリスケーラ値=5
設定値2：PIC16F1789，CLK=4000000Hz，プリスケーラ値=64
設定値3：LPC1347，CLK=72000000Hz，プリスケーラ値=5

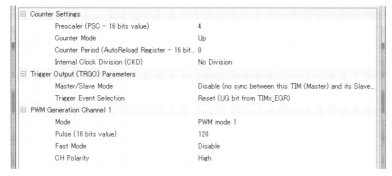

図 16-10 TIM3 の設定

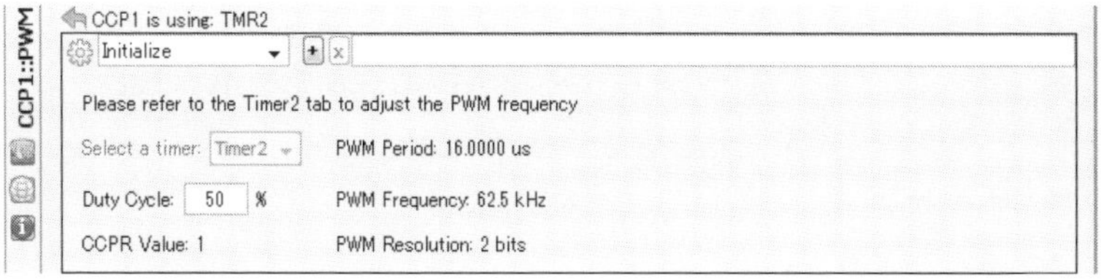

図 16-11 CCP の設定

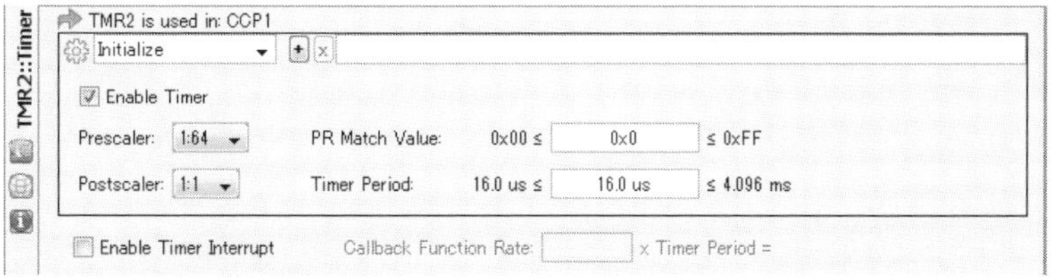

図 16-12 Timer2 の設定

プログラムの作成

　ビープ音のサンプル・プログラムは PWM のサンプルをベースに，PWM の周期を音階に合わせて設定し，デューティを 50% になるように周期の 1/2 の値を設定するようにしています．
　プロジェクト名は "beep_sound" です．リスト 16-5〜リスト 16-7 は，STM32F103，LPC1347，PIC16F1789 のプログラムです．
　このプログラムでは，SW0 を押している間，
　ドレミファソラシドレミファソラシドシラソファミレドシラソファミレ
　の音階を演奏するようにしています．
　プログラム中の，Note[] という名前の配列が，各音の周期の設定値のテーブルです．また，Scale[] は，ド，レ，ミ・・・ドの音の番号を並べたテーブルになっています．この Scale[] の配列の値は，その音の周波数を出すための Note[] の番号となります．従って，No.3 のドの音を出すためには，Note[Scale[0]] の値を周期に設定して，PWM を出力すればよいことになります．
　MPU トレーナのヘッドホン端子にヘッドホンを接続して，音を確認することができます．

PWM を使ったビープ音で音階発生 | 145 |

リスト16-5 beep_soundのmain.c (STM32F103)

```c
#define delay_ms(x)    HAL_Delay(x)

void SystemClock_Config(void);
static void MX_GPIO_Init(void);
static void MX_TIM3_Init(void);

void SetBeep(uint16_t val)
{
    uint16_t pwidth;
    TIM_OC_InitTypeDef sConfigOC;

    if(val==0){
        HAL_TIM_PWM_Stop(&htim3, TIM_CHANNEL_1);
        return;
    }
    pwidth=val/2;

    HAL_TIM_PWM_Stop(&htim3, TIM_CHANNEL_1);
    HAL_TIM_PWM_DeInit(&htim3);
    htim3.Init.Period = val;
    HAL_TIM_PWM_Init(&htim3);

    sConfigOC.OCMode = TIM_OCMODE_PWM1;
    sConfigOC.Pulse = pwidth;
    sConfigOC.OCPolarity = TIM_OCPOLARITY_HIGH;
    sConfigOC.OCFastMode = TIM_OCFAST_DISABLE;
    HAL_TIM_PWM_ConfigChannel(&htim3, &sConfigOC, TIM_CHANNEL_1);

    HAL_TIM_PWM_Start(&htim3, TIM_CHANNEL_1);
}

int main(void)
{
    uint16_t Note[28]={
        0xE345, 0xD684, 0xCA7A, 0xBF1C, 0xB462, 0xAA43, 0xA0B4, 0x97AF,
        0x8F2C, 0x8723, 0x7F8D, 0x7864, 0x71A2, 0x6B42, 0x653D, 0x5F8E,
        0x5A31, 0x5521, 0x505A, 0x4BD7, 0x4796, 0x4391, 0x3FC6, 0x3C32,
        0x38D1, 0x35A1, 0x329E, 0x2FC7 };
    int Scale[15]={3, 5, 7, 8, 10, 12, 14, 15, 17, 19, 20, 22, 24, 26, 27};
    int isRun=0;
    int noteNo=0;
    int dir=1;

    HAL_Init();

    SystemClock_Config();

    MX_GPIO_Init();
    MX_TIM3_Init();

    HAL_TIM_PWM_Start(&htim3, TIM_CHANNEL_1);

    while (1)
    {
        if(GetSwitch()){
            isRun=1;
            SetBeep(Note[Scale[noteNo]]);
            delay_ms(150);
            noteNo+=dir;
            if(noteNo>=15){
                dir=-1;
                noteNo=13;
            }else if(noteNo<0){
                dir=1;
                noteNo=1;
            }
        }else{
            if(isRun){
                SetBeep(0);
                isRun=0;
            }
        }
    }
}

/* TIM3 init function */
void MX_TIM3_Init(void)
{
    TIM_MasterConfigTypeDef sMasterConfig;
    TIM_OC_InitTypeDef sConfigOC;

    htim3.Instance = TIM3;
    htim3.Init.Prescaler = 4;
    htim3.Init.CounterMode = TIM_COUNTERMODE_UP;
    htim3.Init.Period = 0;
    htim3.Init.ClockDivision = TIM_CLOCKDIVISION_DIV1;
    HAL_TIM_PWM_Init(&htim3);

    sMasterConfig.MasterOutputTrigger = TIM_TRGO_RESET;
    sMasterConfig.MasterSlaveMode = TIM_MASTERSLAVEMODE_DISABLE;
    HAL_TIMEx_MasterConfigSynchronization(&htim3, &sMasterConfig);

    sConfigOC.OCMode = TIM_OCMODE_PWM1;
    sConfigOC.Pulse = 128;
    sConfigOC.OCPolarity = TIM_OCPOLARITY_HIGH;
    sConfigOC.OCFastMode = TIM_OCFAST_DISABLE;
    HAL_TIM_PWM_ConfigChannel(&htim3, &sConfigOC, TIM_CHANNEL_1);
}
```

リスト16-6　beep_soundのmain.c（LPC1347）

```c
//GPIOのアサインによって設定値を変更
#define  GPIO_IN   0
#define  GPIO_OUT  1
#define  SW_PORT   0
#define  SW_PIN    2

//PWMの追加
typedef struct {
    __IO uint32_t IR;
    __IO uint32_t TCR;
    __IO uint32_t TC;
    __IO uint32_t PR;
    __IO uint32_t PC;
    __IO uint32_t MCR;
    union {
        __IO uint32_t MR[4];
        struct{
            __IO uint32_t MR0;
            __IO uint32_t MR1;
            __IO uint32_t MR2;
            __IO uint32_t MR3;
        };
    };
    __IO uint32_t CCR;
    union{
        __I  uint32_t CR[4];
        struct{
            __I  uint32_t CR0;
            __I  uint32_t CR1;
            __I  uint32_t CR2;
            __I  uint32_t CR3;
        };
    };
    __IO uint32_t EMR;
    __I  uint32_t RESERVED0[12];
    __IO uint32_t CTCR;
    __IO uint32_t PWMC;
} LPC_CT16B0_Type;

char GetSwitch()
{
    if(Chip_GPIO_GetPinState(LPC_GPIO_PORT, SW_PORT, SW_PIN)){
        return 0;
    }else{
        return 1;
    }
}

void pwm_init ( void )
{
    LPC_CT16B0_Type *TM16_0=(LPC_CT16B0_Type *)LPC_TIMER16_0;
    
    Chip_IOCON_PinMuxSet(LPC_IOCON, 0, 8, IOCON_FUNC2);  // PIO0_8 connected to CT16B0_MAT0
    Chip_TIMER_Init(LPC_TIMER16_0);
    Chip_TIMER_Reset(LPC_TIMER16_0);
    Chip_TIMER_ResetOnMatchEnable(LPC_TIMER16_0, 3);
    Chip_TIMER_SetMatch(LPC_TIMER16_0, 0, 0);
    Chip_TIMER_SetMatch(LPC_TIMER16_0, 3, 0);
    Chip_TIMER_PrescaleSet(LPC_TIMER16_0, 4);
    TM16_0->PWMC=0x07;
    Chip_TIMER_Enable(LPC_TIMER16_0);
}

void SetBeep(int val)
{
    int period, pwidth;
    period=val;
    pwidth=period/2;
    
    Chip_TIMER_SetMatch(LPC_TIMER16_0, 0, pwidth);
    Chip_TIMER_SetMatch(LPC_TIMER16_0, 3, period);
}

int main(void)
{
    uint32_t  timerFreq;
    
    uint16_t Note[28]={
        0xFFAE, 0xF154, 0xE3C9, 0xD700, 0xCAEF, 0xBF8B, 0xB4CB, 0xAAA5,
        0xA111, 0x9807, 0x8F7F, 0x8771, 0x7FD7, 0x78AA, 0x71E4, 0x6B80,
        0x6577, 0x5FC5, 0x5A65, 0x5552, 0x5088, 0x4C03, 0x47BF, 0x43B8,
        0x3FEB, 0x3C55, 0x38F2, 0x35C0 };
    int Scale[15]={3, 5, 7, 8, 10, 12, 14, 15, 17, 19, 20, 22, 24, 26, 27};
    int isRun=0;
    int noteNo=0;
    int dir=1;
    
    SystemCoreClockUpdate();
    SysTick_Config(SystemCoreClock / 1000);
    GpioInit();
    timerFreq = Chip_Clock_GetSystemClockRate();
    
    /* PWM Init */
    pwm_init();
    //default
    SetBeep(0);
    
    while (1) {
        // Add your application code
        if(GetSwitch()){
            isRun=1;
            SetBeep(Note[Scale[noteNo]]);
            delay_ms(150);
            noteNo+=dir;
            if(noteNo>=15){
                dir=-1;
                noteNo=13;
            }else if(noteNo<0){
                dir=1;
                noteNo=1;
            }
        }else{
            if(isRun){
                SetBeep(0);
                isRun=0;
            }
        }
    }
    return 0 ;
}
```

PWMを使ったビープ音で音階発生

リスト 16-7　beep_sound の main.c (PIC16F1789)

```
#define FREREQUENCY_MODE  0
#define PULSE_WIDTH_MODE  1

#define LED0 RB2
#define SW0  RA3
#define ON   1
#define OFF  2

void SetBeep(int val)
{
  int period, pwidth;
  period=val;
  pwidth=period<<1;

  TMR2_LoadPeriodRegister(period);
  PWM1_LoadDutyValue(pwidth);
}

void main(void) {
  // initialize the device
  char str[17];
  int Note[25]={
    0x00EE, 0x00E1, 0x00D4, 0x00C8, 0x00BD, 0x00B2, 0x00A8, 0x009F,
    0x0096, 0x008E, 0x0086, 0x007E, 0x0077, 0x0070, 0x006A, 0x0064,
    0x005E, 0x0059, 0x0054, 0x004F, 0x004B, 0x0047, 0x0043, 0x003F,
    0x003B };
  int Scale[15]={0, 2, 4, 5, 7, 9, 11, 12, 14, 16, 17, 19, 21, 23, 24};
  int isRun=0;
  int noteNo=0;
  int dir=1;

  SYSTEM_Initialize();

  INTERRUPT_GlobalInterruptEnable();

  INTERRUPT_PeripheralInterruptEnable();

  while (1) {
    if(GetSwitch()){
      isRun=1;
      SetBeep(Note[Scale[noteNo]]);
      delay_ms(150);
      noteNo+=dir;
      if(noteNo>=15){
        dir=-1;
        noteNo=13;
      }else if(noteNo<0){
        dir=1;
        noteNo=1;
      }
    }else{
      if(isRun){
        SetBeep(0);
        isRun=0;
      }
    }
  }
}
```

リスト 16-8　Code Configurator が生成した pwm1.c (PIC16F1789)

```
#include <xc.h>
#include "pwm1.h"

/**
  Section: Macro Declarations
*/

#define PWM1_INITIALIZE_DUTY_VALUE    285

/**
  Section: PWM Module APIs
*/

void PWM1_Initialize(void)
{
  // Set the PWM to the options selected in the MPLAB? Code Configurator

  // CCP1M PWM; DC1B 16;
  CCP1CON = 0x1C;

  // CCPR1L 71;
  CCPR1L = 0x47;

  // CCPR1H 0x0;
  CCPR1H = 0x00;
}

void PWM1_LoadDutyValue(uint16_t dutyValue)
{
  // Writing to 8 MSBs of pwm duty cycle in CCPRL register
  CCPR1L = ((dutyValue & 0x03FC)>>2);

  // Writing to 2 LSBs of pwm duty cycle in CCPCON register
  CCP1CON = (CCP1CON & 0xCF) | ((dutyValue & 0x0003)<<4);
}
```

第17章 ウォッチ・ドッグ・タイマの使い方

　マイコンは組み込み機器によく利用されますが，マイコンのプログラムは何らかの原因により暴走してしまうことがあります．組み込み機器は人のいないところで動作することは珍しくないため，人のいないところでプログラムが暴走してしまうと大きな問題となってしまいます．
　信号機やペースメーカなどの制御プログラムが暴走してしまうと致命的な問題となりますが，そうでなくても，冷蔵庫や炊飯器，水槽やエアコンの制御プログラムが暴走しても大きな問題となります．
　プログラムの暴走の原因はプログラムのバグによるもの，電源電圧の異常，静電気，落雷などによるサージなどさまざまな要因が考えられます．特に，バグ以外の外的な要因を含めると，このようなトラブルを完全になくすことは不可能です．そこで，万が一プログラムが暴走してしまったら，これを感知してシステムを再起動してしまおうというのがウォッチ・ドッグ・タイマ（WDT）の回路です．

ウォッチ・ドッグ・タイマの仕組み

　WDTの"ウォッチ・ドッグ"とは，監視する意味の"ウォッチ"と犬の"ドッグ"で番犬の意味になります．要するに，番犬のようにシステムを監視して，異常があったらリセットしてくれる回路ということになります．
　図17-1はWDTの概念図です．図のように，WDTはワンショット・マルチバイブレータとして機能し，いったん起動するとタイマで設定した一定時間経過後に，システムをリセットします．
　図17-2は，WDTの動作方法を示しています．WDTを使うシステムでは，WDTがシステムをリセットしないようにタイマの再ロードを繰り返して，常にWDTを再設定するようにプログラムを作ります．タイマを再設定するとリセットまでの時間が延期されるので，延期を繰り返してシステムを動作させることになります．
　通常，組み込みプログラムにはメイン・ループがあり，何かのイベントがあるとそのイベントの処理ル

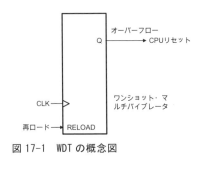

図17-1　WDTの概念図

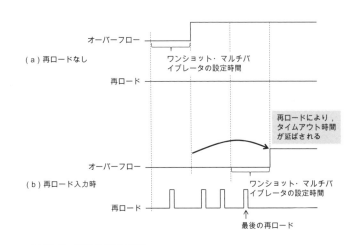

図17-2　WDTの動作方法

ーチンを実行して再びメイン・ループに戻るというような作りになっています．
　このような場合はこのメイン・ループにタイマを再設定する処理を入れておけば，システムは WDT にリセットされることなく正常に動作します．
　何らかのトラブルで処理ルーチンから戻れなくなった場合はタイマの再設定が行われなくなるため，一定時間後に WDT によるリセットが発生しシステムが再初期化されます．
　このように，WDT はタイマ一つで作れるので，構造が簡単なため多くのマイコンのモジュールとして内蔵されています．本書で使用しているマイコンにもすべて WDT が内蔵されています．通常 WDT のクロックはシステム・クロックが WDT の動作に影響を与えないように<u>システム・クロックとは独立したクロックを使用</u>します．
　今回使用した三つのマイコンも，WDT のクロックは独立した内部クロックで動作させることができるようになっています．

リスト 17-1　watch_dog の main.c（STM32F103）

```
IWDG_HandleTypeDef hiwdg;

#define LED_PORT   GPIOA
#define LED_PIN    GPIO_PIN_5
#define LED_ON     GPIO_PIN_SET
#define LED_OFF    GPIO_PIN_RESET
#define SW_PORT    GPIOC
#define SW_PIN     GPIO_PIN_13
#define SW_OFF     GPIO_PIN_SET
#define SW_ON      GPIO_PIN_RESET

char GetSwitch(void);
void ShowCount(void);

volatile int time_count=0;

//state
#define SET   0
#define RUN   1
#define STOP  2

char State=RUN;

void SystemClock_Config(void);
static void MX_GPIO_Init(void);
static void MX_IWDG_Init(void);

void ShowCount()
{
  char str[9];
  static int lastval=-1;
  int val=time_count/10;
  int ms, sec, min;
  if(lastval==val)
    return;
  lastval=val;

  ms=val%100;
  sec=(val/100)%60;
  min=(val/6000);
  sprintf(str, "%02d:%02d:%02d", min, sec, ms);
  LcdXy(0, 1);  //goto 2nd line
  LcdPuts(str);
}

char GetSwitch()
{
  if(HAL_GPIO_ReadPin(SW_PORT, SW_PIN)==SW_ON){
    HAL_GPIO_WritePin(LED_PORT, LED_PIN, LED_ON);
    return 1;
  }else{
    HAL_GPIO_WritePin(LED_PORT, LED_PIN, LED_OFF);
    return 0;
  }
}

int main(void)
{
  HAL_Init();

  SystemClock_Config();

  MX_GPIO_Init();
  MX_IWDG_Init();

  HAL_IWDG_Start(&hiwdg);
  LcdInit();
  LcdDisplayMode(1, 0, 0);
  State=RUN;
  time_count=0;
  LcdPuts((char *)"Watch Dog test.");
  ShowCount();

  while (1)
  {
    if(GetSwitch())
      HAL_IWDG_Refresh(&hiwdg);
    ShowCount();
  }
}

/* IWDG init function */
void MX_IWDG_Init(void)
{
  hiwdg.Instance = IWDG;
  hiwdg.Init.Prescaler = IWDG_PRESCALER_32;
  hiwdg.Init.Reload = 4095;
  HAL_IWDG_Init(&hiwdg);
}
```

ここでは，WDT の動作を確認するために，ストップ・ウォッチのプログラムを修正して常に時間をカウントするプログラムにします．

通常状態では WDT を再設定しないため，WDT が一定時間後に CPU をリセットするのでストップ・ウォッチは数秒間隔でリセットされます．

プッシュ・スイッチ押すと WDT の再設定を行うようにしています．スイッチを押し続けること，すなわち再ロードし続けることでシステムが正常に動作することが LCD のカウント表示で確認できます．

Nucleo 版

STM32F103 には WDT のモジュールとして，IWDG（Independent Watchdog）というモジュールを内蔵しています．

IWDG ではプリスケーラ・レジスタ IWDG_PR と再ロード・レジスタ IWDG_RLR でタイムアウト時間を設定することができます．表 17-1 は，プリスケーラ・レジスタの PR[2:0] ビットと再ロード・レジスタ RL[11:0] ビットの組み合わせで利用可能なタイムアウト時間の一覧です．

STM32CubeMX の設定

STM32CubeMX では IWDG の設定ができます．図 17-3～図 17-5 に STM32CubeMX の IWDG の設定を示します．STM32CubeMX の「pinout」タブを開くと「Peripherals」のツリーに IWDG があるので，このツリーを開いて図 17-3 のように IWDG の「Activated」にチェックを入れて IWDG を有効にします．

表 17-1[1]　ウォッチ・ドッグ・タイムアウト時間（40kHz 入力時）

プリスケーラ分周比	PR[2:0]ビット	タイムアウト最小値(ms) RL[11:0]=000h	タイムアウト最大(ms) RL[11:0]=FFFh
/4	0	0.1	409.6
/8	1	0.2	819.2
/16	2	0.4	1638.4
/32	3	0.8	3276.8
/64	4	1.6	6553.6
/128	5	3.2	13107.2
/256	6（または7）	6.4	26214.4

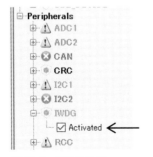

図 17-3　WDT の設定

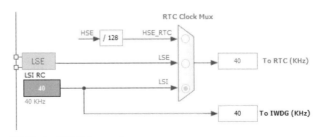

図 17-4　WDT のクロック

図17-5 IWDGの設定

IWDGを有効にすると,「Clock Configuration」タブのWDTのクロック設定がグレー表示から図17-4のような通常の表示に変わります.この図の通り,IWDGはシステム・クロックとは独立した内部クロックで動作しています.

IDWGを有効にしたら「Configuration」タブのIWDGを開き,図17-5のように設定を変更します.この設定では,プリスケーラを32分の1,リロード値を4095（FFFh）に設定しています.表17-1からWDTのタイムアウト時間を調べると,3276.8msで約3.3秒でタイムアウトすることが分かります.

リスト17-1は,STM32F103のWDTテスト・プログラムです.実際にプログラムを動作させると,4秒弱でリセットがかかることが確認できます.

PIC16F版

PIC16F1789では,コンフィグレーション・レジスタでWDTの有効/無効を設定が可能です.このビットは無効にした場合でも,ソフトウェアでWDTを有効にすることができます.

図17-7はPIC16F1789のWDTのブロック図です.LFINTOSCはWDT用の内部クロック発振器です.WDTE（Watchdog Timer Enable）ビットの設定により,WDTをソフトウェアで有効にしたりスリープ時にも有効にしたりすることができます.

ソフトウェアでのWDTの有効/無効の設定と,タイムアウト時間は,WDTCON（Watchdog Timer Control）レジスタで設定することができます.WDTCONレジスタのWDTPS（WDT Period Select）ビットを表17-2に示します.このプログラムでは,WDTPSビットに01100を設定して,約4秒でタイムアウトするようにしています.

PIC16F1789でのWDTの再設定はCLRWDT命令で行います.XC8の場合は,CLRWDT()関数を呼び出すとWDTの再設定を行うことができます.

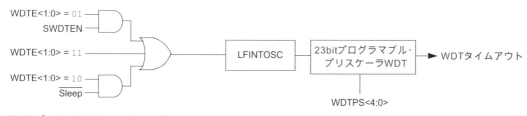

図17-6[2] PIC16F1789のWDTのブロック図

表 17-2[2]　WDTCON レジスタのビット 5~1 の WDTPS ビットの値

ビット値（WDTPS<5:1>）	分周比（プリスケール・レート）	インターバル（平均）
11111	予約．最小値（1:32）と同じ．	
:	:	
10011	予約．最小値（1:32）と同じ．	
10010	1:8388608（2^{23}）	256s
10001	1:4194304（2^{22}）	128s
10000	1:2097152（2^{21}）	64s
01111	1:1048576（2^{20}）	32s
01110	1:524288（2^{19}）	16s
01101	1:262144（2^{18}）	8s
01100	1:131072（2^{17}）	4s
01011	1:65536	2s（リセット値）
01010	1:32768	1s
01001	1:16384	512ms
01000	5.730555556	256ms
00111	2.886111111	128ms
00110	1.463888889	64ms
00101	0.752777778	32ms
00100	0.397222222	16ms
00011	0.219444444	8ms
00010	0.130555556	4ms
00001	0.086111111	2ms
00000	0.063888889	1ms

Code Configurator の設定

コンフィグレーション・レジスタの設定は Code Configurator で設定することができます．Code Configurator で「System」設定を開き，画面下側の「Generate Configuration Bits」の設定を図 17-7 のように「WDT enabled」にすると，WDT を有効にすることができます．

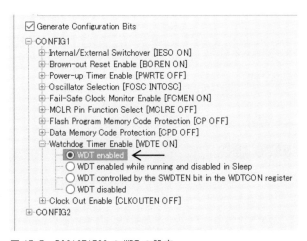

図 17-7　PIC16F1789 の WDT の設定

リスト17-2 watch_dog の mcc.c (PIC16F1789)

```
// CONFIG1
#pragma config IESO = ON        // Internal/External Switchover->Internal/External Switchover mode is enabled
#pragma config BOREN = ON       // Brown-out Reset Enable->Brown-out Reset enabled
#pragma config PWRTE = OFF      // Power-up Timer Enable->PWRT disabled
#pragma config FOSC = INTOSC    // Oscillator Selection->INTOSC oscillator: I/O function on CLKIN pin
#pragma config FCMEN = ON       // Fail-Safe Clock Monitor Enable->Fail-Safe Clock Monitor is enabled
#pragma config MCLRE = OFF      // MCLR Pin Function Select->MCLR/VPP pin function is digital input
#pragma config CP = OFF         // Flash Program Memory Code Protection->Program memory code protection is disabled
#pragma config CPD = OFF        // Data Memory Code Protection->Data memory code protection is disabled
#pragma config WDTE = ON        // Watchdog Timer Enable->WDT enabled
#pragma config CLKOUTEN = OFF   // Clock Out Enable->CLKOUT function is disabled. I/O or oscillator function on the CLKOUT pin

// CONFIG2
#pragma config WRT = OFF        // Flash Memory Self-Write Protection->Write protection off
#pragma config LPBOR = OFF      // Low Power Brown-Out Reset Enable Bit->Low power brown-out is disabled
#pragma config VCAPEN = OFF     // Voltage Regulator Capacitor Enable bit->Vcap functionality is disabled on RA6.
#pragma config LVP = OFF        // Low-Voltage Programming Enable->High-voltage on MCLR/VPP must be used for programming
#pragma config STVREN = ON      // Stack Overflow/Underflow Reset Enable->Stack Overflow or Underflow will cause a Reset
#pragma config PLLEN = ON       // PLL Enable->4x PLL enabled
#pragma config BORV = LO        // Brown-out Reset Voltage Selection->Brown-out Reset Voltage (Vbor), low trip point selected.

#include "mcc.h"

void SYSTEM_Initialize(void) {
    OSCILLATOR_Initialize();
    PIN_MANAGER_Initialize();
    ADC_Initialize();
    DAC1_Initialize();
    EUSART_Initialize();
    SPI_Initialize();
    TMR1_Initialize();
    TMR0_Initialize();
    TMR2_Initialize();
    PWM1_Initialize();
    FVR_Initialize();
}

void OSCILLATOR_Initialize(void) {
    // SPLLEN disabled; SCS INTOSC; IRCF 16MHz_HF;
    OSCCON = 0x7A;
    // OSTS intosc; HFIOFR disabled; HFIOFS not0.5percent_acc; PLLR disabled; T1OSCR disabled;
    // MFIOFR disabled; HFIOFL not2percent_acc; LFIOFR disabled;
    OSCSTAT = 0x00;
    // TUN 0x0;
    OSCTUNE = 0x00;
    // Set the secondary oscillator
}
```

この設定で Generate を行った結果が，**リスト17-2** の mcc.c です．

```
#pragma config WDTE = ON        // Watchdog Timer Enable->WDT enabled
```

のように，WDT が ON になっていることが分かります．
PIC16F1789 の WDT のテスト・プログラムを**リスト17-2** と**リスト17-3** に示します．

LPCXpresso 版

リスト17-4 は，LPC1347 の WDT のテスト・プログラムです．LPC1347 には，WWDT (Windowed Watchdog Timer) という WDT が内蔵されています．

WWDT はシステム・クロックの監視などもできる高機能な内蔵モジュールですが，基本機能の部分は同じになっており，WDT の設定時間を経過するとシステムをリセットすることができます．

リスト17-3 watch_dogのmain.c (PIC16F1789)

```c
volatile int time_count=0;

//state
#define SET    0
#define RUN    1
#define STOP   2

#define LED0    RB2
#define PUSH_SW RA3
#define LED_ON  1
#define LED_OFF 0

char State=RUN;

char GetSwitch()
{
  if(PUSH_SW==1){
    return 0;
  }else{
    return 1;
  }
}

void ShowCount()
{
  char str[9];
  static int lastval=-1;
  int val=time_count/10;
  int ms, sec, min;
  if(lastval==val)
    return;
  lastval=val;
  ms=val%100;
  sec=(val/100)%60;
  min=(val/6000);
  sprintf(str, "%02d:%02d:%02d", min, sec, ms);
  LcdXy(0, 1);  //goto 2nd line
  LcdPuts(str);
}

void main(void) {
  SYSTEM_Initialize();
  WDTCON=0x19;  //WDT Enabled  (4s)

  INTERRUPT_GlobalInterruptEnable();

  INTERRUPT_PeripheralInterruptEnable();

  LcdInit();
  LcdDisplayMode(1, 0, 0);
  State=RUN;
  time_count=0;
  LcdPuts((char *)"Watch Dog test.");
  ShowCount();
  while(1){
    if(GetSwitch()){
      if(GetSwitch())
        CLRWDT();
    }
    ShowCount();
  }
}
```

LPCOpenにはWWDTのサポート関数があるので，このプログラムではこのサポート関数を使用しています．WWDTのサポート関数では，次のものを使用しています．

- Chip_WWDT_Init()　　　　　　　WWDTの初期化
- Chip_Clock_GetWDTOSCRate()　　WDTクロック周波数の取得
- Chip_WWDT_SelClockSource()　　WWDTのクロック・ソースの設定
- Chip_WWDT_SetTimeOut()　　　　WWDTのタイムアウト時間の設定
- Chip_WWDT_SetOption()　　　　　WWDTのオプションの設定
- Chip_WWDT_ClearStatusFlag()　　WWDTのステータス・フラグのクリア
- Chip_WWDT_Start()　　　　　　　WWDTの開始
- Chip_WWDT_Feed()　　　　　　　WWDTの再設定

WWDTは内蔵クロックで動作します．LPC1347にはWDT用のプリスケーラはありませんが，タイマは24bitあるのでかなり長い時間の設定が可能になっています．

このプログラムでは，タイマにクロック周波数の2倍の値をセットしているので，タイムアウト時間は2秒となります．タイマの再設定はChip_WWDT_Feed()で行っています．

リスト17-4　watch_dogのmain.c（LPC1347）

```c
volatile uint32_t msCnt=0;
const uint32_t OscRateIn = 12000000;
volatile uint32_t time_count=0;

//state
#define SET     0
#define RUN     1
#define STOP    2
char State=RUN;

#define LED_PORT  0
#define LED_PIN   7
#define LED_ON    true
#define LED_OFF   false
#define GPIO_IN   0
#define GPIO_OUT  1
#define SW_PORT   0
#define SW_PIN    2

char GetSwitch()
{
  if(Chip_GPIO_GetPinState(
          LPC_GPIO_PORT, SW_PORT, SW_PIN)){
    return 0;
  }else{
    return 1;
  }
}

void ShowCount()
{
  char str[9];
  static int lastval=-1;
  int val=time_count/10;
  int ms, sec, min;
  if(lastval==val)
    return;
  lastval=val;

  ms=val%100;
  sec=(val/100)%60;
  min=(val/6000);
  sprintf(str, "%02d:%02d:%02d", min, sec, ms);
  LcdXy(0, 1);  //goto 2nd line
  LcdPuts(str);
}

int main(void)
{
  uint32_t wdtFreq;
  SystemCoreClockUpdate();
  SysTick_Config(SystemCoreClock / 1000);

  Chip_WWDT_Init(LPC_WWDT);

  Chip_SYSCTL_PowerUp(SYSCTL_POWERDOWN_WDTOSC_PD);
  Chip_Clock_SetWDTOSC(WDTLFO_OSC_1_05, 20);

  wdtFreq = Chip_Clock_GetWDTOSCRate() / 4;
  Chip_WWDT_SelClockSource(LPC_WWDT, WWDT_CLKSRC_WATCHDOG_WDOSC);
  Chip_WWDT_SetTimeOut(LPC_WWDT, wdtFreq * 2);
  Chip_WWDT_SetOption(LPC_WWDT, WWDT_WDMOD_WDRESET);
  Chip_WWDT_ClearStatusFlag(LPC_WWDT, WWDT_WDMOD_WDTOF | WWDT_WDMOD_WDINT);
  Chip_WWDT_Start(LPC_WWDT);

  GpioInit();
  LcdInit();
  LcdDisplayMode(1, 0, 0);
  State=RUN;
  time_count=0;
  LcdPuts((char *)"Watch Dog Test.");

  ShowCount();

  while(1){
    if(GetSwitch()){
      Chip_WWDT_Feed(LPC_WWDT);
    }
    ShowCount();
  }
  return 0;
}
```

第18章 時計機能の使い方

マイコンで時計機能を使いたい場合がよくあります．インターバル・タイマを使う方法もありますが，内蔵モジュールにリアルタイム・クロック（RTC）モジュールがあると簡単に時計機能を実現できます．RTC はバッテリ・バックアップで使用することが多いため，32.768kHz の時計用水晶振動子を外付けする仕様になっているものが多いようです．

本書で取り上げているマイコン・ボードでは，NUCLEO-F072RB と LPCXpresso LPC1769 はどちらもマイコンに RTC を内蔵し，ボード上に時計用の水晶振動子を持っています．STM32F103 も RTC を内蔵していますが，原稿執筆時に購入した NUCLEO-F103RB には時計用の水晶振動子が実装されていませんでした．

ここでは，この2種類のマイコン・ボードを使用して簡単な時計のサンプルを紹介します．なお，後日購入した NUCLEO-F103RB には時計用水晶振動子が実装されていましたので付属 DVD-ROM にプロジェクトを収録しました．

Nucleo 版

NUCLEO-F072RB の RTC を使用するために，まず STM32CubeMX で図 18-1 のようにピンの設定を行います．

ピンの設定は，STM32F103 の場合とほとんど同じですが，PC14 と PC15 のピンをそれぞれ「RCC_OSC_32_IN」と「RCC_OSC_32_OUT」に設定し，外部水晶振動子が有効になるようにします．また，「Peripherals」の「RCC」と「RTC」は，図 18-1 のように設定します．

クロックの設定では図 18-2 のように RTC に外部クロックの 32.768kHz を使用するようにします．これで RTC が使用可能になるので「Generate Code」を実行してプロジェクトを作成します．

リスト 18-1 は作成したプログラムです．このプログラムでは，LCD の 2 行目に時間を表示するようにしています．時計の設定は SW0～SW2 を使用します．SW0 と SW1 はそれぞれ長押しすると，それぞれ時間と分がインクリメントされるので，設定したい時間になったらスイッチを放します．

SW2 は秒のリセットです．00 秒になるタイミングでスイッチを押します．

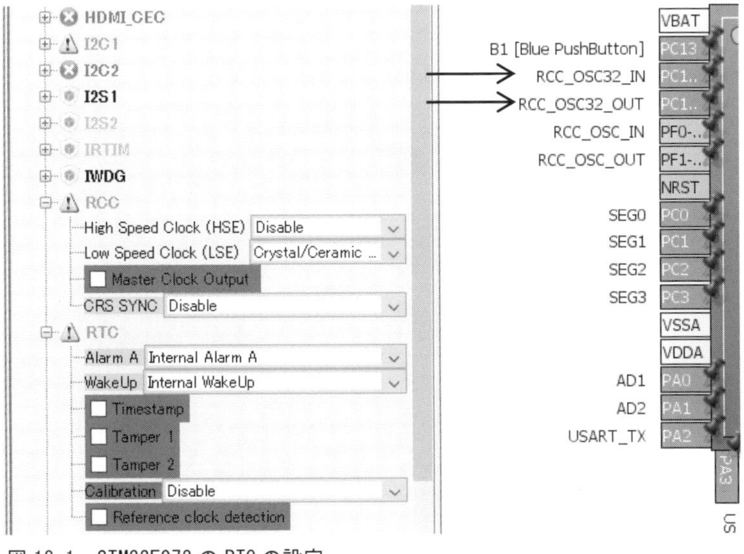

図 18-1 STM32F072 の RTC の設定

写真18-1にNUCLEO-F072RBのMPUトレーナを使用して，リアルタイム・クロックを動作しているようすを示します．

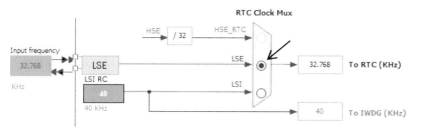

図18-2　RTCのクロック設定

リスト18-1　realtime_clockのmain.c（STM32F072）

```
RTC_HandleTypeDef hrtc;

#define  SW_PORT        GPIOA
#define  SW_PIN_0       GPIO_PIN_10
#define  SW_PIN_1       GPIO_PIN_11
#define  SW_PIN_2       GPIO_PIN_12
#define  SW_OFF         GPIO_PIN_SET
#define  SW_ON          GPIO_PIN_RESET
#define  SW_HOUR        0x04
#define  SW_MIN         0x02
#define  SW_SEC         0x01
#define  SW_NONE        0x00

#define  INC_DELAY   500     //0.5sec

int GetSwitch()
{
  int sw=SW_NONE;
  if(HAL_GPIO_ReadPin(SW_PORT, SW_PIN_0)==SW_ON){
    sw|=SW_HOUR;
  }
  if(HAL_GPIO_ReadPin(SW_PORT, SW_PIN_1)==SW_ON){
    sw|=SW_MIN;
  }
  if(HAL_GPIO_ReadPin(SW_PORT, SW_PIN_2)==SW_ON){
    sw|=SW_SEC;
  }
  return sw;
}

RTC_TimeTypeDef cTime;

void GetTime()
{
  RTC_DateTypeDef sdatestructureget;

  /* Get the RTC current Time */
  HAL_RTC_GetTime(&hrtc, &cTime, FORMAT_BIN);
  /* Get the RTC current Date */
  HAL_RTC_GetDate(&hrtc, &sdatestructureget, FORMAT_BIN);
}

void SetTime()
{
  HAL_RTC_SetTime(&hrtc, &cTime, FORMAT_BIN);
}

void ShowTime()
{
  char str[17];
  sprintf(str, "%02d:%02d:%02d", cTime.Hours, cTime.Minutes, cTime.Seconds);
  LcdXy(0, 1);
  LcdPuts(str);
}

int main(void)
{
  int sw;
  int hour, min;

  HAL_Init();

  SystemClock_Config();

  MX_GPIO_Init();
  MX_RTC_Init();

  LcdInit();
  LcdDisplayMode(1, 0, 0);
  LcdPuts("Realtime Clock");
  GetTime();
  ShowTime();

  while (1)
  {
    sw=GetSwitch();
    if(sw==SW_SEC){
      GetTime();
      cTime.Seconds=0;
      SetTime();
      ShowTime();
      while(GetSwitch()==SW_SEC){
        GetTime();
        ShowTime();
        delay_ms(100);
      }
    }
    if(sw==SW_MIN){
      while(sw==SW_MIN){
        GetTime();
        min=cTime.Minutes+1;
        if(min>=60)
          min=0;
        cTime.Minutes=min;
        SetTime();
```

リスト 18-1　realtime_clock の main.c（STM32F072）（つづき）

```c
      ShowTime();
      delay_ms(INC_DELAY);
      sw=GetSwitch();
    }
  }
  if(sw==SW_HOUR) {
    while(sw==SW_HOUR) {
      GetTime();
      hour=cTime.Hours+1;
      if(hour>=24)
        hour=0;
      cTime.Hours=hour;
      SetTime();
      ShowTime();
      delay_ms(INC_DELAY);
      sw=GetSwitch();
    }
  }
  GetTime();
  ShowTime();
  delay_ms(100);
  }
}

/** System Clock Configuration
*/
void SystemClock_Config(void)
{

  RCC_OscInitTypeDef RCC_OscInitStruct;
  RCC_ClkInitTypeDef RCC_ClkInitStruct;
  RCC_PeriphCLKInitTypeDef PeriphClkInit;

  RCC_OscInitStruct.OscillatorType = RCC_OSCILLATORTYPE_HSI
                                    |RCC_OSCILLATORTYPE_HSI14
                                    |RCC_OSCILLATORTYPE_LSE;
  RCC_OscInitStruct.LSEState = RCC_LSE_ON;
  RCC_OscInitStruct.HSIState = RCC_HSI_ON;
  RCC_OscInitStruct.HSI14State = RCC_HSI14_ON;
  RCC_OscInitStruct.HSICalibrationValue = 16;
  RCC_OscInitStruct.HSI14CalibrationValue = 16;
  RCC_OscInitStruct.PLL.PLLState = RCC_PLL_ON;
  RCC_OscInitStruct.PLL.PLLSource = RCC_PLLSOURCE_HSI;
  RCC_OscInitStruct.PLL.PLLMUL = RCC_PLL_MUL12;
  RCC_OscInitStruct.PLL.PREDIV = RCC_PREDIV_DIV2;
  HAL_RCC_OscConfig(&RCC_OscInitStruct);

  RCC_ClkInitStruct.ClockType = RCC_CLOCKTYPE_SYSCLK;
  RCC_ClkInitStruct.SYSCLKSource = RCC_SYSCLKSOURCE_PLLCLK;
  RCC_ClkInitStruct.AHBCLKDivider = RCC_SYSCLK_DIV1;
  RCC_ClkInitStruct.APB1CLKDivider = RCC_HCLK_DIV1;
  HAL_RCC_ClockConfig(&RCC_ClkInitStruct, FLASH_LATENCY_1);

  PeriphClkInit.PeriphClockSelection = RCC_PERIPHCLK_USART2
                                      |RCC_PERIPHCLK_I2C1
                                      |RCC_PERIPHCLK_RTC;
  PeriphClkInit.Usart2ClockSelection = RCC_USART2CLKSOURCE_PCLK1;
  PeriphClkInit.I2c1ClockSelection = RCC_I2C1CLKSOURCE_HSI;
  PeriphClkInit.RTCClockSelection = RCC_RTCCLKSOURCE_LSE;
  HAL_RCCEx_PeriphCLKConfig(&PeriphClkInit);

  HAL_SYSTICK_Config(HAL_RCC_GetHCLKFreq()/1000);

  HAL_SYSTICK_CLKSourceConfig(SYSTICK_CLKSOURCE_HCLK);

}

/* RTC init function */

void MX_RTC_Init(void)
{

  RTC_TimeTypeDef sTime;
  RTC_DateTypeDef sDate;
  RTC_AlarmTypeDef sAlarm;

  /**Initialize RTC and set the Time and Date
  */
  hrtc.Instance = RTC;
  hrtc.Init.HourFormat = RTC_HOURFORMAT_24;
  hrtc.Init.AsynchPrediv = 127;
  hrtc.Init.SynchPrediv = 255;
  hrtc.Init.OutPut = RTC_OUTPUT_DISABLE;
  hrtc.Init.OutPutPolarity = RTC_OUTPUT_POLARITY_HIGH;
  hrtc.Init.OutPutType = RTC_OUTPUT_TYPE_OPENDRAIN;
  HAL_RTC_Init(&hrtc);

  sTime.Hours = 0;
  sTime.Minutes = 0;
  sTime.Seconds = 0;
  sTime.SubSeconds = 0;
  sTime.TimeFormat = RTC_HOURFORMAT12_AM;
  sTime.DayLightSaving = RTC_DAYLIGHTSAVING_NONE;
  sTime.StoreOperation = RTC_STOREOPERATION_RESET;
  HAL_RTC_SetTime(&hrtc, &sTime, FORMAT_BIN);

  sDate.WeekDay = RTC_WEEKDAY_MONDAY;
  sDate.Month = RTC_MONTH_JANUARY;
  sDate.Date = 1;
  sDate.Year = 0;
  HAL_RTC_SetDate(&hrtc, &sDate, FORMAT_BIN);

  /**Enable the Alarm A
  */
  sAlarm.AlarmTime.Hours = 0;
  sAlarm.AlarmTime.Minutes = 0;
  sAlarm.AlarmTime.Seconds = 0;
  sAlarm.AlarmTime.SubSeconds = 0;
  sAlarm.AlarmTime.TimeFormat = RTC_HOURFORMAT12_AM;
  sAlarm.AlarmTime.DayLightSaving = RTC_DAYLIGHTSAVING_NONE;
  sAlarm.AlarmTime.StoreOperation = RTC_STOREOPERATION_RESET;
  sAlarm.AlarmMask = RTC_ALARMMASK_NONE;
  sAlarm.AlarmSubSecondMask = RTC_ALARMSUBSECONDMASK_ALL;
  sAlarm.AlarmDateWeekDaySel = RTC_ALARMDATEWEEKDAYSEL_DATE;
  sAlarm.AlarmDateWeekDay = 1;
  sAlarm.Alarm = RTC_ALARM_A;
  HAL_RTC_SetAlarm(&hrtc, &sAlarm, FORMAT_BIN);

  /**Enable the WakeUp
  */
  HAL_RTCEx_SetWakeUpTimer(&hrtc, 0, RTC_WAKEUPCLOCK_RTCCLK_DIV16);
}
```

写真18-1　プログラムの実行結果（STM32F072）

LPCXpresso 版

NUCLEO-F072RBと同様に，LPCXpresso LPC1769はマイコン内部にRTCを内蔵し，時計用水晶振動子も実装しています．

初めて LPCXpresso LPC1769 を使用する場合は，LPCXpresso LPC1347 の場合と同様に lpcopen_2_10_lpcxpresso_nxp_lpcxpresso_1769.zip （LPCOpen ソフトウェア・パッケージ）をインポートします（図18-3）．

lpcopen_2_10_lpcxpresso_nxp_lpcxpresso_1769.zip には，ボードのライブラリ Board Library とチップのライブラリ Chip Library のを含んでいるので，最低限，以下のライブラリはインポートします．

- lpc_board_nxp_lpcxpresso_1769
- lpc_chip_175x_6x

リスト18-2に，LPC1769のリアルタイム・クロックのプログラムを示します．

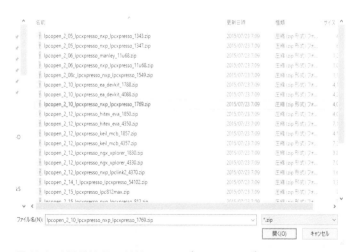

図18-3　LPC1769用のLPCOpenライブラリのインポート

LCDのライブラリは，LPC1347で使用したものを流用しています．また，GPIOの初期化もLPC1347で作成したものをLPC1769用に変更しています．LPCOpenでは，<u>GPIOの初期化の構造体の要素名がLPC1347とLPC1769とでは異なっているので注意が必要です</u>．

　プログラムの流れはSTM32F072と同じで，時刻設定のSetTime()では，LPCOpenライブラリ関数Chip_RTC_SetFullTime(LPC_RTC, &curTime)に，時刻取得のGetTime()ではLPCOpenライブラリ関数Chip_RTC_GetFullTime(LPC_RTC, &curTime)にRTC_TIME_T型の構造体のポインタを渡して呼び

リスト18-2　realtime_clockのmain.c（LPC1769）

```
#define SW_HOUR   0x04
#define SW_MIN    0x02
#define SW_SEC    0x01
#define SW_NONE   0x00
#define INC_DELAY 500     //0.5sec

RTC_TIME_T curTime;

int GetSwitch()
{
  int sw=SW_NONE;
  if(!ReadBit(enSW0)){
    sw|=SW_HOUR;
  }
  if(!ReadBit(enSW1)){
    sw|=SW_MIN;
  }
  if(!ReadBit(enSW2)){
    sw|=SW_SEC;
  }
  return sw;
}

void GetTime()
{
  Chip_RTC_GetFullTime(LPC_RTC, &curTime);
}

void SetTime()
{
  Chip_RTC_SetFullTime(LPC_RTC, &curTime);
}

void ShowTime()
{
  char str[17];
  sprintf(str, "%02d:%02d:%02d", curTime.time[RTC_TIMETYPE_HOUR],
   curTime.time[RTC_TIMETYPE_MINUTE], curTime.time[RTC_TIMETYPE_SECOND]);
  LcdXy(0, 1);
  LcdPuts(str);
}

int main(void)
{
  int sw, min, hour;

  SystemCoreClockUpdate();
  SysTick_Config(SystemCoreClock / 1000);
  Board_Init();
  GpioInit();
  LcdInit();
  LcdDisplayMode(1, 0, 0);
  LcdPuts("Realtime Clock");
  Chip_RTC_Init(LPC_RTC);

  //Set Default
  curTime.time[RTC_TIMETYPE_SECOND]     = 0;
  curTime.time[RTC_TIMETYPE_MINUTE]     = 0;
  curTime.time[RTC_TIMETYPE_HOUR]       = 12;
  curTime.time[RTC_TIMETYPE_DAYOFMONTH] = 1;
  curTime.time[RTC_TIMETYPE_DAYOFWEEK]  = 1;
  curTime.time[RTC_TIMETYPE_DAYOFYEAR]  = 1;
  curTime.time[RTC_TIMETYPE_MONTH]      = 1;
  curTime.time[RTC_TIMETYPE_YEAR]       = 2015;

  Chip_RTC_SetFullTime(LPC_RTC, &curTime);
  Chip_RTC_Enable(LPC_RTC, ENABLE);

  while(1){
    sw=GetSwitch();
    if(sw==SW_SEC){
      GetTime();
      curTime.time[RTC_TIMETYPE_SECOND]=0;
      SetTime();
      ShowTime();
      while(GetSwitch()==SW_SEC){
        GetTime();
        ShowTime();
        delay_ms(100);
      }
    }
    if(sw==SW_MIN){
      while(sw==SW_MIN){
        GetTime();
        min=curTime.time[RTC_TIMETYPE_MINUTE]+1;
        if(min>=60)
          min=0;
        curTime.time[RTC_TIMETYPE_MINUTE]=min;
        SetTime();
        ShowTime();
        delay_ms(INC_DELAY);
        sw=GetSwitch();
      }
    }
    if(sw==SW_HOUR){
      while(sw==SW_HOUR){
        GetTime();
        hour=curTime.time[RTC_TIMETYPE_HOUR]+1;
        if(hour>=24)
          hour=0;
        curTime.time[RTC_TIMETYPE_HOUR]=hour;
        SetTime();
        ShowTime();
        delay_ms(INC_DELAY);
        sw=GetSwitch();
      }
    }
    GetTime();
    ShowTime();
    delay_ms(100);
  }
}
```

出しているだけです.

時計の操作は，NUCLEO-F072RBの場合とまったく同じです.

写真18-2は，LPCXpresso LPC1769とMPUトレーナでリアルタイム・クロックを動作させているようすです.

写真18-2　プログラムの実行結果（LPC1769）

第19章 タッチ・センサの使い方

タッチ・センサは人間が指で触れるとそれを感知するセンサです.比較的新しいエレベータのボタンなどでよく見かけます.メカニカルなスイッチと比べ故障しにくく,軽く触るだけでよいので操作性がよいという点でよく利用されています.

タッチ・センサの多くは容量センサを使用しています.これは,人間の体がコンデンサとなっているため,指でセンサに触れたときにその容量が変化することを利用しています.

ここでは,STM32F072やPIC16F1939を使った容量センサ・テスト・プログラムを紹介します.

Nucleo 版

STM32F072 の容量センサ・モジュール TSC の仕組み

図 19-1 は,STM32F072 の容量センサ・モジュール (TSC モジュール) のブロック図です.STM32F072 の容量センサ・モジュールは図 19-2 のように,外部に接続した容量のコンデンサ C_S を使用して容量の測定を行います.

図の C_S は固定容量のコンデンサで C_X はタッチ・センサでの外部容量です.人がこのセンサに触れると C_X の容量が変化します.実際の測定の流れは次のようになります.

1. C_S と C_X の出力ピンを使い,C_S と C_X を放電させる.
2. C_X を High にして,C_X をチャージする.
3. C_X と C_S の入力ピンをショートして,C_X から C_S をチャージする.
4. C_S の電圧を測定する.

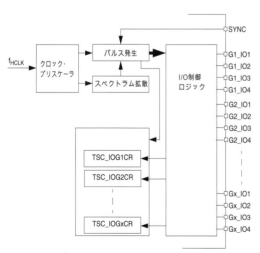

図 19-1[12]　STM32F072 の TSC モジュール

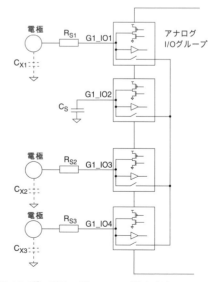

図 19-2[12]　TSC モジュールの測定方法

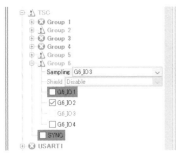
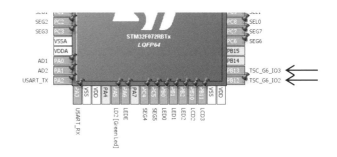

図 19-3　STM32CubeMX の TSC の設定

　C_X の容量によって 4 で測定される C_S の電圧が変化するため，この電圧を測定することで，C_X の容量を調べることができます．

STM32CubeMX の設定とプログラムの動作

　リスト 19-1 は，NUCLEO-F072RB と MPU トレーナを使った，タッチ・センサのプログラムです．図 19-3 は，このプログラムのための，STM32CubeMX の設定画面です．

　図のように，TSC モジュールはグループ 6 を使用して，PB12 と PB13 の二つを TSC 用に使用します．また，「Pinout」ツリーのように PB13 の TSC_G6_IO3 をサンプリング用に使用して，PB12 の TSC_G6_IO3 を測定用に使用します．

　写真 19-1 はプログラムの実行中の画面です．PB13 は NUCLEO-F072RB の CN10 の 30 ピンになっています．写真ではブレッド・ボードを使用して，C_S として 0.047μF のコンデンサを GND の間に接続しています．このプログラムでは動作確認用として LCD に測定結果の値を表示し，MPU トレーナの TPAD に触れると LED0 が点灯するようになっています．

　TSC モジュールを使った測定は，リストの①～②までとなっています．測定結果は HAL_TSC_GroupGetValue() で取得して，値がある値以下のときは LED を点灯するようになっています．

　測定値のスレッショルドは実際にタッチ・センサに触れたときと触れないときの値で，適当な値を設定しています．

写真 19-1　プログラムの実行結果

リスト19-1　touch_sensのmain.c (STM32F072)

```c
TSC_HandleTypeDef htsc;

#define TH_VAL    0xA0
#define LED_PORT  GPIOB
#define LED_PIN   GPIO_PIN_0
#define LED_ON    GPIO_PIN_SET
#define LED_OFF   GPIO_PIN_RESET

void SystemClock_Config(void);
static void MX_GPIO_Init(void);
static void MX_TSC_Init(void);

#define LedOn()   HAL_GPIO_WritePin(LED_PORT, LED_PIN, LED_ON)
#define LedOff()  HAL_GPIO_WritePin(LED_PORT, LED_PIN, LED_OFF)

int main(void)
{
    uint32_t Value;
    char str[17];

    HAL_Init();

    SystemClock_Config();

    MX_GPIO_Init();
    MX_TSC_Init();

    LcdInit();
    LcdPuts("Touch Sens");

    while (1)
    {
        HAL_TSC_IODischarge(&htsc, ENABLE);      //①
        delay_ms(1);
        HAL_TSC_Start(&htsc);
        while (HAL_TSC_GetState(&htsc) == HAL_TSC_STATE_BUSY);
        __HAL_TSC_CLEAR_FLAG(&htsc, (TSC_FLAG_EOA | TSC_FLAG_MCE));
        if (HAL_TSC_GroupGetStatus(&htsc, TSC_GROUP6_IDX) == TSC_GROUP_COMPLETED)
        {
            Value = HAL_TSC_GroupGetValue(&htsc, TSC_GROUP6_IDX);    //②
            sprintf(str, "%02X", Value);
            if(Value<TH_VAL)
                LedOn();
            else
                LedOff();
            LcdXy(0, 1);
            LcdPuts(str);
            delay_ms(100);
        }
    }
}
/* TSC init function */
void MX_TSC_Init(void)
{
    /**Configure the TSC peripheral
    */
    htsc.Instance = TSC;
    htsc.Init.CTPulseHighLength = TSC_CTPH_2CYCLES;
    htsc.Init.CTPulseLowLength = TSC_CTPL_2CYCLES;
    htsc.Init.SpreadSpectrum = DISABLE;
    htsc.Init.PulseGeneratorPrescaler = TSC_PG_PRESC_DIV64;
    htsc.Init.MaxCountValue = TSC_MCV_255;
    htsc.Init.IODefaultMode = TSC_IODEF_OUT_PP_LOW;
    htsc.Init.AcquisitionMode = TSC_ACQ_MODE_NORMAL;
    htsc.Init.ChannelIOs = TSC_GROUP6_IO2;
    htsc.Init.SamplingIOs = TSC_GROUP6_IO3|TSC_GROUP1_IO1;
    HAL_TSC_Init(&htsc);
}
```

PIC16F 版

PIC16F1939 の容量センサ・モジュール CPS の仕組み

図 19-4 は，PIC16F1939 の容量センサ・モジュール（CPS モジュール）のブロック図です．PIC16F1939 の容量センサ・モジュールは，STM32F072 の TSC モジュールと若干動作が異なります．

PIC16F1939 の容量センサ・モジュールには，CPSOSC（Capacitive Sensing Oscillator）と呼ばれる発振回路が内蔵されています．CPSON を有効にするとこの発振回路が発振を行います．

この発振回路にはタッチ・センサのピンを接続することができ，設定したピンに人が触れると発振回路のコンデンサの容量が変化し発振周波数が変化します．この周波数の変化を測定すればタッチ・センサに触れたかどうかを検知することができます．

CPSOSC の出力は Timer1 のクロックとして使用できるので，周波数カウンタと同じ要領で，一定時間にカウンタがどのくらい変化するかを調べれば，タッチ・センサとして使用することができます．

図 19-5 は Code Configurator での Timer1 の設定画面です．図のように，「Clock Source」を「Cap Sense」に設定し，「Prescaler」を「1:1」に設定しています．

本書執筆時の Code Configurator には CPS モジュールはありません．そこで，GPIO の設定ではタッチ・パッド（TPAD）のピンは設定しないようにしています．MPU トレーナのタッチ・パッドは，38 ピンの RB5 に接続されているので，このピンは GPIO には設定していません．

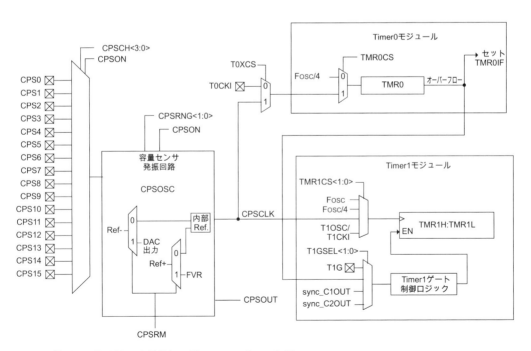

図 19-4[11]　PIC16F1939 の容量検知モジュールのブロック図

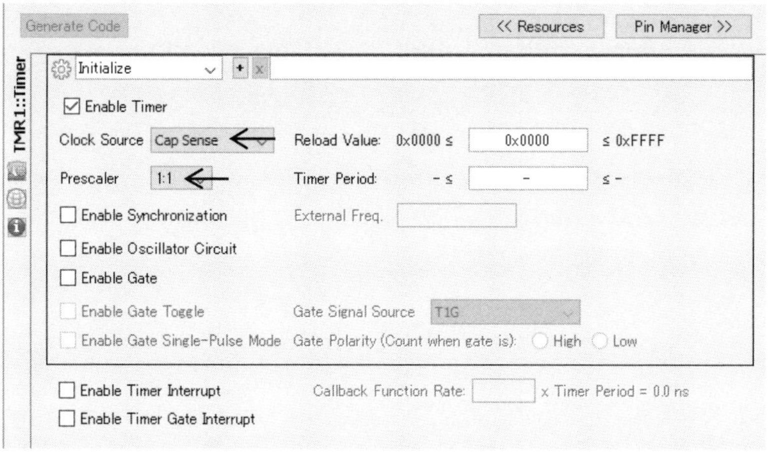

図 19-5 Timer1 の設定

プログラムの動作

リスト 19-2 は，PIC16F1939 と MPU トレーナを使ったタッチ・センサのプログラムです．

プログラム・ソースの①でタッチ・センサの初期化を行っています．実際の関数 InitCapSens()は②からです．この中の CPSON=1 でタッチ・センサの発振回路を有効にしています．

MPU トレーナの TPAD は CPS5 に接続されているので，CPSCON1 を 5 に設定しています．CPSRNG0 と CPSRNG1 は，発振周波数のレンジの切り換えで標準値に設定しています．

実際の測定は③の TMR1_StartTimer();からです．Timer1 をスタートさせて，100ms 後にタイマの値を取得しています．取得した値は LCD に表示して，この値が一定周波数以下の場合に LED を点灯させています．STM32F072 の場合と同様に，しきい値は実際に操作した時の値を元に算出しています．

写真 19-2 はプログラムを動作させているときのようすです．写真のように，指で TPAD に触れると LED が点灯していることが分かります．

写真 19-2　プログラムの実行結果

リスト19-2　touch_sens の main.c (PIC16F1939)

```c
#define  LED0    RB2
#define  ON      1
#define  OFF     0
#define  TH_VAL  0x1000

void InitCapSens()          //②
{
    CPSON=1;
    CPSCON1=5;  //CPS5
    CPSRNG0=0;  //mid osc
    CPSRNG1=1;
}

void main(void) {
    uint16_t tim1val;
    char str[17];

    SYSTEM_Initialize();

    INTERRUPT_GlobalInterruptEnable();

    INTERRUPT_PeripheralInterruptEnable();

    InitCapSens();       //①
    LcdInit();
    LcdPuts((char *)"Touch Sens");
    TMR1_StopTimer();
    TMR1_WriteTimer(0);

    while (1) {
        TMR1_StartTimer();      //③
        delay_ms(100);
        tim1val=TMR1_ReadTimer();
        TMR1_StopTimer();
        TMR1_WriteTimer(0);
        if(tim1val>=TH_VAL)
            LED0=OFF;
        else
            LED0=ON;
        sprintf(str, "%04X", tim1val);
        LcdXy(0, 1);//goto 2nd line
        LcdPuts(str);
    }
}
```

第20章 UART の使い方

UART は Universal Asynchronous Receiver Transmitter の略で，調歩同期式（非同期）の送受信装置という意味です．最近のほとんどのマイコンには UART 通信用の通信モジュールが内蔵されています．通信モジュールの名称は多くの場合，UART または USART などとなっています．USART は Universal Synchronous Asynchronous Receiver Transmitter の略で，調歩同期のほか同期式の通信にも使用できる内蔵モジュールという意味です．

UART を使った RS-232 仕様のシリアル通信はマイコンと PC などの外部機器との通信によく利用されます．この通信方式はデバッグ・モニタにもよく利用されます．簡易なマイコンの開発環境ではインサーキット・デバッガが利用できない場合もありますが，RS-232 が使えれば PC 上のターミナル・ソフトウェア（TermLite など．以下，ターミナルと省略）を使って，COM ポート経由でデバッグ中の信号線やレジスタの状態を確認することができます．そのため，このような開発環境の場合は，最初に UART プログラムのデバッグを行ってから実際のプログラム開発を行うことができます．

簡単な UART 通信用関数の作成

ここでは，UART 通信の API として次の関数を作成します．

- char sio_getc()　　　　　UART から 1 文字を取得
- void sio_putc(char)　　　UART で 1 文字を出力
- void sio_puts(char *)　　 UART で文字列を出力

Nucleo 版

STM32F103 には USART1~USART3 の 3 個の USART モジュールが内蔵されています．このうち USART2 は ST-LINK 用マイコンに接続されていて，PC と NUCLEO-F103RB を接続した際に図 20-1 のように仮想 COM ポートとして PC に登録されます．

このポートを使用すると別途ケーブルを接続することなしに UART 通信をテストすることができます．

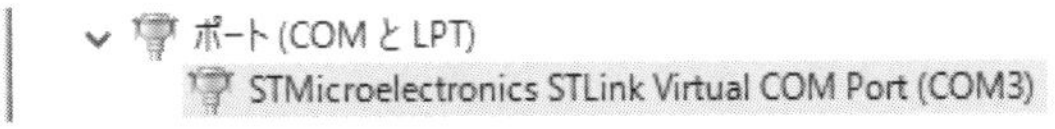

図 20-1　NUCLEO-F103RB の仮想 COM ポート

UART 通信のプログラム

プロジェクト名 "serial" を作成します．リスト 20-1 に作成した UART 通信のプログラムを示します．
UART の初期化は，STM32CubeMX で自動生成された MX_USART2_UART_Init() で行っています．UART 通信のパラメータは STM32CubeMX で指定した通り，次のように初期化されています．

- 115200bps
- 8bit
- パリティなし

リスト20-1　serialのmain.c（STM32F103）

```c
UART_HandleTypeDef huart2;

void SystemClock_Config(void);
static void MX_GPIO_Init(void);
static void MX_USART2_UART_Init(void);

char sio_getc(void);    //UARTから1文字を取得
void sio_putc(char);    //UARTに1文字を出力
void sio_puts(char *);  //UARTに文字列を出力

//UARTから1文字を取得
char sio_getc()
{
    char ch;
    while(HAL_UART_Receive(&huart2, (uint8_t *)&ch, 1, 1000)==HAL_TIMEOUT);
    return ch;
}

//UARTで1文字を出力
void sio_putc(char ch)
{
    HAL_UART_Transmit(&huart2, (uint8_t *)&ch, 1, 1000);
}

//UARTで文字列を出力
void sio_puts(char *str)
{
    HAL_UART_Transmit(&huart2, (uint8_t *)str, strlen(str), 1000);
}

int main(void)
{
    int ch;

    HAL_Init();

    SystemClock_Config();

    MX_GPIO_Init();
    MX_USART2_UART_Init();

    sio_puts("Serial Test\n");
    sio_puts("Input Key->");

    while (1)
    {
        ch=sio_getc();
        sio_putc(ch);
    }
}
```

ターミナル・ソフトウェアでテスト

プログラムをテストする場合は，Windows PC でターミナルを起動し，上記の設定でNUCLEO-F103RBのUARTをオープンします．

このプログラムではmain()でUARTを初期化した後，sio_puts でメッセージを出力しwhileループ内でsio_getc()で取得した文字をそのままsio_putc()でエコー・バックしています．

図20-2 はUART通信のテストを行っているところです．
図20-2 では，ターミナルで"abcd"と打ち込んだときの画面で，打ち込んだ文字がそのままエコー・バックで表示されていることが確認できます．

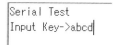

図20-2　シリアル通信のテスト画面

HAL の UART 通信ライブラリ

HAL の UART 通信ライブラリでは，

- 割り込みやDMAを使用しない
- 割り込みを使用する
- DMAを使用する

という3種類のライブラリ関数が用意されています．今回使用した関数は，最初の「割り込みやDMAを使用しない」API関数を使用しています．割り込みやDMAを使用しないAPIは，今回のように簡単にUARTを使用したい場合に便利です．

UART通信の場合，通信先の状態によってはいつまで待ってもデータが受信されない可能性があります．データ受信を無制限に待ってしまうと，通信トラブルなどによりデータが受信できない場合に，プログラムが停止してしまう可能性があります．

このようなトラブルを回避するために，UART 通信の API にはタイムアウトの設定ができるようになっています．タイムアウトは，設定した時間内にデータ通信が行えなかった場合，タイムアウト・エラーとして処理を中断する機能です．

割り込みや DMA を使用する API の場合には，データ通信ができた時に割り込みや DMA が発生するので，タイムアウトのパラメータはありません．

UART 通信の API は，次の二つを使用しています．

```
HAL_UART_Transmit(UART_HandleTypeDef *huart, uint8_t *pData, uint16_t Size, uint32_t Timeout);
HAL_UART_Receive(UART_HandleTypeDef *huart, uint8_t *pData, uint16_t Size, uint32_t Timeout);
```

HAL_UART_Transmit()が送信用 API，HAL_UART_Receive()が受信用 API です．引数の形はどちらも同じで，第 1 引数が UART のハンドル，第 2 引数がデータ・バッファ，第 3 引数が通信サイズ，そして第 4 引数がタイムアウトの設定です．

UART のハンドルは STM32CubeMX でプロジェクトを生成する際，使用する UART のハンドルが自動で生成されるのでそれを使用しています．

タイムアウトにはタイムアウト時間を ms 単位で設定します．例えば，1000 を設定すれば，タイムアウトは 1 秒となります．

PIC16F 版

PIC16F1789 で UART 通信するには，EUSART（Enhanced Universal Synchronous Asynchronous Receiver Transmitter）モジュールを使用します．名前の通り，通常の UART を拡張したものですが，ここでは通常の UART モジュールとして使用します．

プロジェクト名"serial"を作成し，Code Configurator を使用して UART 通信のパラメータを図 20-3 のように変更します．

通信速度は高速に設定すると誤差が大きくなるため 19200bps としています．

基本的な UART 通信とするため割り込みは使用していません．「Enable Continues Receive」にはチェックを入れておきます．ここにチェックがない場合は，プログラムで受信開始を設定しないとデータを受信しません．

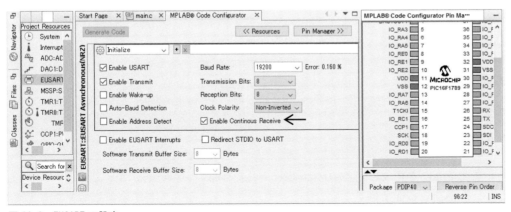

図 20-3 EUSART の設定

簡単なUART通信用関数の作成 | 171 |

リスト 20-2　serial の main.c（PIC16F1789）

```
//UART から 1 文字を取得
char sio_getc()
{
  char ch;
  ch=EUSART_Read();
  return ch;
}

//UART に 1 文字を出力
void sio_putc(char ch)
{
  EUSART_Write(ch);
}

//UART に文字列を出力
void sio_puts(char *str)
{
  while(*str){
    sio_putc(*str);
    str++;
  }
}

void main(void)
{
  char ch;

  SYSTEM_Initialize();

  sio_puts((char *)"Serial Test¥n");
  sio_puts((char *)"Input Key->");

  while (1){
    ch=sio_getc();
    sio_putc(ch);
  }
}
```

リスト 20-2 は PIC16F1789 の UART 通信プログラムです．Code Configurator で生成したプロジェクトには eusart.c というファイルが自動生成されます．このソース・ファイルには EUSART の初期化関数のほか，送信と受信の関数がそれぞれ EUSART_Write() と EUSART_Read() という関数で自動生成されます．そこで，メイン・プログラムでは sio_getc() や sio_putc() の関数内部でこれらの関数を呼び出すようにしています．

MPU トレーナには，USB‐UART 変換 IC が搭載されているので，PC と USB で接続すると仮想 COM ポートを使って PIC16F1789 の UART と通信することができます．

PIC16F1789 の EUSART

図 20-4 は PIC16F1789 の EUSART のブロック図です．図のように，EUSART は Fosc を分周して UART 通信のクロックを生成しています．

通信速度（bps）は，SPBRGL レジスタと SPBRGH レジスタの値のほか，BRG16，BRGH，SYNC などのビットの状態で決定されます．

PIC16F の内蔵モジュールは互換性を保ちながら拡張されてきたため，拡張した部分が別のレジスタや別の設定ビットになっています．

このため，PIC16F1789 の任意の通信速度に対応するレジスタの設定値を計算で求めるのは少々面倒ですが，Code Configurator を使用すると自動で指定した通信速度になるように，初期化コードを生成してくれます．

また，PIC16F1789 のデータシート[2]には，使用するクロックごとの各通信速度に対するレジスタの設定値が表になって記載されているので，手動で設定を行う場合はこの表を参照するとよいでしょう．

LPCXpresso 版

プロジェクト名 "serial" を作成します．リスト 20-3 は LPC1347 のプログラムです．プログラムの内容は，STM32 や PIC16F1789 と同じです．

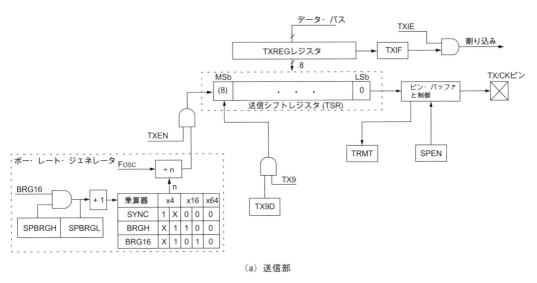

(a) 送信部

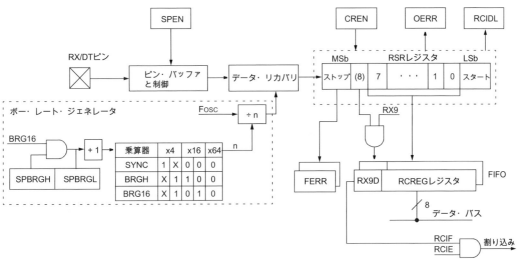

(b) 受信部

図 20-4[2]　PIC16F1789 の EUSART のブロック図

　LPCOpen ライブラリには UART 通信の API 関数があるため，これを利用すれば簡単に UART 通信を行うことができます．
　UART の初期化は，sio_init() で行っています．

GPIO の初期化の謎

　LPC1347 には UART が一つのみなので UART 自体の選択はありませんが，I/O ピンはいくつか選択が可能です．
　MPU トレーナでは，UART の接続は次のようになっています．

簡単な UART 通信用関数の作成　| 173 |

- PIO0_18 → RXD
- PIO0_19 → TXD

　PIO0_18 と PIO0_19 はデフォルトが GPIO なので，UART として使用するためには GPIO ピンの設定を変更する必要がありますが，**リスト 20-3** にはこの設定を行っているコードがありません．
　怪しいのは①の Board_init() ですが，この関数の中身は次のようになっています．

```
void Board_Init(void)
{
    /* Sets up DEBUG UART */
    DEBUGINIT();
    /* Initialize GPIO */
    Chip_GPIO_Init(LPC_GPIO_PORT);
    /* Initialize LEDs */
    Board_LED_Init();
}
```

　最初の DEBUGINIT() はデバッグ用の API の設定なので関係ありません．また，Board_LED_Init() も LED の初期化なので除外してよさそうです．
　そこで残ったものは Chip_GPIO_Init() ですが，この中身を調べてみると次のように単に GPIO のクロックを有効にしているだけです．

```
void Chip_GPIO_Init(LPC_GPIO_T *pGPIO)
{
    Chip_Clock_EnablePeriphClock(SYSCTL_CLOCK_GPIO);
}
```

　では，GPIO の設定はどこで行っているのでしょうか？実は，この GPIO の設定は main() の実行前に

リスト 20-3　LPC1347 の serial.c

```
void sio_init(uint32_t bps)
{
  SystemCoreClockUpdate();
  Board_Init();       //①

  Chip_UART_Init(LPC_USART);
  Chip_UART_SetBaud(LPC_USART, bps);
  Chip_UART_ConfigData(LPC_USART, (UART_LCR_WLEN8 | UART_LCR_SBS_1BIT));
  Chip_UART_TXEnable(LPC_USART);
}

char sio_getc()
{
  while(!(Chip_UART_ReadLineStatus(LPC_USART) & UART_LSR_RDR));
  return Chip_UART_ReadByte(LPC_USART);
}

void sio_putc(char c)
{
  while(!(Chip_UART_ReadLineStatus(LPC_USART) & UART_LSR_THRE));
  Chip_UART_SendByte(LPC_USART, c);
}

void sio_puts(char *str)
{
  while(*str){
    sio_putc(*str);
    str++;
  }
}

int main(void)
{
  char ch;

  SystemCoreClockUpdate();

  sio_init(19200);
  sio_puts("Serial Test\n");
  sio_puts("Input Key->");

  while (1)
  {
    ch=sio_getc();
    sio_putc(ch);
  }
  return 0 ;
}
```

スタートアップ・コードで行われています.

　C言語では，main()が最初に実行される関数として定義されていますが，実際にはmain()を実行するための環境作りをmain()の実行前にしておく必要があります．例えば，スタック・サイズの調整や静的変数の初期化，割り込みベクタの設定などを正しく行っておく必要があります．

　組み込みプログラムでは，この部分をスタートアップ・コードと呼んでいます．この部分はルーチンの性格上，アセンブラで書かれることもよくあります．

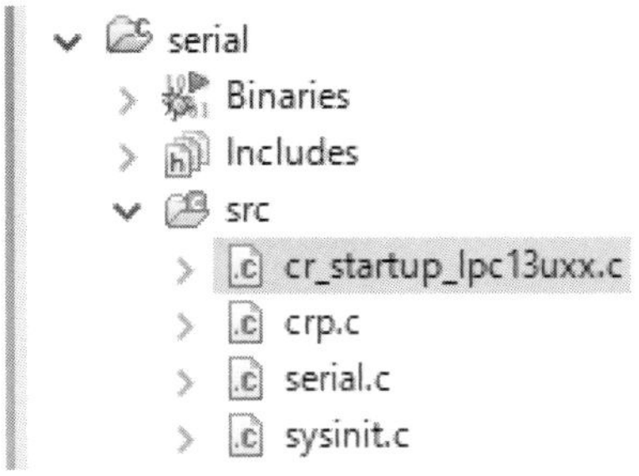

図20-5　serialのスタートアップ・コード

　serialプロジェクトのsrcフォルダには，図20-5のようにcr_startup_lpc13uxx.cというファイルがあります．このファイルがスタートアップ・コードです．このソース・コードはC言語で書かれているので，アセンブラの知識は不要で，内容を簡単に確認することができます．

　このソースの283行目にResetISR()という関数がありますが，この関数がリセット時に呼び出される関数となります．

　この関数の319行目以降では，次の二つの関数を実行しています．

```
SystemInit();
__main();
```

　2番目の__main()はmain()の呼び出しとなっており，その前のSystemInit()がLPC1347の初期化を行っている部分です．

　SystemInit()はserialプロジェクトのsrcフォルダにあるsysinit.cの中にあり，次のようにBoard_SystemInit()を呼び出しています．

```
void SystemInit(void)
{
    Board_SystemInit();
}
```

　さて，ここで出てきたBoard_SystemInit()ですが，この関数はライブラリ関数でserialプロジェクトの中には含まれません．lpc_board_nxp_lpcxpresso_1347というプロジェクトに含まれるboard_sysinit.cの中で定義されています．

　LPCOpenソフトウェア・パッケージでは各種のボードをサポートするため，このようにマイコン・ボード依存の初期化コードをマイコン・ボードごとに用意して，適切な初期化を行うようになっています．

　リスト20-4にboard_sysinit.cを示します．①からBoard_systemInit()が定義されています．

　GPIOの設定を行っているのは②のBorad_SetupMuxing()です．この関数は同ファイルの③にあり，GPIOの設定は④のChip_IOCON_SetPinMuxing()で行っています．

　この関数はGPIOの設定の配列を受け取って，配列内で指定されたGPIOの設定をまとめて行うようになっています．このGPIOの設定の配列は⑤にあります．UARTの設定は⑥と⑦で次のように定義されています．

```
{0,  18, (IOCON_FUNC1 | IOCON_RESERVED_BIT_7 | IOCON_MODE_INACT)},   /* PIO0_18 used for RXD */
{0,  19, (IOCON_FUNC1 | IOCON_RESERVED_BIT_7 | IOCON_MODE_INACT)},   /* PIO0_19 used for TXD */
```

簡単なUART通信用関数の作成　| 175 |

ここでは各 GPIO ピンごとに三つのパラメータを設定しており，最初のパラメータが GPIO のポート番号，2 番目がピン番号，そして 3 番目が設定値となっています．

　ここでは PIO0 の 18 ピンと 19 ピンを FUNC1(=0x1) に設定しており，これにより PIO0_18 は RXD，PIO0_19 は TXD となり UART として使用できるようになります．

　GPIO の設定は main() で再設定することも可能なので，UART を別のピンに割り当てたい場合は main() 内で設定を変更することが可能です．

リスト 20-4　board_sysinit.c (LPC1347)

```
#include "board.h"
#include "string.h"

/* The System initialization code is called prior to the application and
   initializes the board for run-time operation. Board initialization
   includes clock setup and default pin muxing configuration. */

/*****************************************************************************
 * Public types/enumerations/variables
 ****************************************************************************/

/* Pin muxing table, only items that need changing from their default pin
   state are in this table. */
STATIC const PINMUX_GRP_T pinmuxing[] = {      //⑤
  {0, 1,  (IOCON_FUNC1 | IOCON_RESERVED_BIT_7 | IOCON_MODE_INACT)},   /* PIO0_1 used for CLKOUT */
  {0, 2,  (IOCON_FUNC1 | IOCON_RESERVED_BIT_7 | IOCON_MODE_PULLUP)},  /* PIO0_2 used for SSEL */
  {0, 3,  (IOCON_FUNC1 | IOCON_RESERVED_BIT_7 | IOCON_MODE_INACT)},   /* PIO0_3 used for USB_VBUS */
  {0, 4,  (IOCON_FASTI2C_EN)},                                        /* PIO0_4 used for SCL */
  {0, 5,  (IOCON_FASTI2C_EN)},                                        /* PIO0_5 used for SDA */
  {0, 6,  (IOCON_FUNC1 | IOCON_RESERVED_BIT_7 | IOCON_MODE_INACT)},   /* PIO0_6 used for USB_CONNECT */
  {0, 8,  (IOCON_FUNC1 | IOCON_RESERVED_BIT_7 | IOCON_MODE_INACT)},   /* PIO0_8 used for MISO0 */
  {0, 9,  (IOCON_FUNC1 | IOCON_RESERVED_BIT_7 | IOCON_MODE_INACT)},   /* PIO0_9 used for MOSI0 */
  {0, 11, (IOCON_FUNC2 | IOCON_ADMODE_EN      | IOCON_FILT_DIS)},     /* PIO0_11 used for AD0 */
  {0, 18, (IOCON_FUNC1 | IOCON_RESERVED_BIT_7 | IOCON_MODE_INACT)},   /* PIO0_18 used for RXD */  //⑥
  {0, 19, (IOCON_FUNC1 | IOCON_RESERVED_BIT_7 | IOCON_MODE_INACT)},   /* PIO0_19 used for TXD */  //⑦
  {1, 29, (IOCON_FUNC1 | IOCON_RESERVED_BIT_7 | IOCON_MODE_INACT)},   /* PIO1_29 used for SCK0 */
};

/*****************************************************************************
 * Public functions
 ****************************************************************************/

/* Sets up system pin muxing */
void Board_SetupMuxing(void)   //③
{
  /* Enable IOCON clock */
  Chip_Clock_EnablePeriphClock(SYSCTL_CLOCK_IOCON);

  Chip_IOCON_SetPinMuxing(LPC_IOCON, pinmuxing, sizeof(pinmuxing) / sizeof(PINMUX_GRP_T));   //④
}

/* Set up and initialize clocking prior to call to main */
void Board_SetupClocking(void)
{
  Chip_SetupXtalClocking();
}

/* Set up and initialize hardware prior to call to main */
void Board_SystemInit(void)    //①
{
  /* Booting from FLASH, so remap vector table to FLASH */
  Chip_SYSCTL_Map(REMAP_USER_FLASH_MODE);

  /* Setup system clocking and muxing */
  Board_SetupMuxing();   //②
  Board_SetupClocking();
}
```

割り込みを使ったリング・バッファ版 UART 通信

前節の UART 通信で示したサンプルは，必要に応じてデータが来ているかどうかを確認するポーリング処理による方法です．

UART 通信は通信相手がデータを送ってくるため，必ずしもこちらがデータ受信を行っているときに合わせてデータを送ってくれるわけではありません．マイコン側で複雑な処理をして受信間隔が広くなる場合，他の処理を行っている間にデータが送信されてくるとデータを取りこぼしてしまうことがあります．

このような問題を防止するために，通常データ受信にはリング・バッファを使用します．リング・バッファは，図 20-6 のようにリング状になったバッファ領域のことを言います．

リング・バッファに使用するメモリは通常マイコンの RAM 領域なので，実際にリング状になっているわけではなく，ソフトウェア処理によりリング状のバッファとみなしてメモリを使用します．

リングの 1 周分のバッファ・サイズをメモリに確保し先頭からデータを書き込んで行き，バッファの終端に到達したら再び先頭からデータを書き込むことによりリング状のバッファとして使用します．

データを取り出す際は，古い方のデータから順に読み出して行くので，いわゆる"先入れ先出し"の FIFO (First In First Out) と呼ばれるバッファになります．

データの読み出しが遅い場合，データの書き込みが 1 周回って読み出し位置に到達してしまうと過去のデータが上書きされてしまい，データ化けが発生します．いわゆる，周回遅れの状況です．

このため，データ受信は周回遅れが発生しないように，バッファ・サイズや処理内容を調整する必要があります．

Nucleo 版

プロジェクト名"serial_rb"を作成します．STM32F103 のリング・バッファを使用した UART 通信のソース・コードをリスト 20-5 に示します．

リング・バッファは①から定義しています．バッファ・データは RingBuff という名前の配列で，サイズは RING_BUFFER_SIZE で定義しています．ここでは 16Byte を確保しています．

リング・バッファのアクセス関数は，次の二つのみです．

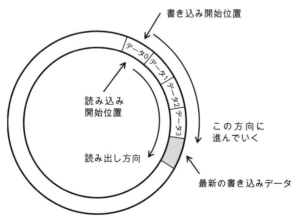

図 20-6　リング・バッファのイメージ図

```
void PushData(uint8_t dat);   //1Byteの格納
uint8_t PopData(void);        //1Byteの取り出し
```

　リング・バッファを使用する際は，データ受信に割り込みを使用する必要があります．リング・バッファが必要となるケースは，ポーリング処理ではデータの取りこぼしが発生する可能性がある場合なので，データの受信を割り込みで行ってUARTからデータを受信したら，割り込みを使って即座にデータをリング・バッファに格納する必要があるためです．HALライブラリを使用している場合は，次のようにコールバック関数を記述するだけで割り込み受信が可能になります．

```
void HAL_UART_RxCpltCallback(UART_HandleTypeDef *huart)
{
    PushData(RxData);
    HAL_UART_Receive_IT(huart,&RxData,1);    //次の受信をスタート
}
```

リスト20-5　serial_rbのmain.c（STM32F103）

```
UART_HandleTypeDef huart2;

char sio_getc(void);   //UARTから1文字を取得
void sio_putc(char);   //UARTに1文字を出力
void sio_puts(char *); //UARTに文字列を出力

//================================================
// リング・バッファの定義
//================================================
#define RING_BUFFER_SIZE  16   //①

char RingBuff[RING_BUFFER_SIZE];

int ReadPoint=0;      //読み出しポイント
int WritePoint=0;     //書き込みポイント
int DataSize=0;       //格納されたデータ・サイズ
void PushData(uint8_t dat);  //1Byteの格納
uint8_t PopData(void);       //1Byteの取り出し

void PushData(uint8_t dat)
{
  //これ以上格納できない場合はそのまま戻る
  if(DataSize>=RING_BUFFER_SIZE)
    return;
  RingBuff[WritePoint]=dat; //書き込みポインタにデータを格納
  DataSize++;               //保存サイズを1Byte増やす
  WritePoint++;
  //終端に来たら，先頭に戻る
  if(WritePoint>=RING_BUFFER_SIZE)
    WritePoint=0;
}

uint8_t PopData(void)
{
  uint8_t ch;
  //データが無い場合
  if(DataSize==0)
    return 0;
  ch=RingBuff[ReadPoint]; //読み出しデータの取り出し
  DataSize--;             //保存サイズを1Byte減らす
  ReadPoint++;
  //終端に来たら，先頭に戻る
  if(ReadPoint>=RING_BUFFER_SIZE)
    ReadPoint=0;
  return ch;
}

//================================================
// 受信割り込み
//================================================
uint8_t RxData;  //受信データ格納領域

//データ受信割り込み
void HAL_UART_RxCpltCallback(UART_HandleTypeDef *huart)
{
  PushData(RxData);
  HAL_UART_Receive_IT(huart, &RxData, 1);//次の受信をスタート
}

//================================================
// UARTインターフェース
//================================================
//UARTから1文字を取得
char sio_getc()
{
  return PopData();
}

//UARTに1文字を出力
void sio_putc(char ch)
{
  HAL_UART_Transmit(&huart2, (uint8_t *)&ch, 1, 1000);
}

//UARTに文字列を出力
void sio_puts(char *str)
{
  HAL_UART_Transmit(&huart2, (uint8_t *)str, strlen(str), 1000);
}

int main(void)
{
  int ch;

  HAL_Init();

  SystemClock_Config();

  MX_GPIO_Init();
  MX_USART2_UART_Init();

  HAL_UART_Receive_IT(&huart2, &RxData, 1);//受信をスタート

  sio_puts("Serial_rb Test\n");
  sio_puts("Input Key->");

  while (1)
  {
    ch=sio_getc();
    if(ch>0) {
      sio_putc(ch);
    }
  }
}
```

RxCpltCallback()は，HALライブラリでシリアル・データを受信した際に呼び出されるコールバック関数です．この関数内で受信したデータをリング・バッファに格納して，さらに次の受信のための処理を開始しています．

serialプロジェクトで使用したsio_getc()はリング・バッファを使用するように書き換えています．sio_putc()，sio_puts()はリング・バッファを使用しないため，serialプロジェクトと同じ処理になっています．

main()はUARTを初期化後に割り込みを使ってシリアル受信を行うため，シリアル受信を開始するようにしている以外は，serialプロジェクトと同じ処理となっています．

PIC16F版

プロジェクト名"serial_rb"を作成します．Code Configuratorではリング・バッファを定義することができるので簡単にリング・バッファを使用することができます．

図20-7は，リング・バッファを使用する場合のCode Configuratorの設定画面です．図のように割り込みを有効にしてバッファ・サイズを指定します．ここでは，送受信用にそれぞれ16Byteのリング・バッファを設定します．

リスト20-6と**リスト20-7**に，作成したプログラムを示します．

main.cは割り込みを有効にしている以外はserialプロジェクトのmain.cとまったく同じです．

eusart.cはCode Configuratorで生成されたファイルです．データの受信割り込みはeusart.cのEUSART_Receive_ISR()が該当します．ここでは，eusartRxBufferというリング・バッファにデータを格納しています．

STM32版と異なり，このeusart.cでは受信割り込みのほか送信割り込みも使用しています．

UART通信は一般に通信速度に対してマイコンの処理速度の方が速くなるので，シリアル・データを大量に送る場合はデータの送信完了までマイコンが待たされてしまい，効率の良い処理ができなくなる場合があります．このような場合，リング・バッファを使用するとプログラムの処理効率を上げることができます．

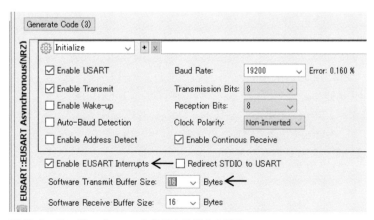

図20-7　リング・バッファを使用する場合の設定

リスト20-6　serial_rbのmain.c (PIC16F1789)

```
void main(void)
{
  char ch;

  SYSTEM_Initialize();

  INTERRUPT_GlobalInterruptEnable();

  INTERRUPT_PeripheralInterruptEnable();

  sio_puts((char *)"Serial_rb Test\n");
  sio_puts((char *)"Input Key->");

  while (1){
    ch=sio_getc();
    sio_putc(ch);
  }
}
```

　リング・バッファを使用する場合は，リング・バッファにあらかじめ送信したいデータを格納しておきます．UART通信のデータ送信は1Byteごとに行われ，送信が完了するまで次のデータを送信することができません．

　そこで，送信が完了するごとに割り込みを発生させ，その割り込みが発生すると次のデータを順次送信することで効率の良いデータ転送を行うことができます．

　このプログラムでは，EUSART_Transmit_ISR()が送信割り込みの処理関数となっています．

　EUSART_Read()とEUSART_Write()はserialプロジェクトと使い方が同じなので，main()の変更は必要ありません．

LPCXpresso版

　LPCOpenライブラリにはリング・バッファのAPIが含まれているので，このAPIを使用すると簡単にリング・バッファを使用することができます．

　リスト20-7はリング・バッファを使用したUART通信のソース・コードです．

　リング・バッファと割り込みの初期化は①から行っています．リング・バッファを使用する場合は，RINGBUFF_Tという構造体を使用します．この構造体はリング・バッファの処理に必要なデータ・ポインタやサイズなどの情報をまとめたものです．このプログラムではPIC16F版と同様に，送信用と受信用のリング・バッファを定義しています．

　リング・バッファで使用するデータ・バッファはこの構造体のほかに用意する必要があります．rxbuffとtxbuffがそれぞれ受信用と送信用のバッファとなっています．

　リング・バッファの構造体とデータ・バッファの関連付けはRingBuffer_Init()で行っています（①，②）．ここでは，受信バッファに16Byte，送信バッファに32Byteを設定しています．送信バッファは起動時のメッセージが16Byteを超えているため32Byteとしています．

　③，④，⑤ではUARTの割り込みを有効にしています．

リスト 20-7　serial_rb の eusart.c (PIC16F1789)

```c
#include "eusart.h"

#define  EUSART_TX_BUFFER_SIZE 16
#define  EUSART_RX_BUFFER_SIZE 16

static uint8_t eusartTxHead = 0;
static uint8_t eusartTxTail = 0;
static uint8_t eusartTxBuffer[EUSART_TX_BUFFER_SIZE];
volatile uint8_t eusartTxBufferRemaining;

static uint8_t eusartRxHead = 0;
static uint8_t eusartRxTail = 0;
static uint8_t eusartRxBuffer[EUSART_RX_BUFFER_SIZE];
volatile uint8_t eusartRxCount;

void EUSART_Initialize(void) {
  // disable interrupts before changing states
  PIE1bits.RCIE = 0;
  PIE1bits.TXIE = 0;

  // Set the EUSART module to the options selected in the user
  // interface.

  // ABDEN disabled; WUE disabled; RCIDL idle; ABDOVF no_overflow;
  // SCKP async_noninverted_sync_fallingedge; BRG16 16bit_generator;
  BAUD1CON = 0x48;

  // ADDEN disabled; RX9 8-bit; RX9D 0x0; FERR no_error; CREN enabled;
  // SPEN enabled; SREN disabled; OERR no_error;
  RC1STA = 0x90;

  // CSRC slave_mode; TRMT TSR_empty; TXEN enabled; BRGH hi_speed;
  // SYNC asynchronous; SENDB sync_break_complete; TX9D 0x0; TX9 8-bit;
  TX1STA = 0x26;

  // Baud Rate = 19200; SP1BRGL 207;
  SP1BRGL = 0xCF;

  // Baud Rate = 19200; SP1BRGH 0;
  SP1BRGH = 0x00;

  // initializing the driver state
  eusartTxHead = 0;
  eusartTxTail = 0;
  eusartTxBufferRemaining = sizeof (eusartTxBuffer);

  eusartRxHead = 0;
  eusartRxTail = 0;
  eusartRxCount = 0;

  // enable receive interrupt
  PIE1bits.RCIE = 1;
}

uint8_t EUSART_Read(void) {
  uint8_t readValue = 0;

  while (0 == eusartRxCount) {
  }

  PIE1bits.RCIE = 0;

  readValue = eusartRxBuffer[eusartRxTail++];
  if (sizeof (eusartRxBuffer) <= eusartRxTail) {
    eusartRxTail = 0;
  }
  eusartRxCount--;
  PIE1bits.RCIE = 1;

  return readValue;
}

void EUSART_Write(uint8_t txData) {
  while (0 == eusartTxBufferRemaining) {
  }

  if (0 == PIE1bits.TXIE) {
    TX1REG = txData;
  } else {
    PIE1bits.TXIE = 0;
    eusartTxBuffer[eusartTxHead++] = txData;
    if (sizeof (eusartTxBuffer) <= eusartTxHead) {
      eusartTxHead = 0;
    }
    eusartTxBufferRemaining--;
  }
  PIE1bits.TXIE = 1;
}

void EUSART_Transmit_ISR(void) {
  // add your EUSART interrupt custom code
  if (sizeof (eusartTxBuffer) > eusartTxBufferRemaining) {
    TX1REG = eusartTxBuffer[eusartTxTail++];
    if (sizeof (eusartTxBuffer) <= eusartTxTail) {
      eusartTxTail = 0;
    }
    eusartTxBufferRemaining++;
  } else {
    PIE1bits.TXIE = 0;
  }
}

void EUSART_Receive_ISR(void) {
  if (1 == RC1STAbits.OERR) {
    // EUSART error - restart
    RC1STAbits.CREN = 0;
    RC1STAbits.CREN = 1;
  }

  // buffer overruns are ignored
  eusartRxBuffer[eusartRxHead++] = RC1REG;
  if (sizeof (eusartRxBuffer) <= eusartRxHead) {
    eusartRxHead = 0;
  }
  eusartRxCount++;
}
```

リスト20-8　serial_rbのserial_rb.c（LPC1347）

```c
#include <string.h>

STATIC RINGBUFF_T txring, rxring;

/* Transmit and receive ring buffer sizes */
#define UART_SRB_SIZE 32    /* Send */
#define UART_RRB_SIZE 16    /* Receive */

/* Transmit and receive buffers */
static uint8_t rxbuff[UART_RRB_SIZE], txbuff[UART_SRB_SIZE];

void UART_IRQHandler(void)
{
  Chip_UART_IRQRBHandler(LPC_USART, &rxring, &txring);
}

void sio_init(uint32_t bps)
{
  Chip_UART_Init(LPC_USART);
  Chip_UART_SetBaud(LPC_USART, bps);
  Chip_UART_ConfigData(LPC_USART, (UART_LCR_WLEN8 | UART_LCR_SBS_1BIT));
  Chip_UART_TXEnable(LPC_USART);

  //リング・バッファと割り込みの初期化
  RingBuffer_Init(&rxring, rxbuff, 1, UART_RRB_SIZE);    //①
  RingBuffer_Init(&txring, txbuff, 1, UART_SRB_SIZE);    //②
  Chip_UART_IntEnable(LPC_USART, (UART_IER_RBRINT | UART_IER_RLSINT));  //③
  NVIC_SetPriority(UART0_IRQn, 1);    //④
  NVIC_EnableIRQ(UART0_IRQn);         //⑤
}

void sio_putc(char c)
{
  Chip_UART_SendRB(LPC_USART, &txring, &c, 1);
}

void sio_puts(char *str)
{
  int size;

  size=strlen(str);
  Chip_UART_SendRB(LPC_USART, &txring, str, size);
}

char sio_getc(void)
{
  uint8_t ch;
  while(!Chip_UART_ReadRB(LPC_USART, &rxring, &ch, 1));
  return ch;
}

int main(void)
{
  char ch;

  SystemCoreClockUpdate();
  Board_Init();

  sio_init(19200);
  sio_puts("Serial Test\n");
  sio_puts("Input Key->");

  while (1)
  {
    ch=sio_getc();
    sio_putc(ch);
  }
  return 0;
}
```

　sio_getc()とsio_putc()，sio_puts()は，リング・バッファに対する操作に変更している点に注意してください．

　送信時には送信用のリング・バッファの構造体のポインタと，送信データのポインタ，および送信サイズを設定します．また，受信時は受信用のリング・バッファの構造体のポインタと，受信データのポインタ，および受信サイズを設定します．

　Chip_UART_ReadRB()は実際の受信サイズを返すので，sio_getc()では受信データが発生するのを待って受信したデータを返すようにしています．

第21章 内蔵 EEPROM のリード/ライト

マイコンはさまざまな家電製品や情報機器など多くの製品で利用されています．例えば，テレビのリモコン，ハードディスク・レコーダ，留守番電話など，マイコンの応用製品は数限りなくあります．
　こういった製品では，設定情報を記憶したい場面がよくあります．設定値は電源を切っても消えないように，不揮発性メモリに記憶するのが一般的です．
　最近のマイコンはこのような要求に合わせて，データ保存用の EEPROM を内蔵しているデバイスが多くあります．実際，本書で使用している PIC16F1789 や LPC1347 は，データ保存用の EEPROM を内蔵しています．STM32F103 は EEPROM の代わりに内蔵フラッシュ・メモリをデータ保存用にも利用できるようになっています．
　ここでは，PC のターミナルを使って EEPROM の動作を確認するプログラムを紹介します．実行例を図 21-1 に示します．
　プログラムを起動すると，最初に EEPROM に格納されている名前をターミナルに表示します．次に名前の入力が求められるので，16 文字以内の任意の名前を入力します．入力された名前は随時 EEPROM に書き込まれ，完了すると "Write done." と表示されてプログラムは終了します．
　再度プログラムを起動すると EEPROM に先ほど書き込んだ名前が表示されるので，EEPROM の動作を確認することができます．

PIC16F 版

PIC16F1789 では 256Byte の EEPROM を内蔵しており，専用のレジスタから EEPROM の読み出しや書き込みを行うことができるようになっています．
　プロジェクト名 "eeprom" を作成します．リスト 21-1 に，PIC16F1789 の EEPROM のテスト・プログラムを示します．

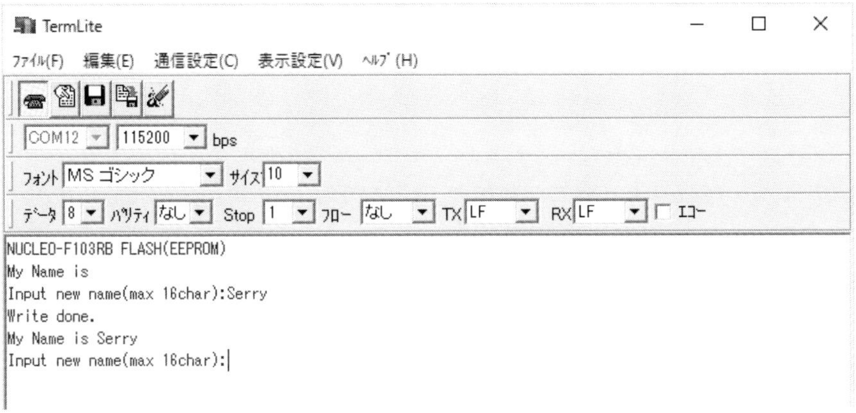

図 21-1　プログラムの実行結果（STM32F103）

リスト 21-1　eeprom の main.c (PIC16F1789)

```
char EERead(char adr);
void EEWrite(char adr, char dat);
//==========================================
//   EEPROM Access
//==========================================
char EERead(char adr)
{
  char dat;
  EEADRL=adr;
  CFGS=0;
  EEPGD=0;
  RD=1;
  dat=EEDATL;
  return dat;
}

void EEWrite(char adr, char dat)
{
  EEADRL=adr;
  EEDATL=dat;
  CFGS=0;
  EEPGD=0;
  WREN=1;
  GIE=0;
  EECON2=0x55;
  EECON2=0xaa;
  WR=1;
  GIE=1;
  WREN=0;
  while(WR);
}

void main(void)
{
  char cd;
  int i;

  SYSTEM_Initialize();

  sio_puts((char *)"EEPROM Test\n");
  while(1){
    sio_puts((char *)"My Name is \n");
    for(i=0; i<16; i++){
      cd=EERead(i);
      if((cd==0xff)||(cd==0))
        break;
      sio_putc(cd);
    }
    sio_puts((char *)"\n");
    sio_puts((char *)"Input new name(max 16 char):");
    for(i=0; i<16; i++){
      PORTC=i;
      cd = sio_getc();
      sio_putc(cd);
      if((cd=='\r')||(cd=='\n')){
        EEWrite(i, 0);
        break;
      }
      EEWrite(i, cd);
    }
    sio_puts((char *)"Write done.\n");
  }
}
```

EEPROM のアクセス関数

EEPROM の読み出し関数は EERead(), 書き込みは EEWrite() としています。

PIC16F1789 の EEPROM は 1Byte 単位での読み書きが可能となっています。EERead() は 1Byte の読み出し関数, EEWrite() は 1Byte の読み出し関数です。

EEPROM の読み出し

EEPROM の読み出し手順は, EEADRL (EEPROM Address) レジスタに読み出すアドレスをセットして, EECON1 (EEPROM Control 1) レジスタの CFGS (Configuration Select) ビットと EEPGD (EEPROM Memory Select) ビットを '0' にして, EECON1 の RD (Read Control) ビットを '1' にすると, EEDATL (EEPROM Data Low Byte) レジスタから該当データを読み出すことができます。

EEPROM の書き込み

EEPROM の書き込みは基本的には読み出しの逆の動作で, EEADRL にアドレスを設定して, EEDATL に書き込むデータをセットし, EECON1 の WR (Write Control) ビットを '1' にするのですが, 書き込みの際は, WR ビットを '1' にする前に, 書き込みプロテクトの解除を行う必要があります。

プロテクトの解除は 2 段階あり, まず WREN (Program/Erase Enable) ビットを '1' にして, 書き込み可能にします。次に, EECON2 に, 0x55 と 0xaa を順に書き込みます。これで, 書き込みプロ

テクトが解除されるので，WRビットを'1'にして書き込みを行います．書き込みが完了したらWRENビットを'0'にして，書き込みプロテクトをかけておきます．

EEPROMの書き込みは，マイコンの動作クロックと比べて遅いのですが，書き込みが完了するとWRビットが0に戻るので，これを監視して書き込みの完了を確認することができます．

EEPROMの書き込み中は割り込みを禁止にする必要があるため，サンプル・コードではGIE（Global Interrupt Enable）を使って割り込みの禁止と解除を行っています．

Nucleo版

STM32F103にはEEPROMがありませんが，フラッシュ・メモリをデータ保存用に利用することができるので，これを使ってEEPROMと同等の機能を実現できます．

プロジェクト名"eeprom"を作成します．リスト21-2はSTM32F103のEEPROMテスト・プログラムです．プログラムの使い方はPIC16F1789と同様で，PCのターミナルを使って名前の入力と確認を行います．

内蔵フラッシュ・メモリのインターフェース

STM32F103では，フラッシュ・メモリを使用するため，PIC16F1789のEEPROMと比較すると多少の制限があります．

フラッシュ・メモリへの書き込みは必ずブロック単位で行い，使用するブロックを消去してから書き込みを行います．また，フラッシュ・メモリのデータ・ビットの長さは32bit固定なので，常に32bitでアクセスします．

作成したプログラムでは，フラッシュ・メモリからの読み出しはReadFlash()になります．フラッシュ・メモリは通常のメモリ領域にマップされているので，読み出しに関してはアドレスを指定して通常のメモリとして読み出すことができます．

フラッシュ・メモリへの書き込みはWriteFlash()です．

書き込みに関しては，PIC16F1789と同様にプロテクトを解除するなどいくつかの手順がありますが，実際の書き込み動作はHALライブラリを使用するので比較的単純化されています．

使用するフラッシュ・メモリの領域

書き込みに使用するのは，プログラム・コードでも使用するフラッシュ・メモリのため，プログラム・コードと領域が重ならないようにする必要があります．

まちがって，プログラム・コードの領域に書き込んでしまうと致命的な問題が発生するので注意が必要です．

リスト21-2のコードでは，プログラムのコードと重ならないように，フラッシュ・メモリの最後の領域を使用するようにしています．

STM32F103RBには128KByteのフラッシュ・メモリがあり，メモリ・マップでは0x08000000~0x0801FFFFにマップされています．

フラッシュ・メモリのアクセスはブロック単位で行います．ブロックの単位はデバイスによって異なりますが，STM32F103RBではブロック・サイズは1KByte（0x400）となっています．

リスト21-2 eepromのmain.c (STM32F103)

```c
UART_HandleTypeDef huart2;

#define FLASH_USER_START_ADDR    ADDR_FLASH_PAGE_48

void SystemClock_Config(void);
static void MX_GPIO_Init(void);
static void MX_USART2_UART_Init(void);

//Flash Interface=========================================
void ReadFlash(uint32_t *data, int size)
{
  int i;
  uint32_t *dp;

  dp=(uint32_t *)FLASH_USER_START_ADDR;

  for(i=0; i<size; i++){
    data[i]=dp[i];
  }
}

int EraseFlash()
{
  FLASH_EraseInitTypeDef EraseInitStruct;
  uint32_t PAGEError;

  EraseInitStruct.TypeErase   = FLASH_TYPEERASE_PAGES;
  EraseInitStruct.PageAddress = FLASH_USER_START_ADDR;
  EraseInitStruct.NbPages     = 1;

  if (HAL_FLASHEx_Erase(&EraseInitStruct, &PAGEError) != HAL_OK)
    return 0;
  return 1;
}

void WriteFlash(uint32_t *data, int size)
{
  uint32_t Address;
  int i;

  Address=FLASH_USER_START_ADDR;
  for(i=0; i<size; i++){
    if (HAL_FLASH_Program(FLASH_TYPEPROGRAM_WORD, Address, data[i]) != HAL_OK)
      return;
    Address+=4;
  }
}

int main(void)
{
  int i;
  uint32_t buff[16];
  char str[17];
  int cd;

  HAL_Init();

  SystemClock_Config();

  MX_GPIO_Init();
  MX_USART2_UART_Init();

  sio_puts("NUCLEO-F103RB FLASH(EEPROM)\n");

  while (1)
  {
    sio_puts("My Name is ");
    ReadFlash(buff, 16);
    for(i=0; i<16; i++){
      if(buff[i]>=0xff)
        str[i]=0;
      else
        str[i]=(char)buff[i];
    }
    str[i]=0;
    sio_puts(str);
    sio_puts("\n");
    sio_puts("Input new name(max 16char):");
    for(i=0; i<16; i++){
      cd = sio_getc();
      sio_putc(cd);
      buff[i]=(uint32_t)(cd & 0xff);
      if((cd=='\r')||(cd=='\n')){
        break;
      }
    }
    HAL_FLASH_Unlock();
    EraseFlash();
    WriteFlash(buff, i);
    HAL_FLASH_Lock();

    sio_puts((char *)"Write done.\n");
  }
}
```

EEPROMの代わりとして使用する領域はフラッシュ・メモリの最後のバンクとなるため,0x0801FC00~0x0801FFFFの領域となります.

フラッシュ・メモリのバンクはmain.hで定義されています.このmain.hの中で,ADDR_FLASH_PAGE_0~ADDR_FLASH_PAGE_127までの128バンクを定義しています.ここでは,ユーザ・データ領域としてADDR_FLASH_PAGE_48を使用しています.

フラッシュ・メモリの読み出し

フラッシュ・メモリはPIC16FのEEPROMと異なりメイン・メモリなので,読み出しに関しては特別な手順は必要ありません.

本プログラムでは32bitデータのポインタを,EEPROMとして使用するバンクのアドレスで初期化して配列として読み出しています.

フラッシュ・メモリの書き込み

フラッシュ・メモリは，不用意な書き込みで内容が書き換えられないようにロックがかかっているので，書き込みの際は特別な手順が必要です．

フラッシュ・メモリの書き込み手順は，次のようになります．

1. フラッシュ・メモリをアンロック．
2. 書き込む領域を消去．
3. フラッシュ・メモリの書き込み．
4. フラッシュ・メモリをロック．

STM32 の HAL ライブラリにはフラッシュ・メモリのアクセス関数があるので，これを使用すると比較的簡単にフラッシュ・メモリの書き込みが可能です．

上記の書き込みの流れは，HAL ライブラリを使用すると次のようになります．

1. HAL_FLASH_Unlock()で，フラッシュ・メモリをアンロック．
2. HAL_FLASHEx_Erase()で，EEPROM として使用する領域のフラッシュ・メモリを消去．
3. HAL_FLASH_Program()で，フラッシュ・メモリに書き込み．
4. HAL_FLASH_Lock()で，フラッシュ・メモリをロック．

以上の手順で書き込み完了です．HAL_FLASHEx_Erase()ではバンク（ページ）単位の消去を行う点と，HAL_FLASH_Program()では 32bit 単位で書き込みを行う点に注意してください．

LPCXpresso 版

LPC1347 には 4KByte の EEPROM があり，Byte 単位のアクセスが可能となっています．

LPC1347 の EEPROM アクセス・プログラムを**リスト 21-3** に示します．このプログラムの動作も PIC16F1789 や STM32F103 と同様です．

LPCOpen ライブラリの関数を使用

EEPROM のアクセスは，LPCOpen ライブラリの関数を使用します．

EEPROM の読み出し

EEPROM の読み出しは ReadEEPROM()で，内部では LPCOpen の Chip_EEPROM_Read()を使用しています．

EEPROM のアクセスは，アクセス用の構造体 EEPROM_READ_COMMAND_T にアドレスやデータのポインタなどをセットして，Chip_EEPROM_Read()を呼び出すだけで完了します．また，この関数は連続したデータをまとめて読み出すことができます．データの bit 数は 32bit 固定なので，ReadEEPROM()は 32bit でデータを扱うようにしています．

リスト21-3　LPC1347のeeprom.c

```c
#define EEPROM_ADDR     0x40

bool ReadEEPROM(uint32_t *data, int size)
{
    EEPROM_READ_COMMAND_T rCommand;
    EEPROM_READ_OUTPUT_T rOutput;

    rCommand.cmd = FLASH_EEPROM_READ;
    rCommand.eepromAddr = EEPROM_ADDR;
    rCommand.ramAddr = (uint32_t)data;
    rCommand.byteNum = size*sizeof(uint32_t);
    rCommand.cclk = Chip_Clock_GetSystemClockRate() / 1000;
    Chip_EEPROM_Read(&rCommand, &rOutput);
    if (rOutput.status != CMD_SUCCESS) {
        return false;
    }
    return true;
}

bool WriteEEPROM(uint32_t *data, int size)
{
    EEPROM_WRITE_COMMAND_T wCommand;
    EEPROM_WRITE_OUTPUT_T wOutput;
    wCommand.cmd = FLASH_EEPROM_WRITE;
    wCommand.eepromAddr = EEPROM_ADDR;
    wCommand.ramAddr = (uint32_t) data;
    wCommand.byteNum = size*sizeof(uint32_t);
    wCommand.cclk = Chip_Clock_GetSystemClockRate() / 1000;
    Chip_EEPROM_Write(&wCommand, &wOutput);
    if (wOutput.status == CMD_SUCCESS) {
        return true;
    }
    return false;
}

int main(void)
{
    char str[17];
    uint32_t buff[16];
    int i, size;
    char cd;

    SystemCoreClockUpdate();

    Board_Init();
    Board_LED_Set(0, true);

    sio_init(19200);
    sio_puts("LPCXpresso LPC1347 EEPROM Test.\n");
    while(1) {
        ReadEEPROM(buff, 16);
        sio_puts("My Name is ");
        for(i=0; i<16; i++) {
            if(buff[i]>=0xff)
                str[i]=0;
            else
                str[i]=(char)buff[i];
        }
        str[i]=0;
        sio_puts(str);
        sio_puts("\n");
        sio_puts("Input new name(max 16char):");
        for(i=0; i<16; i++) {
            cd = sio_getc();
            sio_putc(cd);
            buff[i]=(uint32_t)cd;
            if((cd=='\r')||(cd=='\n')) {
                break;
            }
        }
        WriteEEPROM(buff, i);
        sio_puts((char *)"Write done.\n");
    }
    Chip_UART_DeInit(LPC_USART);
    return 0;
}
```

EEPROMの書き込み

EEPROMの書き込みはWriteEEPROM()になります．ReadEEPROM()と同じように，LPCOpenのChip_EEPROM_Write()を使って書き込みを行っています．

書き込み用の構造体はEEPROM_WRITE_COMMAND_Tですが，使い方はEEPROM_READ_COMMAND_Tと同じです．

第22章 I²C デバイスのリード/ライト

I²C（Inter-Integrated Circuit）はデバイス間通のためのシリアル・インターフェースです．後述するSPI や Microwire と同様によく利用されます．

I²C は 2 本の信号線 SCL（Serial Clock）と SDA（Serial Data）だけで通信が可能です．図 21-1 はマイコンを使った I²C インターフェースの接続イメージです．

I²C にはマスタ・デバイスとスレーブ・デバイスがあり，スレーブ・デバイスはそれぞれ個別のアドレスを持ちます．マスタ・デバイスは通信するスレーブ・デバイスをそのアドレスで指定します．I²C では同一バス上に複数のマスタ・デバイスを配置することができるようになっています．このため二つの信号線はどちらもオープン・ドレインでドライブされ，バスは抵抗でプルアップする必要があります．

I²C でよく利用されるデバイスとしてシリアル EEPROM があります．ここでは，PC のターミナルを使って I²C EEPROM の動作を確認するプログラムを紹介します．

I²C シリアル EEPROM の動作

I²C シリアル EEPROM には 24CXX という標準デバイスがあります．XX の部分は 01, 02, 04 といった数字が入り，容量によって数字が異なります．

ここで使用する AT24C02D（アトメル）は 2Kbit（256Byte）の容量があります．AT24C02D のピン配置を図 21-2 に示します．他のメーカのデバイスでもピン配置は基本的に同じです．

I²C では SCL と SDA の二つの信号線のみで通信を行うため，特殊な方法でデバイスの選択と通信の開始/終了を確認します．

書き込み動作

図 21-3 は 24C02 の書き込みシーケンスです．非通信状態では SCL と SDA はどちらも High レベルとなっています．

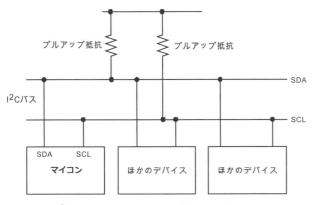

図 22-1　I²C インターフェースの接続イメージ

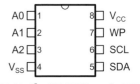

図 22-2[7]　AT24C02D のピン配置

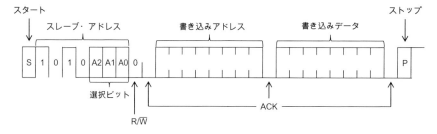

図 22-3[6]　24C02 の書き込みシーケンス

　通信開始はマスタ・デバイスがスタート・コンディション（S）を発行します．スタート・コンディションでは SCL が High の状態で SDA を High から Low へと変化させます．
　マスタ・デバイスはスタート・コンディションに続けて，7bit のアドレスと 1bit のR/$\overline{\text{W}}$ビットを発行します．7bit のアドレスでスレーブ・デバイスを選択します．I²C シリアル EEPROM は 7bit のアドレス上位 4bit が 1010 と決められているため，同一バスに接続可能な I²C のシリアル EEPROM は最大 8 個となります．
　スレーブ・デバイスはこのアドレスを受け取ると，自分のアドレスであれば ACK として，次のクロックで Low を出力します．
　R/$\overline{\text{W}}$ビットの'0'は，アドレスに続くデータが書き込みモードであることを示しています．24C02 の場合はアドレス送信に続けて，"書き込みアドレス"，"書き込みデータ"の順で送信します．
　スレーブ・デバイスはアドレスやデータを受け取ると ACK を返します．
　通信が終了したらストップ・コンディション（P）を発行します．ストップ・コンディションでは SCL が High の間に，SDA を Low から High に変化させます．

読み込み動作

　24C02 のデータの読み出しは，EEPROM 内部のアドレス・カウンタで参照されるメモリが読み出されます．図 21-4 は 24C02 の読み出しシーケンスです．
　読み出し動作では最初にアドレス・カウンタをセットします．スタート・コンディション（S）に続けて，スレーブ・デバイスのアドレス，読み出しアドレスを送信します．このときの読み出しアドレスがアドレス・カウンタにセットされます．
　次にスレーブ・デバイスを読み出しモードにするために再度スタート・コンディションを発行し，7bit

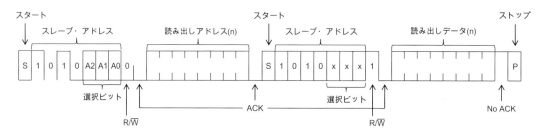

図 22-4[6]　24C02 の読み出しシーケンス

のスレーブ・アドレスとR/$\overline{\text{W}}$ビットを発行します．このときのR/$\overline{\text{W}}$ビットは読み出し動作とするため，'1'となります．

読み出しデータ，これに続くクロックに同期してデータが読み出されます．データの読み出しは，連続したアドレスであれば連続して読み出すことができます．マスタ・デバイスはデータを読み出すごとにACKを返しますが，最後のデータだけは最終データを示すためにACKは返しません．

通信が終了したらストップ・コンディション（P）を発行します．

Nucleo版

プロジェクト名"i2c_eeprom"を作成します．リスト22-1はSTM32F103のI²Cプログラムです．

STM32のHALライブラリにはI²Cインターフェースがあるので，簡単にアクセスすることができます．I²Cのメモリに対してはHAL_I2C_Mem_Read()とHAL_I2C_Mem_Write()の二つの関数で，メモリの読み出しと書き込みが可能となっています．プログラムの実行例を図21-5に示します．

STM32F103のI2Cモジュール

STM32F103にはI²C通信のためのモジュールが内蔵されています．図21-6は，STM32F103のI2Cモジュールのブロック図です．

図のように，この内蔵モジュールでは割り込みやDMAを使って効率の良い転送が可能になっています．また，マスタ・デバイスとしてもスレーブ・デバイスとしても使用可能です．STM32CubeMXの設定を図21-7に示します．「Configuration」タブの設定はデフォルトです．

図22-5 プログラムの実行結果

図22-7 I2C1の設定

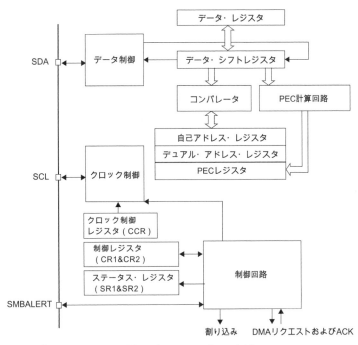

図22-6[1] STM32F103のI2Cモジュールのブロック図

Nucleo版 | 191

リスト22-1　i2c_eepromのmain.c（STM32F103）

```c
I2C_HandleTypeDef hi2c1;
UART_HandleTypeDef huart2;

void SystemClock_Config(void);
static void MX_GPIO_Init(void);
static void MX_I2C1_Init(void);
static void MX_USART2_UART_Init(void);

//I2C EEPROM Interface ====================================
#define  I2C_PORT   GPIOB
#define  SCL_PIN    GPIO_PIN_6
#define  SDA_PIN    GPIO_PIN_7

HAL_StatusTypeDef I2cWrite(uint8_t *dat)
{
  HAL_StatusTypeDef stat;
  //write 8 byte(address=0)
  stat=HAL_I2C_Mem_Write(&hi2c1, 0xa0, 0, 1, dat, 8, 5000);
  return stat;
}

HAL_StatusTypeDef I2cRead(uint8_t *dat)
{
  HAL_StatusTypeDef stat;

  stat=HAL_I2C_Mem_Read(&hi2c1, 0xa0, 0, 1, dat, 8, 5000);
  return stat;
}

//I2C Interface Bug fix===========================
void FixI2c()
{
  GPIO_InitTypeDef GPIO_InitStruct;

  CLEAR_BIT(hi2c1.Instance->CR1, I2C_CR1_PE);
  /*Configure GPIO pins : PB6 PB7 */
  GPIO_InitStruct.Pin = GPIO_PIN_6|GPIO_PIN_7;
  GPIO_InitStruct.Mode = GPIO_MODE_OUTPUT_OD;
  GPIO_InitStruct.Speed = GPIO_SPEED_LOW;
  HAL_GPIO_Init(GPIOB, &GPIO_InitStruct);
  HAL_GPIO_WritePin(I2C_PORT, SDA_PIN, GPIO_PIN_RESET);
  HAL_GPIO_WritePin(I2C_PORT, SCL_PIN, GPIO_PIN_RESET);
  HAL_GPIO_WritePin(I2C_PORT, SCL_PIN, GPIO_PIN_SET);
  HAL_GPIO_WritePin(I2C_PORT, SDA_PIN, GPIO_PIN_SET);

  GPIO_InitStruct.Pin = GPIO_PIN_6|GPIO_PIN_7;
  GPIO_InitStruct.Mode = GPIO_MODE_AF_OD;
  GPIO_InitStruct.Speed = GPIO_SPEED_LOW;
  HAL_GPIO_Init(GPIOB, &GPIO_InitStruct);
  SET_BIT(hi2c1.Instance->CR1, I2C_CR1_SWRST);
  CLEAR_BIT(hi2c1.Instance->CR1, I2C_CR1_SWRST);

  SET_BIT(hi2c1.Instance->CR1, I2C_CR1_PE);
  //HAL_I2C_MspInit(&hi2c1);
  MX_I2C1_Init();
}

int main(void)
{
  int cd;
  uint8_t rbuff[8];
  uint8_t wbuff[8];
  int i;

  HAL_Init();

  SystemClock_Config();

  MX_GPIO_Init();
  MX_I2C1_Init();
  MX_USART2_UART_Init();

  FixI2c();
  sio_puts("I2C EEPROM Test.\n");

  while (1)
  {
    sio_puts((char *)"--- hit any key ---\n");
    sio_getc();
    sio_puts((char *)"My Name is \n");
    I2cRead(rbuff);
    for(i=0; i<8; i++){
      if(rbuff[i])
        sio_putc(rbuff[i]);
      else
        break;
    }
    sio_putc('\n');
    //clear buffer
    for(i=0; i<8; i++){
      wbuff[i]=0;
    }
    sio_puts((char *)"Input new name(max 8 char):");
    for(i=0; i<8; i++){
      cd = sio_getc();
      sio_putc(cd);
      if((cd=='\r')||(cd=='\n')){
        break;
      }
      wbuff[i]=cd;
    }
    I2cWrite(wbuff);
    sio_puts((char *)"Write done.\n");
  }
}

/* I2C1 init function */
void MX_I2C1_Init(void)
{
  hi2c1.Instance = I2C1;
  hi2c1.Init.ClockSpeed = 100000;
  hi2c1.Init.DutyCycle = I2C_DUTYCYCLE_2;
  hi2c1.Init.OwnAddress1 = 0;
  hi2c1.Init.AddressingMode = I2C_ADDRESSINGMODE_7BIT;
  hi2c1.Init.DualAddressMode = I2C_DUALADDRESS_DISABLED;
  hi2c1.Init.OwnAddress2 = 0;
  hi2c1.Init.GeneralCallMode = I2C_GENERALCALL_DISABLED;
  hi2c1.Init.NoStretchMode = I2C_NOSTRETCH_DISABLED;
  HAL_I2C_Init(&hi2c1);
}
```

バグ対策

　STM32Fシリーズの一部のデバイスではBUSYフラグがリセットされないというバグがあるようです[5]．著者が原稿執筆で使用したNUCLEO-F103RBのSTM32F103RBは該当品でした．このバグの修正のために，FixI2c()という関数を用意して初期化時に呼び出しています．

　このバグによりI²Cインターフェースのアナログ・フィルタ回路が誤動作し，リセット時などにBUSYフラグがリセットされません．そこで，FixI2c()ではI²Cの信号線をGPIOに設定して信号線をソフト

ウェアで操作した BUSY フラグがリセットされるようにしています．

バグのないデバイスを使用する場合はこの部分の関数呼び出しは不要です．後日購入した NUCLEO-F103RB の STM32F103RB はバグ・フィックスされたものになっていました．詳細については STM32 のエラッタ[5]を参照してください．

PIC16F 版

プロジェクト名 "i2c_eeprom" を作成します．**リスト 22-2** は PIC16F1789 の I²C プログラムです．

PIC16F1789 は I²C の信号が SPI の信号と共用となっています．SCL 信号は SPI の SCK 信号と同じ 18 ピンとなっており，SDA 信号は MISO 信号と同じ 23 ピンとなっています．このため MPU トレーナで PIC16F を使用する場合は，I²C の信号をジャンパで接続する必要があります．接続するのは，次の 2 本です．

- JP10-5 → JP12-2
- JP10-7 → JP12-4

それぞれのショート・ピンを外して，メス-メスのジャンパ・ケーブルで上記の信号を接続します．

PIC16F1789 の MSSP モジュール

PIC16F1789 の MSSP モジュールは，SPI と I²C をサポートしています．**図 21-8** は MSSP モジュールの I²C マスタ・モードでのブロック図です．

リスト 22-2　i2c_eeprom の main.c（PIC16F1789）

```
void I2cWrite(uint8_t *dat)
{
  //write 8 byte(address=0)
  uint8_t wbuf[9];
  I2C_MESSAGE_STATUS status;

  wbuf[0]=0;
  memcpy(&wbuf[1], dat, 8);
  I2C_MasterWrite(wbuf, 9, 0x50, &status);
  while (status == I2C_MESSAGE_PENDING);
}
void I2cRead(uint8_t *dat)
{
  I2C_MESSAGE_STATUS status;
  uint8_t    addr;
  addr=0;

  I2C_MasterWrite(&addr, 1, 0x50, &status);
  while (status == I2C_MESSAGE_PENDING);
  if (status != I2C_MESSAGE_COMPLETE)
    return;
  I2C_MasterRead(dat, 8, 0x50, &status);
  while (status == I2C_MESSAGE_PENDING);
}

void main(void)
{
  int cd;
  uint8_t rbuff[8];
  uint8_t wbuff[8];
  int i;
  I2C_MESSAGE_STATUS status = I2C_MESSAGE_PENDING;

  SYSTEM_Initialize();

  INTERRUPT_GlobalInterruptEnable();
  INTERRUPT_PeripheralInterruptEnable();

  sio_puts((char *)"I2C EEPROM Test.\n");
  while (1) {
    sio_puts((char *)"--- hit any key ---\n");
    sio_getc();
    sio_puts((char *)"My Name is \n");
    I2cRead(rbuff);
    for (i=0; i<8; i++) {
      if (rbuff[i])
        sio_putc(rbuff[i]);
      else
        break;
    }
    sio_putc('\n');
    //clear buffer
    for (i=0; i<8; i++) {
      wbuff[i]=0;
    }
    sio_puts((char *)"Input new name(max 8 char):");
    for (i=0; i<8; i++) {
      cd = sio_getc();
      sio_putc(cd);
      if ((cd=='\r')||(cd=='\n')) {
        break;
      }
      wbuff[i]=cd;
    }
    I2cWrite(wbuff);
    sio_puts((char *)"Write done.\n");
  }
}
```

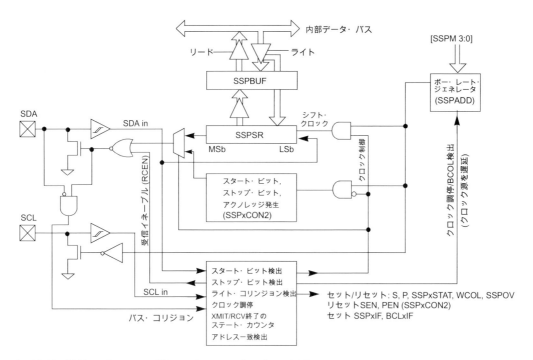

図 22-8[2] MSSP モジュールの I²C マスタ・モードのブロック図

MSSP モジュールにはマスタ・モードとスレーブ・モードがあります．24C02 はスレーブ・デバイスなのでマイコン側はマスタ・モードで使用します．

スレーブ・モードを使用する場合はマイコンどうしの通信を行う場合など，限られた用途になります．

LPCXpresso 版

プロジェクト名"i2c_eeprom"を作成します．**リスト 22-3** は LPC1347 の I²C プログラムです．

LPC1347 では LPCOpen ライブラリを使って，簡単にアクセスすることができます．

I²C のインターフェース関数は STM32F103 と同様に，I2cInit()，I2cRead()，I2cWrite()の三つの関数を作成しています．それぞれの関数の機能も STM32F103 のものと同じになります．

I2cInit()では I²C-BUS モジュールを初期化し，クロックを 400kHz としています．

I²C インターフェース・ピンの GPIO の設定は，GPIO の初期化で行っているためここでは行っていません．

I²C デバイス読み書き関数 Chip_I2CM_XferBlocking()

I²C のデバイスの読み書きは LPCOpen ライブラリ関数の Chip_I2CM_XferBlocking()を使用しています．**リスト 22-4** は Chip_I2CM_XferBlocking()とその関連関数です．

この関数は引数に I²C アクセス用の構造体 I2CM_XFER_T xfer を使用します．この構造体には，スレーブ・アドレス slaveAddr や送信/受信データのポインタ txBuff/rxBuff，サイズ txSz/rxSz をあらかじめセットしておきます．

スレーブ・アドレスは7bitアドレスを使用するため，0xA0ではなく0x50をセットします。I²Cでは通信の最初の1Byteで上位7bitがスレーブ・アドレスで，下位の1bitがR/$\overline{\text{W}}$ビットとなります。
　I²Cのアクセスではスタート・コンディションの発行，スレーブ・アドレスの発行，ACKのチェック，データの送信などを順に処理する必要がありますが，これらの処理はすべてChip_I2CM_XferBlocking()で行っています。
　Chip_I2CM_XferBlocking()では通信を開始した後，Chip_I2CM_XferHandler()を使ってそれぞれのステートの処理を行っています。
　ステートの変化はChip_I2CM_StateChanged()で確認しています。

リスト22-3　i2c_eepromのmain.c（LPC1347）

```
#define GPIO_IN     0
#define GPIO_OUT    1

#define ADRLEN  1   //24C02 address byte=1
void i2cInit()
{
  Chip_SYSCTL_DeassertPeriphReset(1);
  Chip_Clock_EnablePeriphClock(5);
  Chip_I2CM_ResetControl(LPC_I2C);
  Chip_I2CM_SetBusSpeed(LPC_I2C, 400000);   //CLK=400KHz
}
void i2cRead(uint8_t *dat)
{
  uint8_t buff[2]={0x00, 0x00};  //Read Address
  I2CM_XFER_T xfer;
  xfer.slaveAddr=0x50;
  xfer.txSz=ADRLEN;
  xfer.txBuff=buff;
  xfer.rxSz=8;
  xfer.rxBuff=(uint8_t *)dat;
  Chip_I2CM_XferBlocking(LPC_I2C, &xfer);
  return;
}

void i2cWrite(uint8_t *dat)
{
  uint8_t buff[10];
  //write 8 byte(address=0)
  int i;
  for(i=0; i<ADRLEN; i++){
    buff[i]=0;
  }
  for(i=0; i<8; i++){
    buff[i+ADRLEN]=dat[i];
  }
  I2CM_XFER_T xfer;
  xfer.slaveAddr=0x50;
  xfer.txSz=8+ADRLEN;
  xfer.txBuff=buff;
  xfer.rxSz=0;
  xfer.rxBuff=NULL;
  Chip_I2CM_XferBlocking(LPC_I2C, &xfer);
  return;
}

int main(void)
{
  int i, cd;
  uint8_t rbuff[8];
  uint8_t wbuff[8];

  SystemCoreClockUpdate();
  Board_Init();
  Board_LED_Set(0, true);

  GpioInit();
  i2cInit();
  sio_init(19200);
  sio_puts("I2C EEPROM Test.\n");

  while(1){
    sio_puts((char *)"--- hit any key ---\n");
    sio_getc();
    sio_puts((char *)"My Name is \n");
    i2cRead(rbuff);
    for(i=0; i<8; i++){
      if(rbuff[i])
        sio_putc(rbuff[i]);
      else
        break;
    }
    sio_putc('\n');
    //clear buffer
    for(i=0; i<8; i++){
      wbuff[i]=0;
    }
    sio_puts((char *)"Input new name(max 8 char):");
    for(i=0; i<8; i++){
      cd = sio_getc();
      sio_putc(cd);
      if((cd=='\r')||(cd=='\n')){
        break;
      }
      wbuff[i]=cd;
    }
    i2cWrite(wbuff);
    sio_puts((char *)"Write done.\n");
  }
  Chip_UART_DeInit(LPC_USART);
  return 0 ;
}
```

リスト 22-4　Chip_I2CM_XferBlocking()とその関連関数

```c
static INLINE uint32_t Chip_I2CM_StateChanged(LPC_I2C_T *pI2C)
{
  return pI2C->CONSET & I2C_CON_SI;
}
/* Master transfer state change handler handler */
uint32_t Chip_I2CM_XferHandler(LPC_I2C_T *pI2C, I2CM_XFER_T *xfer)
{
  uint32_t cclr = I2C_CON_FLAGS;

  switch (Chip_I2CM_GetCurState(pI2C)) {
    case 0x08:     /* Start condition on bus */
    case 0x10:     /* Repeated start condition */
      pI2C->DAT = (xfer->slaveAddr << 1) | (xfer->txSz == 0);
      break;

    /* Tx handling */
    case 0x20:     /* SLA+W sent NAK received */
    case 0x30:     /* DATA sent NAK received */
      if ((xfer->options & I2CM_XFER_OPTION_IGNORE_NACK) == 0) {
        xfer->status = I2CM_STATUS_NAK;
        cclr &= ~I2C_CON_STO;
        break;
      }

    case 0x18:     /* SLA+W sent and ACK received */
    case 0x28:     /* DATA sent and ACK received */
      if (!xfer->txSz) {
        if (xfer->rxSz) {
          cclr &= ~I2C_CON_STA;
        }
        else {
          xfer->status = I2CM_STATUS_OK;
          cclr &= ~I2C_CON_STO;
        }
      }
      else {
        pI2C->DAT = *xfer->txBuff++;
        xfer->txSz--;
      }
      break;

    /* Rx handling */
    case 0x58:     /* Data Received and NACK sent */
    case 0x50:     /* Data Received and ACK sent */
      *xfer->rxBuff++ = pI2C->DAT;
      xfer->rxSz--;

    case 0x40:     /* SLA+R sent and ACK received */
      if ((xfer->rxSz > 1) ||
          (xfer->options & I2CM_XFER_OPTION_LAST_RX_ACK)) {
        cclr &= ~I2C_CON_AA;
      }
      if (xfer->rxSz == 0) {
        xfer->status = I2CM_STATUS_OK;
        cclr &= ~I2C_CON_STO;
      }
      break;

    /* NAK Handling */
    case 0x48:     /* SLA+R sent NAK received */
      xfer->status = I2CM_STATUS_SLAVE_NAK;
      cclr &= ~I2C_CON_STO;
      break;

    case 0x38:     /* Arbitration lost */
      xfer->status = I2CM_STATUS_ARBLOST;
      break;

    case 0x00:     /* Bus Error */
      xfer->status = I2CM_STATUS_BUS_ERROR;
      cclr &= ~I2C_CON_STO;
      break;

    default:
      xfer->status = I2CM_STATUS_ERROR;
      cclr &= ~I2C_CON_STO;
      break;
  }

  /* Set clear control flags */
  pI2C->CONSET = cclr ^ I2C_CON_FLAGS;
  pI2C->CONCLR = cclr;

  return xfer->status != I2CM_STATUS_BUSY;
}

/* Transmit and Receive data in master mode */
void Chip_I2CM_Xfer(LPC_I2C_T *pI2C, I2CM_XFER_T *xfer)
{
  /* set the transfer status as busy */
  xfer->status = I2CM_STATUS_BUSY;
  /* Clear controller state. */
  Chip_I2CM_ResetControl(pI2C);
  /* Enter to Master Transmitter mode */
  Chip_I2CM_SendStart(pI2C);
}

/* Transmit and Receive data in master mode */
uint32_t Chip_I2CM_XferBlocking(LPC_I2C_T *pI2C, I2CM_XFER_T *xfer)
{
  uint32_t ret = 0;
  /* start transfer */
  Chip_I2CM_Xfer(pI2C, xfer);

  while (ret == 0) {
    /* wait for status change interrupt */
    while ( Chip_I2CM_StateChanged(pI2C) == 0) {}
    /* call state change handler */
    ret = Chip_I2CM_XferHandler(pI2C, xfer);
  }
  return ret;
}
```

第23章 SPI デバイスのリード/ライト

　SPI（Serial Peripheral Interface）は，主にデバイス間通信のためのシリアル・インターフェースです．I²C とともによく使われます．

　図 23-1 は SPI の動作イメージです．図のように，SPI ではマスタ・デバイスとスレーブ・デバイスがあり，マスタ・デバイス主導でシフトレジスタを使って通信を行います．通信の信号線は，SCK（Shift Clock），MISO（Master In/Slave Out），MOSI（Master Out/Slave In）です．ほかにデバイス選択に$\overline{CS}$（Chip Select）を使います．

　名前の通りマスタ・デバイスから見ると，MISO が入力，MOSI が出力です．SPI はシンプルな構造のため GPIO を使っても簡単に構成することができます．

　通信方法はマスタ・デバイスのシフトレジスタに送信したいデータをセットし，SPI のクロック・ジェネレータからシフトクロックを送ります．8 クロックで 1Byte のデータがマスタからスレーブに送られますが，同時にスレーブ・デバイスのシフトレジスタの値がマスタ・デバイスのシフトレジスタに転送されます．このように，SPI 通信では送信と受信が同時に行われるので，受信のみ行いたい場合はダミー・データ（例えば FFh）を送る必要があります．

　$\overline{CS}$でデバイスを選択できるので，図 23-2 のように複数のデバイスをバス接続することができます．

　ここでは，PC のターミナルを使って SPI EEPROM の動作を確認するプログラムを紹介します．プログラムの動作は I²C EEPROM のプログラムと同様に，PC と接続してターミナルを起動します．起動時には SPI EEPROM に書き込まれた名前が表示されるようになっています．続けて新しい名前を入力すると，新しい名前が SPI EEPROM に書き込まれます．

SPI プログラム作成上の注意点

　SPI をマイコンで利用する場合は周辺デバイスを制御する用途がほとんどなので，マイコン側がマスタ・デバイスとなります．

　SPI は仕組み的には 8bit のシフトレジスタであり，シフトレジスタにデータをセットしてクロックを与えるだけで通信が行えます．クロック周波数はターゲット・デバイスで使用可能な周波数が決まるので，ターゲット・デバイスが動作する範囲の周波数に設定する必要があります．

　SPI はクロック同期通信なので，UART のような調歩同期通信と違い送信側と受信側で通信速度を合わ

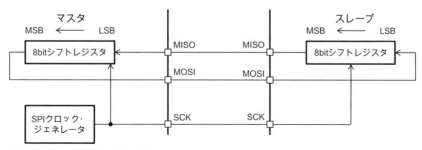

図 23-1　SPI の動作イメージ

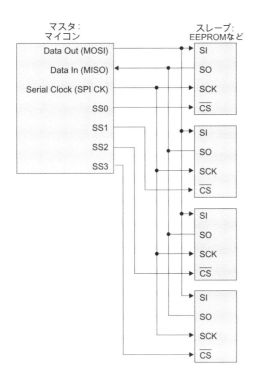

図 23-3[9]　25AA020 のピン配置

図 23-2[8]　複数デバイスの接続方法

せる必要がありません．これはスレーブ・デバイスがターゲット・デバイスから送られて来るクロックに合わせて動作するためです．クロック周波数はかなり自由に選択できるので扱いやすい通信方法です．

　SPIの注意点は送信と受信が同時に行われるという点です．SPIで通信をする場合，データの読み出し時にも何らかのデータを送信する必要があります．送信データをすべてコマンドとして受け取るようなデバイスがターゲットの場合，データを受信する際もコマンドを送信することになるので，このときにおかしなコマンドを送って誤動作することのないように NOP のような動作に支障のないコマンドを送ります．

シリアル EEPROM のリード/ライト

　代表的な SPI デバイスの一つにシリアル EEPROM があります．シリアル EEPROM は小規模の不揮発性のメモリで，25XXX という型番で共通化されたデバイスが各社から販売されています．XXX は容量を表し，000 は 128bit，010 は 1Kbit，040 は 4Kbit，128 は 128Kbit などです．一例として，25AA020（マイクロチップ社）のピン配置を図 23-3 に示します．

　図 23-4 に 25020 の読み出しと書き込みのタイミングを示します．25020 では，$\overline{CS}$=Low にしてから最初の 1Byte がコマンド，2Byte 目がアドレスです．

　3Byte 目からはデータで，読み出しコマンドの場合は受信データが SO から出力され，書き込みコマンドの場合は SI に書き込むデータを送信します．

　読み出しコマンドの場合は $\overline{CS}$ を Low のままにしてクロックを送り続けると，連続したアドレスのデータを読み出すことができます．書き込み時には同様の方法で 8Byte までのデータを同時に書き込むことができます．

| 198 |　第 23 章　SPI デバイスのリード/ライト

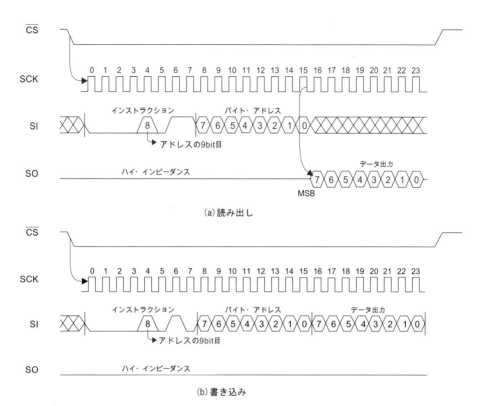

図23-4[8]　25020の読み出しと書き込みのタイミング

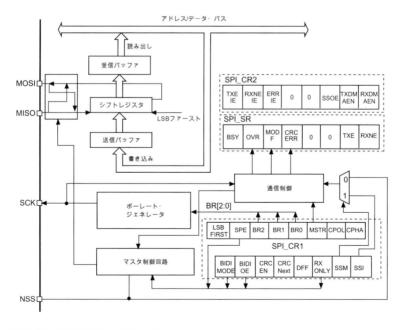

図23-5[1]　STM32F103のSPIモジュール

シリアルEEPROMのリード/ライト | 199

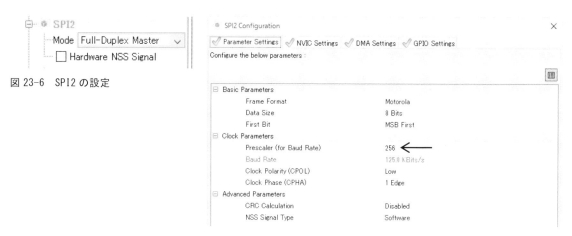

図 23-6　SPI2 の設定

図 23-7　SPI2 のクロック設定

Nucleo 版

STM32F103 には，SPI インターフェースとして，SPI1 と SPI2 の二つの通信モジュールがあります（図 23-5）．図の左上にあるシフトレジスタが SPI のシフトレジスタになります．

マスタ・モードで使用する場合は，MISO から入力されたデータがシフトレジスタに入り，シフトレジスタの出力が MOSI から出力されます．スレーブ・モードの場合は IN/OUT が逆になります．

SPI の制御はマスタ/スレーブの選択やボー・レートの設定，割り込みや DMA の制御など，少々複雑ですが，STM32 の HAL ライブラリを使用する場合は，HAL ライブラリに SPI のインターフェース・ライブラリがあるため簡単に SPI を使用することができます．

プロジェクト名"spi_eeprom"を作成します．**リスト 23-1** は HAL ライブラリを利用した STM32F103 の SPI プログラムです．

SPI の読み書きは SpiRead()と SpiWrite ()で行っています．SpiRead()，SpiWrite()は，$\overline{CS}$ピンを制御する SpiCS()と SPI の読み書き関数の SpiRD()，SpiWR()を使用しています．SpiRead()，SpiWrite()はハードウェア依存なので，使用するマイコンに合わせて書き換える必要があります．

STM32CubeMX の設定

SPI 通信は HAL ライブラリの HAL_SPI_Transmit()と HAL_SPI_Receive()を使用しています．この関数を使用する際には，SPI モジュールが適切に設定されている必要があります．

STM32CubeMX の設定は，「Pinout」タブで**図 23-6** のように SPI2 モジュールを「Full-Duplex Master」に設定します．

また，「Configuration」タブでは「SPI2」の設定で**図 23-7** のようにクロックを設定します．SPI のクロックは書き込みに使用するデバイスによって上限があるので，低速なデバイスでも使用できるように「125.0Kbits/s」に設定しています．

リスト23-1　spi_eepromのmain.c（STM32F103）

```c
SPI_HandleTypeDef hspi2;
UART_HandleTypeDef huart2;

#define  SPI_CS_PORT   GPIOB
#define  SPI_CS_PIN    GPIO_PIN_5

//SPI 250X0 Commands
#define  WREN    0x06      //Write Enable
#define  WRDI    0x04      //Write Disable
#define  RDSR    0x06      //Read Status
#define  WRSR    0x01      //Write Status
#define  READ    0x03      //Read Command
#define  WRITE   0x02      //Write Command
#define  delay_ms(x)   HAL_Delay(x)

void SystemClock_Config(void);
static void MX_GPIO_Init(void);
static void MX_SPI2_Init(void);
static void MX_USART2_UART_Init(void);

//SPI EEPROM Interface =====================================
void SpiCS(int pin)
{
  delay_ms(1);
  if(pin){
    HAL_GPIO_WritePin(SPI_CS_PORT, SPI_CS_PIN, GPIO_PIN_SET);
  }else{
    HAL_GPIO_WritePin(SPI_CS_PORT, SPI_CS_PIN, GPIO_PIN_RESET);
  }
  delay_ms(1);
}

void SpiWR(uint8_t *dat, int cnt)
{
  HAL_SPI_Transmit(&hspi2, dat, cnt, 1000);
}

void SpiRD(uint8_t *dat, int cnt)
{
  HAL_SPI_Receive(&hspi2, dat, cnt, 1000);
}

void SpiWrite(uint8_t *dat)
{
  //write 8 byte(address=0)
  uint8_t cmd[2];
  SpiCS(0); //CS=L
  cmd[0]=WREN; //Write Enable
  SpiWR(cmd, 1);
  SpiCS(1); //CS=H
  delay_ms(1);
  SpiCS(0); //CS=L
  cmd[0]=WRITE; //Write Command
  cmd[1]=0x00;  //Write Address=0
  SpiWR(cmd, 2);
  SpiWR(dat, 8);
  SpiCS(1);
}

void SpiRead(uint8_t *dat)
{
  uint8_t cmd[2];
  SpiCS(0); //CS=L
  //read 8 BYTE (address=0)
  cmd[0]=READ; //Read Command
  cmd[1]=0x00; //Read Address=0
  SpiWR(cmd, 2);
  SpiRD(dat, 8);
  SpiCS(1);
}

int main(void)
{
  int cd;
  uint8_t rbuff[8];
  uint8_t wbuff[8];
  int i;

  HAL_Init();

  SystemClock_Config();

  MX_GPIO_Init();
  MX_SPI2_Init();
  MX_USART2_UART_Init();

  sio_puts("SPI EEPROM Test.\n");
  SpiCS(1);

  while(1){
    sio_puts((char *)"--- hit any key ---\n");
    sio_getc();
    sio_puts((char *)"My Name is \n");
    SpiRead(rbuff);
    for(i=0; i<8; i++){
      if(rbuff[i])
        sio_putc(rbuff[i]);
      else
        break;
    }
    sio_putc('\n');
    //clear buffer
    for(i=0; i<8; i++){
      wbuff[i]=0;
    }
    sio_puts((char *)"Input new name(max 8 char):");
    for(i=0; i<8; i++){
      cd = sio_getc();
      sio_putc(cd);
      if((cd=='\r')||(cd=='\n')){
        break;
      }
      wbuff[i]=cd;
    }
    SpiWrite(wbuff);
    sio_puts((char *)"Write done.\n");
  }
}

/* SPI2 init function */
void MX_SPI2_Init(void)
{
  hspi2.Instance = SPI2;
  hspi2.Init.Mode = SPI_MODE_MASTER;
  hspi2.Init.Direction = SPI_DIRECTION_2LINES;
  hspi2.Init.DataSize = SPI_DATASIZE_8BIT;
  hspi2.Init.CLKPolarity = SPI_POLARITY_LOW;
  hspi2.Init.CLKPhase = SPI_PHASE_1EDGE;
  hspi2.Init.NSS = SPI_NSS_SOFT;
  hspi2.Init.BaudRatePrescaler = SPI_BAUDRATEPRESCALER_256;
  hspi2.Init.FirstBit = SPI_FIRSTBIT_MSB;
  hspi2.Init.TIMode = SPI_TIMODE_DISABLED;
  hspi2.Init.CRCCalculation = SPI_CRCCALCULATION_DISABLED;
  hspi2.Init.CRCPolynomial = 10;
  HAL_SPI_Init(&hspi2);
}
```

PIC16F 版

PIC16F1789 には MSSP モジュールというシリアル通信モジュールが内蔵されていて，SPI 通信を簡単に行うことができます．

図 23-8 は SPI モードの MSSP モジュールのブロック図です．シフトレジスタは SSPSR レジスタで，SSPBUF レジスタを介して書き込みと読み出しを行うことができます．シフトクロックは，TMR2 やプリスケーラを使って調整することができます．

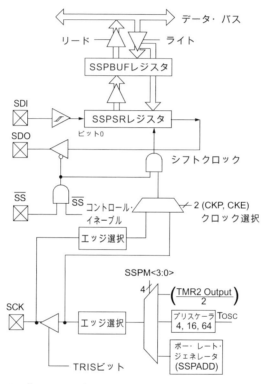

図 23-8[2]　MSSP モジュールの SPI モードのブロック図

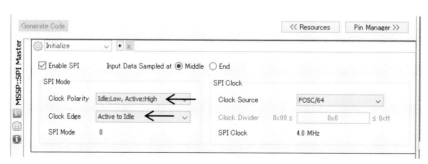

図 23-9　MSSP モジュールの SPI モードの設定

| 202 |　第 23 章　SPI デバイスのリード/ライト

プロジェクト名"spi_eeprom"を作成します．**リスト 23-2** は，PIC16F1789 の SPI プログラムです．**図 23-9** は Code Configurator の SPI の設定画面です．

SPI にはクロックの極性やエッジの使い方に四つのモードがあり，ターゲット・デバイスに合わせてモードを設定する必要があります．

図 23-10 は，SPI の各モードでのクロックとデータの関係を示しています．**図 23-10** では，CKP=0, CKE=1 の設定となります．

リスト 23-2 spi_eeprom の main.c (PIC16F1789)

```c
//SPI 250X0 Commands
#define WREN   0x06    //Write Enable
#define WRDI   0x04    //Write Disable
#define RDSR   0x06    //Read Status
#define WRSR   0x01    //Write Status
#define READ   0x03    //Read Command
#define WRITE  0x02    //Write Command

void SpiCS(int pin)
{
  //delay_ms(1);
  RB6=pin;
  //delay_ms(1);
}

void SpiWR(uint8_t *dat, int cnt)
{
  int i;
  for(i=0; i<cnt; i++){
    SPI_Exchange8bit(dat[i]);
  }
}

void SpiRD(uint8_t *dat, int cnt)
{
  int i;
  for(i=0; i<cnt; i++){
    dat[i]=SPI_Exchange8bit(0xff);
  }
}

void SpiWrite(uint8_t *dat)
{
  //write 8 byte(address=0)
  uint8_t cmd[2];
  SpiCS(0);       //CS=L
  cmd[0]=WREN;    //Write Enable
  SpiWR(cmd, 1);
  SpiCS(1);       //CS=H
  delay_ms(1);
  SpiCS(0);       //CS=L
  cmd[0]=WRITE;   //Write Command
  cmd[1]=0x00;    //Write Address=0
  SpiWR(cmd, 2);
  SpiWR(dat, 8);
  SpiCS(1);
}

void SpiRead(uint8_t *dat)
{
  uint8_t cmd[2];
  SpiCS(0);       //CS=L
  //read 8 BYTE(address=0)
  cmd[0]=READ;    //Read Command
  cmd[1]=0x00;    //Read Address=0
  SpiWR(cmd, 2);
  SpiRD(dat, 8);
  SpiCS(1);
}

void main(void)
{
  int cd;
  uint8_t rbuff[8];
  uint8_t wbuff[8];
  int i;

  SYSTEM_Initialize();

  INTERRUPT_GlobalInterruptEnable();

  INTERRUPT_PeripheralInterruptEnable();

  sio_puts("SPI EEPROM Test.¥n");
  SpiCS(1);
  while(1){
    sio_puts((char *)"--- hit any key ---¥n");
    sio_getc();
    sio_puts((char *)"My Name is ¥n");
    SpiRead(rbuff);
    for(i=0; i<8; i++){
      if(rbuff[i])
        sio_putc(rbuff[i]);
      else
        break;
    }
    sio_putc('¥n');
    //clear buffer
    for(i=0; i<8; i++){
      wbuff[i]=0;
    }
    sio_puts((char *)"Input new name(max 8 char):");
    for(i=0; i<8; i++){
      cd = sio_getc();
      sio_putc(cd);
      if((cd=='¥r')||(cd=='¥n')){
        break;
      }
      wbuff[i]=cd;
    }
    SpiWrite(wbuff);
    sio_puts((char *)"Write done.¥n");
  }
}
```

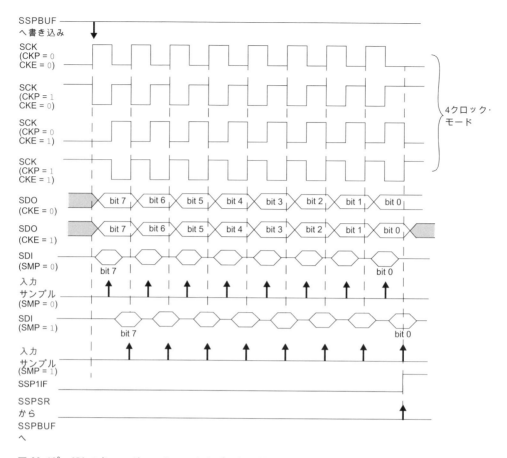

図 23-10[2] SPI の各モードでのクロックとデータの関係

LPCXresso 版

　LPC1347 には，SPI インターフェースとして，SSP0 と SSP1 の二つの通信モジュールがあります．ここでは，SSP0 を使って，25AA020 に読み書きを行います．

　リスト 23-3 は，LPC1347 の SPI プログラムです．このプログラムでは，LPCOpen ライブラリを使って，SPI のアクセスを行っています．

　SPI の初期化は SpiInit() で行い，SPI の通信は，SpiRW() で行っています．

　それ以外のプログラムは，STM32F103 や PIC16F1789 と全く同じです．ただし LPC1347 の動作が速いため，そのままでは 25AA020 が誤動作するため，SPI のアクセスの際には，簡単なウェイトを入れています．

リスト23-3 spi_eepromのmain.c（LPC1347）

```c
//SPI 250X0 Commands
#define  WREN    0x06    //Write Enable
#define  WRDI    0x04    //Write Disable
#define  RDSR    0x06    //Read Status
#define  WRSR    0x01    //Write Status
#define  READ    0x03    //Read Command
#define  WRITE   0x02    //Write Command

#define  CS_PORT gpio_set[enSDSEL].port
#define  CS_PIN  gpio_set[enSDSEL].pin

void wait()
{
    int i;
    for(i=0; i<10000; i++){
        //dummy
    }
}

void SpiCS(int pin)
{
    wait();
    Chip_GPIO_WritePortBit(LPC_GPIO_PORT, CS_PORT, CS_PIN, pin);
    wait();
}

char SpiRW(char dat)
{
    char retc;
    wait();
    Chip_SSP_SendFrame(LPC_SSP0, dat);
    while (Chip_SSP_GetStatus(LPC_SSP0, SSP_STAT_RNE) != SET);
    retc=Chip_SSP_ReceiveFrame(LPC_SSP0);
    wait();
    return retc;
}

void SpiWR(uint8_t *dat, int cnt)
{
    int i;
    for(i=0; i<cnt; i++){
        SpiRW(dat[i]);
    }
}

void SpiRD(uint8_t *dat, int cnt)
{
    int i;
    for(i=0; i<cnt; i++){
        dat[i]=SpiRW(0xff);
    }
}

void SpiWrite(uint8_t *dat)
{
    //write 8 byte(address=0)
    uint8_t cmd[2];
    SpiCS(0);    //CS=L
    cmd[0]=WREN; //Write Enable
    SpiWR(cmd, 1);
    SpiCS(1);    //CS=H
    wait();
    SpiCS(0);    //CS=L
    cmd[0]=WRITE;//Write Command
    cmd[1]=0x00; //Write Address=0
    SpiWR(cmd, 2);
    SpiWR(dat, 8);
    SpiCS(1);
}

void SpiInit()
{
    Board_SSP_Init(LPC_SSP0);
    Chip_SSP_Init(LPC_SSP0);
    Chip_SSP_SetFormat(LPC_SSP0, SSP_BITS_8,
                 SSP_FRAMEFORMAT_SPI, SSP_CLOCK_MODE0);
    Chip_SSP_SetMaster(LPC_SSP0, 1);//Master
    Chip_SSP_Enable(LPC_SSP0);
}

void SpiRead(uint8_t *dat)
{
    uint8_t cmd[2];
    SpiCS(0);    //CS=L
    //read 8 BYTE(address=0)
    cmd[0]=READ; //Read Command
    cmd[1]=0x00; //Read Address=0
    SpiWR(cmd, 2);
    SpiRD(dat, 8);
    SpiCS(1);
}

int main(void)
{
    int i, cd;
    uint8_t rbuff[8];
    uint8_t wbuff[8];

    SystemCoreClockUpdate();

    Board_Init();
    Board_LED_Set(0, true);

    GpioInit();
    SpiInit();
    sio_init(19200);
    sio_puts("SPI EEPROM Test.\n");
    SpiCS(1);

    while(1){
        sio_puts((char *)"--- hit any key ---\n");
        sio_getc();
        sio_puts((char *)"My Name is \n");
        SpiRead(rbuff);
        for(i=0; i<8; i++){
            if(rbuff[i])
                sio_putc(rbuff[i]);
            else
                break;
        }
        sio_putc('\n');
        //clear buffer
        for(i=0; i<8; i++){
            wbuff[i]=0;
        }
        sio_puts((char *)"Input new name(max 8 char):");
        for(i=0; i<8; i++){
            cd = sio_getc();
            sio_putc(cd);
            if((cd=='\r')||(cd=='\n')){
                break;
            }
            wbuff[i]=cd;
        }
        SpiWrite(wbuff);
        sio_puts((char *)"Write done.\n");
    }
    Chip_UART_DeInit(LPC_USART);

    return 0;
}
```

二つの SPI モジュールを使った高速通信テスト

SPI は内部構造が単純なシフトレジスタのため高速化しやすく，実際に 20MHz で動作する内蔵モジュールもあります．STM32F103 には二つの SPI モジュールを内蔵しているので，これらを使って高速通信テストを行ってみます．

テスト環境

図 23-11 はテスト環境のブロック図です．UART で受信したデータを SPI1 から SPI2 に送信して，SPI2 で受信したデータを UART から送信します．写真 23-1 は SPI 高速通信テストの様子です．
SPI1 と SPI2 の接続は，次のようになります．

- SPI1 　　　　　　　　　　　　SPI2
  SCK1：PA5（CN10-11）　→　SCK2：PB13（CN10-30）
  MISO1：PA6（CN10-13）　→　MISO2:PB14（CN10-28）
  MOSI1：PA7（CN10-15）　→　MOSI2:PB15（CN10-26）

プログラムの作成

プロジェクト名"spi_comm"を作成します．リスト 23-4 にプログラムを示します．
図 23-12 に STM32CubeMX の SPI 通信のピン設定を示します．MPU トレーナでは SPI2 のみを使用

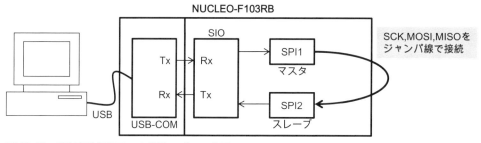

図 23-11　SPI 高速通信テスト環境のブロック図

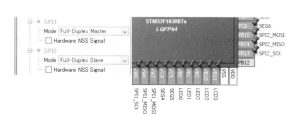

図 23-12　SPI の設定

写真 23-1　ジャンパの状態

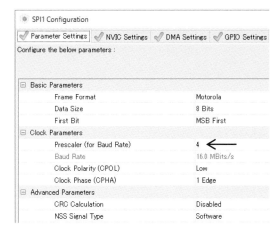
図23-13　SPI1の設定

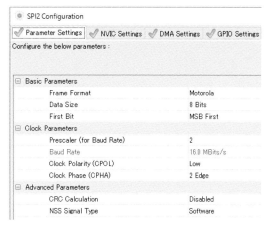
図23-14　SPI2の設定

図23-15　SPI2の割り込みの設定

してSPI1のピンは他の用途に使用していますが，ここでは二つのSPIを使用するためにSPI1も設定しています．SPI1はPA5~PA7を使用します．また，SPI1を「Full Duplex Master」，SPI2を「Full Duplex Slave」に設定しています．

図23-13はSPI1のパラメータ設定です．図のようにプリスケーラを「4」に設定して，ボー・レートを16.0MBits/sに設定しています．STM32F103ではSPIは18MHzが最高周波数となっているので，この設定は設定可能な周波数の最高値です．

SPI2のパラメータ設定と割り込み設定を図23-14と図23-15に示します．SPI2はスレーブで使用し受信割り込みを拾うために，割り込みを有効にしています．

プログラムの流れ

プログラムの流れは，次のようになっています．

NUCLEO-F103はPCとUSBで接続しますが，このボードはPCとSTM32F103を仮想COMポートで接続することができます．

STM32F103のUARTからデータを受信すると，受信データをSPI1で送信します．ソース・コードでは①がこの部分に相当します．

NUCLEO-F103RBのSPI1とSPI2を外部でジャンパ線で接続しておくと，SPI1で送信されたデータはSPI2で受信されます．SPI2でデータを受信すると今度は受信したデータをUARTから送信します．ソース・コードでは②がこの部分です．

これでSPI通信が正常に行えると，PCのターミナルでは送信した文字がエコー・バックして表示されることになります．

リスト23-4 spi_comm の main.c (STM32F103)

```c
ADC_HandleTypeDef hadc1;

SPI_HandleTypeDef hspi1;
SPI_HandleTypeDef hspi2;

UART_HandleTypeDef huart2;

volatile int SioRcv=0;
volatile int SpiRcv=0;

void SystemClock_Config(void);
static void MX_GPIO_Init(void);
static void MX_SPI1_Init(void);
static void MX_SPI2_Init(void);
static void MX_USART2_UART_Init(void);

uint8_t transdat[10]={1, 2, 3, 4, 5, 6, 7, 8, 9, 10};
uint8_t recvdat[10];

uint8_t SioBuf, SpiBuf;

void HAL_SPI_RxCpltCallback(SPI_HandleTypeDef *hspi)
{
  if(hspi!=&hspi2)
    return;
  SpiRcv=1;
  HAL_SPI_Receive_IT(&hspi2, &SpiBuf, 1);
}

void HAL_UART_RxCpltCallback(UART_HandleTypeDef *huart)
{
  SioRcv=1;
  HAL_UART_Receive_IT(&huart2, &SioBuf, 1);
}

int main(void)
{
  uint8_t sio_sd, spi_sd;

  HAL_Init();

  SystemClock_Config();

  MX_GPIO_Init();
  MX_SPI1_Init();
  MX_SPI2_Init();
  MX_USART2_UART_Init();

  HAL_UART_Transmit_IT(&huart2,
        (uint8_t *)"SPI Communication test.\n", 24);
  HAL_SPI_Receive_IT(&hspi2, &SpiBuf, 1);
  HAL_UART_Receive_IT(&huart2, &SioBuf, 1);
  SioRcv=0;
  SpiRcv=0;

  while (1)
  {
    if(SioRcv){
      SioRcv=0;
      spi_sd=SioBuf;
      HAL_SPI_Transmit(&hspi1, &spi_sd, 1, 5000);   //①
    }
    if(SpiRcv){
      SpiRcv=0;
      sio_sd=SpiBuf;
      HAL_UART_Transmit_IT(&huart2, &sio_sd, 1);    //②
    }
  }
}

/* SPI1 init function */
void MX_SPI1_Init(void)
{

  hspi1.Instance = SPI1;
  hspi1.Init.Mode = SPI_MODE_MASTER;
  hspi1.Init.Direction = SPI_DIRECTION_2LINES;
  hspi1.Init.DataSize = SPI_DATASIZE_8BIT;
  hspi1.Init.CLKPolarity = SPI_POLARITY_LOW;
  hspi1.Init.CLKPhase = SPI_PHASE_1EDGE;
  hspi1.Init.NSS = SPI_NSS_SOFT;
  hspi1.Init.BaudRatePrescaler = SPI_BAUDRATEPRESCALER_4;
  hspi1.Init.FirstBit = SPI_FIRSTBIT_MSB;
  hspi1.Init.TIMode = SPI_TIMODE_DISABLED;
  hspi1.Init.CRCCalculation = SPI_CRCCALCULATION_DISABLED;
  hspi1.Init.CRCPolynomial = 10;
  HAL_SPI_Init(&hspi1);

}

/* SPI2 init function */
void MX_SPI2_Init(void)
{

  hspi2.Instance = SPI2;
  hspi2.Init.Mode = SPI_MODE_SLAVE;
  hspi2.Init.Direction = SPI_DIRECTION_2LINES;
  hspi2.Init.DataSize = SPI_DATASIZE_8BIT;
  hspi2.Init.CLKPolarity = SPI_POLARITY_LOW;
  hspi2.Init.CLKPhase = SPI_PHASE_2EDGE;
  hspi2.Init.NSS = SPI_NSS_SOFT;
  hspi2.Init.BaudRatePrescaler = SPI_BAUDRATEPRESCALER_2;
  hspi2.Init.FirstBit = SPI_FIRSTBIT_MSB;
  hspi2.Init.TIMode = SPI_TIMODE_DISABLED;
  hspi2.Init.CRCCalculation = SPI_CRCCALCULATION_DISABLED;
  hspi2.Init.CRCPolynomial = 10;
  HAL_SPI_Init(&hspi2);

}

/* USART2 init function */
void MX_USART2_UART_Init(void)
{

  huart2.Instance = USART2;
  huart2.Init.BaudRate = 115200;
  huart2.Init.WordLength = UART_WORDLENGTH_8B;
  huart2.Init.StopBits = UART_STOPBITS_1;
  huart2.Init.Parity = UART_PARITY_NONE;
  huart2.Init.Mode = UART_MODE_TX_RX;
  huart2.Init.HwFlowCtl = UART_HWCONTROL_NONE;
  huart2.Init.OverSampling = UART_OVERSAMPLING_16;
  HAL_UART_Init(&huart2);

}
```

SD メモリーカードのセクタにアクセス

SD メモリーカード（SD カード）は標準サイズの SD カードのほかに，mini SD，micro SD といった製品がありますが，どれも同じインターフェースを持っています．SD カードはもともとはマルチメディア・カードと呼ばれる MMC カードを拡張した製品で，MMC カードの仕様を踏襲しています．MMC カードは SPI でアクセスできる製品で，SD カードでもこの仕様を踏襲しており SPI 通信で通信可能です．

ここでは，ターミナルと MPU トレーナの SW0 を使って，SD カードのセクタにアクセスするプログラムを紹介します．MPU トレーナには，SPI 通信で使用できる SD カードのソケットが搭載されています．mini SD も micro SD も，変換アダプタを使えば標準の SD カードとして MPU トレーナに接続することができます．

ターミナルを起動してプログラムをスタートすると，SD カードを挿入するように促されます．SD カードを MPU トレーナに挿入して SW0 を押すと，正常に初期化ができれば初期化完了のメッセージが表示されます．次に，再度 SW0 を押すと SD カードのセクタ 0 が表示されます．図 23-16，図 23-17 に実行結果を示します．SD カードのセクタは 512Byte あり，セクタ 0 の最後は 55 AA（0xAA55：リトル・エンディアン）で終わっているのでセクタ 0 が正しく読み取れていることが分かります．

なお，ここで使用できる SD カードは 2GByte 以下の容量の SD カードとなります．最近では，SD カードの大容量化が進んでおり，もっと大容量のカードが使用されていますが，これらの製品は SDHC という

図 23-16　プログラムの実行結果

図 23-17　プログラムの実行結果（LPC1347）

規格の製品で，標準の SD カードとは若干仕様が異なります．そのため，ここで使用するプログラムでは動作しないので注意してください．

SD メモリーカードの SPI モード

SD カードは SPI で制御可能ですが，標準インターフェースは SPI ではなく SD カードの専用モードとなっています．起動時にはインターフェースが専用モードになっているため，SPI モードでコマンドをやり取りするためには特別な手順が必要となります．

図 23-18 は SPI モードへの初期化手順のフローチャートです．図のように，SPI モードにするためには最初に $\overline{CS}$ と SDI を High にした状態で，100k～400kHz の周波数で，74 クロック以上のクロックを送る必要があります．これで SD カードが SPI で使用可能な状態になりますが，この状態ではまだ SD カードの初期化が終わっておらず，一部のコマンドしか使用できません．

そこで，SD カードの初期化を行うため GO IDLE コマンドを発行し，SEND OP コマンドで初期化を行います．SEND OP コマンドは初期化完了になるまで繰り返し発行します．

初期化が完了すれば，あとは READ BLOCK コマンドと WRITE BLOCK コマンドで，セクタを読み書きしたり，SEND CID などのコマンドで SD カードの情報を読み出したりすることができます．

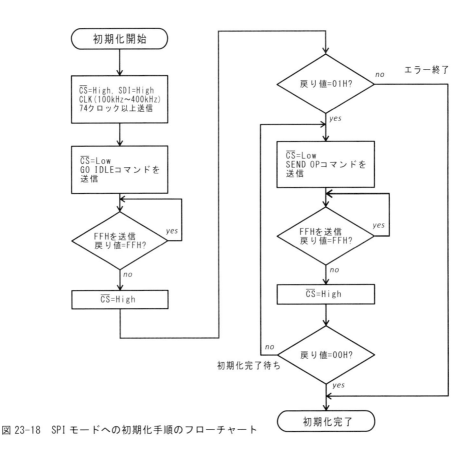

図 23-18　SPI モードへの初期化手順のフローチャート

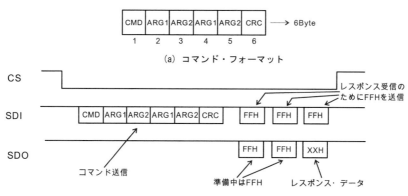

図 23-19 SPI コマンドのフォーマットとタイム・チャート

SPI モードの主なコマンド

図 23-19 に SPI コマンドのフォーマットとタイム・チャートを示します．

SPI モードのコマンドは図のように，1Byte のコマンドと，4Byte の引数，1Byte の CRC の計 6Byte で構成されています．

GO IDLE コマンドで SD カードをリセットすると，デフォルトで CRC が無効になるため，実際に CRC が必要になるのは GO IDLE コマンドだけになります．

コマンドを発行すると SD カードはレスポンスを返します．レスポンスを受け取るには SPI から FFh を送信して，そのときのデータを読み出します．

表 23-1 は主な SPI コマンドとレスポンスです．SPI コマンドはこれ以外にもいくつかありますが，SD カードを読み書きするだけであればこの表のコマンドだけで十分です．

CSD と CID は，SD カードの内部レジスタで，128bit（16Byte）のサイズになっています．

CSD は Card Specific Data で，カードの容量やブロック・サイズなどのパラメータを知ることができます．

CID は Card IDentification で，カードの製造ベンダや製品名が格納されています．

表 23-1 主なコマンドとレスポンス

番号	コード	機能	引数
9	40h	GO IDLE	—
1	41h	SEND IP	—
9	49h	SEND CSD	—
10	4Ah	SEND CID	—
17	51h	READ BLOCK	アドレス
24	58h	WRITE BLOCK	アドレス

テスト・プログラムの動作

リスト 23-5～リスト 23-7 に，SD カードのテスト・プログラムを示します．SPI モジュールの設定は spi_eeprom と同じです．

SD カードのコマンドは配列で定義しています．コマンド送信用関数は SendCmd(char *cmd, bool cscont)で，cmd はコマンドのポインタ，cscont は true なら $\overline{CS}$ も制御しています．

セクタ 0 の読み出し処理は ReadSect0()で行っていますが，初期化処理は main()内で行っています．

リスト 23-5　sd_card の main.c（STM32F103）

```c
// SPI I/F =======================================
void SpiCS(int pin)
{
  delay_ms(1);
  if(pin){
    HAL_GPIO_WritePin(SPI_CS_PORT, SPI_CS_PIN, GPIO_PIN_SET);
  }else{
    HAL_GPIO_WritePin(SPI_CS_PORT, SPI_CS_PIN, GPIO_PIN_RESET);
  }
  delay_ms(1);
}
//-------------------------------------------------
void SpiWR(uint8_t *dat, int cnt)
{
  HAL_SPI_Transmit(&hspi2, dat, cnt, 1000);
  delay_ms(1);
}
//-------------------------------------------------
void SpiRD(uint8_t *dat, int cnt)
{
  HAL_SPI_Receive(&hspi2, dat, cnt, 1000);
  delay_ms(1);
}
//-------------------------------------------------
void SpiW(uint8_t dat)
{
  HAL_SPI_Transmit(&hspi2, &dat, 1, 1000);
  delay_ms(1);
}
//-------------------------------------------------
uint8_t SpiR()
{
  uint8_t dat;
  HAL_SPI_Receive(&hspi2, &dat, 1, 1000);
  delay_ms(1);
  return dat;
}
//-------------------------------------------------

//for SD ==========================================
//=================================================
// SD カードのコマンド（すべて6バイト）
//=================================================
char CmdGoIdle[6]={0x40, 0x00, 0x00, 0x00, 0x00, 0x95};
char CmdSendOp[6]={0x41, 0x00, 0x00, 0x00, 0x00, 0x01};
char CmdReadBl[6]={0x51, 0x00, 0x00, 0x00, 0x00, 0x01};

//-------------------------------------------------
// SD カードコマンド用
//-------------------------------------------------
char SendCmd(char *cmd, bool cscont)
{
  //6バイトのコマンドを送り，応答を返す
  //cscont=true なら，CS も制御する
  int i;
  unsigned char ret;

  if(cscont)
    SpiCS(0);
  //dummy サイクル
  SpiW(0xff);
  for(i=0; i<6; i++){
    SpiW(cmd[i]);
  }
  //レスポンスを待つ
  for(i=0; i<10; i++){
    ret=SpiR();
    if(ret!=0xff)
      break;
  }
  if(cscont)
    SpiCS(1);

  return ret;
}
//-------------------------------------------------
// セクタ0の読み出し
//-------------------------------------------------
void DataDump16(unsigned char *buff)
{
  //16バイトのデータダンプ
  char ascdump[18];
  unsigned char ch;
  int i;

  for(i=0; i<16; i++){
    ch=buff[i];
    sio_printf("%02X ", ch);
    if(i==7)
      sio_puts("- ");
    if((ch<0x20)||(ch>=0xe0))
      ch='.';
    if(i<8)
      ascdump[i]=ch;
    else
      ascdump[i+1]=ch;
  }
  ascdump[8]='-';
  ascdump[17]=0;
  sio_puts(ascdump);
  sio_puts("\n");
}

//-------------------------------------------------
void ReadSect0()
{
  unsigned char buff[16];
  char i, j;
  unsigned char ret;

  sio_puts("---- セクタ0ダンプ開始 ----\n");
  //リードコマンド発行
  SpiCS(0);
  ret=SendCmd(CmdReadBl, false);
  if(ret!=0){
    sio_puts("リードコマンドが失敗しました(1)．ボードをリセットしてやり直してください．\n");
    SpiCS(1);
    return;
  }
  //データ準備待ち
  do{
    ret=SpiR();
  }while(ret==0xff);
  if(ret!=0xfe){
    sio_puts("リードコマンドが失敗しました(2)．ボードをリセットしてやり直してください．\n");
    sio_printf("Err=%d\n", ret);
    SpiCS(1);
    return;
  }
  //1セクタ=512バイト(16x32)の読み出しとダンプ
  for(i=0; i<32; i++){
    for(j=0; j<16; j++){
      buff[j]=SpiR();
    }
```

リスト23-5 sd_cardのmain.c（STM32F103）（つづき）

```c
    //データのダンプ
    DataDump16(buff);
  }
  //CRCの読み込み（ダミーリード）
  SpiR();
  SpiR();
  SpiCS(1);
  sio_puts("---- セクタ0ダンプ終了 ----\n");
}

int main(void)
{
  int ret, i, retry;

  HAL_Init();

  SystemClock_Config();

  MX_GPIO_Init();
  MX_SPI2_Init();
  MX_USART2_UART_Init();

  sio_puts("SDCard Test.\n");
  delay_ms(100);//リセット後，ハードウェアが安定するまで待つ
  ret=0xff;

  while (1)
  {
    //初期化
    while(ret!=0){
      sio_puts("テストするSDカードを挿入し，SW0を押してください．\n");
      //sw0が押されるのを待つ
      while(GetSwitch()!=1);
      for(retry=0; retry<5; retry++){
        //100ms 待つ
        delay_ms(100);
        for(i=0; i<10; i++){
          SpiW(0xff);
        }
        ret=SendCmd(CmdGoIdle, true);
        if(ret==1)
          break;
        SendCmd(CmdGoIdle, true);
      }
      if(ret!=1){
        sio_puts("カードの初期化に失敗しました．\n");
        SendCmd(CmdGoIdle, true);
        continue;
      }
      //初期化の完了待ち
      for(i=0; i<100; i++){
        ret=SendCmd(CmdSendOp, true);
        if((ret==0xff)||(ret==0))
          break;
        delay_ms(100);
      }
    }
    sio_puts("初期化完了！\n");

    while( 1 ){
      sio_puts("実行ボタン(SW0)を選んでください．\n");
      //sw0が押されるのを待つ
      while(GetSwitch()!=1);
      //セクタゼロの読み出し
      ReadSect0();
    }
  }
}
```

リスト23-6 sd_cardのmain.c（PIC16F1789）

```c
void SpiCS(int pin)
{
  //delay_ms(1);
  RB6=pin;
  //delay_ms(1);
}

void SpiWR(uint8_t *dat, int cnt)
{
  int i;
  for(i=0; i<cnt; i++){
    SPI_Exchange8bit(dat[i]);
  }
}

void SpiRD(uint8_t *dat, int cnt)
{
  int i;
  for(i=0; i<cnt; i++){
    dat[i]=SPI_Exchange8bit(0xff);
  }
}

#define  SpiR()  SPI_Exchange8bit(0xff)
#define  SpiW(x) SPI_Exchange8bit(x)

void sio_printf(const char *fmt, int dat)
{
  char buff[32];
  sprintf(buff, fmt, dat);
  sio_puts(buff);
}
//for SD ===========================================
//==================================================
// SDカードのコマンド（すべて6バイト）
//==================================================
char CmdGoIdle[6]={0x40, 0x00, 0x00, 0x00, 0x00, 0x95};
char CmdSendOp[6]={0x41, 0x00, 0x00, 0x00, 0x00, 0x01};
char CmdReadBl[6]={0x51, 0x00, 0x00, 0x00, 0x00, 0x01};

//--------------------------------------------------
// SDカードコマンド用
//--------------------------------------------------
char SendCmd(char *cmd, bool cscont)
{
  //6バイトのコマンドを送り，応答を返す
  //cscont=true なら，CSも制御する
  int i;
  unsigned char ret;

  if(cscont)
    SpiCS(0);
  //dummy サイクル
  SpiW(0xff);
  for(i=0; i<6; i++){
    SpiW(cmd[i]);
  }
  //レスポンスを待つ
  for(i=0; i<10; i++){
    ret=SpiR();
    if(ret!=0xff)
      break;
```

リスト 23-6　sd_cardのmain.c（PIC16F1789）（つづき）

```c
    }
    if(cscont)
      SpiCS(1);

  return ret;
}
//-------------------------------------------------
// セクタ0の読み出し
//-------------------------------------------------
void DataDump16(unsigned char *buff)
{
  //16バイトのデータダンプ
  char ascdump[18];
  unsigned char ch;
  int i;

  for(i=0; i<16; i++){
    ch=buff[i];
    sio_printf("%02X ", ch);
    if(i==7)
      sio_puts("- ");
    if((ch<0x20)||(ch>=0xe0))
      ch='.';
    if(i<8)
      ascdump[i]=ch;
    else
      ascdump[i+1]=ch;
  }
  ascdump[8]='-';
  ascdump[17]=0;
  sio_puts(ascdump);
  sio_puts("¥n");
}

int GetSwitch()
{
  while(RA3);   //wait SW0=ON
  while(!RA3);  //wait SW0=OFF
  return 1;
}
//-------------------------------------------------
void ReadSect0()
{
  unsigned char buff[16];
  char i, j;
  unsigned char ret;

  sio_puts("---- セクタ0ダンプ開始 ----¥n");
  //リードコマンド発行
  SpiCS(0);
  ret=SendCmd(CmdReadBl, false);
  if(ret!=0){
    sio_puts("リードコマンドが失敗しました(1)．ボードを
リセットしてやり直してください．¥n");
    SpiCS(1);
    return;
  }
  //データ準備待ち
  do{
    ret=SpiR();
  }while(ret==0xff);

  if(ret!=0xfe){
    sio_puts("リードコマンドが失敗しました(2)．ボードを
リセットしてやり直してください．¥n");
    sio_printf("Err=%d¥n", ret);
    SpiCS(1);
    return;
  }
  //1セクタ=512バイト(16x32)の読み出しとダンプ
  for(i=0; i<32; i++){
    for(j=0; j<16; j++){
      buff[j]=SpiR();
    }
    //データのダンプ
    DataDump16(buff);
  }
  //CRCの読み込み（ダミーリード）
  SpiR();
  SpiR();
  SpiCS(1);
  sio_puts("---- セクタ0ダンプ終了 ----¥n");
}

void main(void)
{
  int ret, i, retry;

  SYSTEM_Initialize();

  INTERRUPT_GlobalInterruptEnable();

  INTERRUPT_PeripheralInterruptEnable();

  sio_puts("SDCard Test.¥n");
  delay_ms(100);//リセット後，ハードウェアが安定するまで待つ
  ret=0xff;

  while(1){
    //初期化
    while(ret!=0){
      sio_puts("テストするSDカードを挿入し，SW0を押してください．¥n");
      //sw0が押されるのを待つ
      while(GetSwitch()!=1);
      for(retry=0; retry<5; retry++){
        //100ms待つ
        delay_ms(100);
        for(i=0; i<10; i++){
          SpiW(0xff);
        }
        ret=SendCmd(CmdGoIdle, true);
        if(ret==1)
          break;
        SendCmd(CmdGoIdle, true);
      }
      if(ret!=1){
        sio_puts("カードの初期化に失敗しました．¥n");
        SendCmd(CmdGoIdle, true);
        continue;
      }
      //初期化の完了待ち
      for(i=0; i<100; i++){
        ret=SendCmd(CmdSendOp, true);
        if((ret==0xff)||(ret==0))
          break;
        delay_ms(100);
      }
    }
    sio_puts("初期化完了！¥n");

    while( 1 ){
      sio_puts("実行ボタン(SW0)を選んでください．¥n");
      //sw0が押されるのを待つ
      while(GetSwitch()!=1);
      //セクタゼロの読み出し
      ReadSect0();
    }
  }
}
```

リスト 23-7　sd_card の main.c（LPC1347）

```c
#define GPIO_IN   0
#define GPIO_OUT  1

void sio_init(uint32_t bps)
{
  Chip_UART_Init(LPC_USART);
  Chip_UART_SetBaud(LPC_USART, bps);
  Chip_UART_ConfigData(LPC_USART, (UART_LCR_WLEN8 | UART_LCR_SBS_1BIT));
  Chip_UART_TXEnable(LPC_USART);
}

void sio_printf(char *fmt, int dat)
{
  char buff[32];
  sprintf(buff, fmt, dat);
  sio_puts(buff);
}

#define CS_PORT  gpio_set[enSDSEL].port
#define CS_PIN   gpio_set[enSDSEL].pin

void wait()
{
  int i;
  for(i=0; i<10000; i++){
    //dummy
  }
}

void SpiCS(int pin)
{
  wait();
    Chip_GPIO_WritePortBit(LPC_GPIO_PORT, CS_PORT, CS_PIN, pin);
  wait();
}

char SpiRW(char dat)
{
  char retc;
    wait();
  Chip_SSP_SendFrame(LPC_SSP0, dat);
  while (Chip_SSP_GetStatus(LPC_SSP0, SSP_STAT_RNE) != SET);
  retc=Chip_SSP_ReceiveFrame(LPC_SSP0);
    wait();
  return retc;
}

void SpiWR(uint8_t *dat, int cnt)
{
  int i;
  for(i=0; i<cnt; i++){
    SpiRW(dat[i]);
  }
}

void SpiRD(uint8_t *dat, int cnt)
{
  int i;
  for(i=0; i<cnt; i++){
    dat[i]=SpiRW(0xff);
  }
}

void SpiInit()
{
  Board_SSP_Init(LPC_SSP0);
  Chip_SSP_Init(LPC_SSP0);
  Chip_SSP_SetFormat(LPC_SSP0, SSP_BITS_8, SSP_FRAMEFORMAT_SPI, SSP_CLOCK_MODE0);
  Chip_SSP_SetMaster(LPC_SSP0, 1);//Master
  Chip_SSP_Enable(LPC_SSP0);
}
//for SD ======================================
#define SpiR()   SpiRW(0xff)
#define SpiW(x)  SpiRW(x)

//=============================================
// SDカードのコマンド（すべて6バイト）
//=============================================
char CmdGoIdle[6]={0x40, 0x00, 0x00, 0x00, 0x00, 0x95};
char CmdSendOp[6]={0x41, 0x00, 0x00, 0x00, 0x00, 0x01};
char CmdReadBl[6]={0x51, 0x00, 0x00, 0x00, 0x00, 0x01};

//---------------------------------------------
// SDカードコマンド用
//---------------------------------------------
char SendCmd(char *cmd, bool cscont)
{
  //6バイトのコマンドを送り，応答を返す
  //cscont=true なら，CS も制御する
  int i;
  unsigned char ret;

  if(cscont)
    SpiCS(0);
  //dummy サイクル
  SpiW(0xff);
  for(i=0; i<6; i++){
    SpiW(cmd[i]);
  }
  //レスポンスを待つ
  for(i=0; i<10; i++){
    ret=SpiR();
    if(ret!=0xff)
      break;
  }
  if(cscont)
    SpiCS(1);

  return ret;
}

//---------------------------------------------
// セクタ0の読み出し
//---------------------------------------------
void DataDump16(unsigned char *buff)
{
  //16バイトのデータダンプ
  char ascdump[18];
  unsigned char ch;
  int i;

  for(i=0; i<16; i++){
    ch=buff[i];
    sio_printf("%02X ", ch);
    if(i==7)
      sio_puts("- ");
    if((ch<0x20)||(ch>=0xe0))
      ch='.';
    if(i<8)
      ascdump[i]=ch;
    else
      ascdump[i+1]=ch;
  }
}
```

リスト23-7 sd_cardのmain.c (LPC1347) (つづき)

```c
    ascdump[8]='-';
    ascdump[17]=0;
    sio_puts(ascdump);
    sio_puts("\n");
}

//--------------------------------------------------
void ReadSect0()
{
    unsigned char buff[16];
    int i, j;
    unsigned char ret;

    sio_puts("---- Sector 0 Start ----\n");
    //リードコマンド発行
    SpiCS(0);
    ret=SendCmd(CmdReadBl, false);
    if(ret!=0){
        sio_puts("Read fail(1).\n");
        SpiCS(1);
        return;
    }
    //データ準備待ち
    do{
        ret=SpiR();
    }while(ret==0xff);
    if(ret!=0xfe){
        sio_puts("Read fail(2).\n");
        sio_printf("Err=%d\n", ret);
        SpiCS(1);
        return;
    }
    //1セクタ=512バイト(16x32)の読み出しとダンプ
    for(i=0; i<32; i++){
        for(j=0; j<16; j++){
            buff[j]=SpiR();
        }
        //データのダンプ
        DataDump16(buff);
    }
    //CRCの読み込み(ダミーリード)
    SpiR();
    SpiR();
    SpiCS(1);
    sio_puts("---- Sector 0 End ----\n");
}

#define SW_PORT    0
#define SW_PIN     2

int GetSwitch()
{
    while(Chip_GPIO_GetPinState(LPC_GPIO_PORT, SW_PORT, SW_PIN));
    while(!Chip_GPIO_GetPinState(LPC_GPIO_PORT, SW_PORT, SW_PIN));
    return 1;
}

int main(void)
{
    int ret, i, retry;

    SystemCoreClockUpdate();
    SysTick_Config(SystemCoreClock / 1000);

    Board_Init();
    Board_LED_Set(0, true);

    GpioInit();
    SpiInit();
    sio_init(19200);
    sio_puts("SDCard Test.\n");
    delay_ms(100);//リセット後,ハードウェアが安定するまで待つ
    ret=0xff;
    SpiCS(1);

    while (1)
    {
        //初期化
        while(ret!=0){
            sio_puts("Insert SD Card --- press SW0 ---\n");
            //sw0が押されるのを待つ
            while(GetSwitch()!=1);
            for(retry=0; retry<5; retry++){
                //100ms 待つ
                delay_ms(100);
                for(i=0; i<10; i++){
                    SpiW(0xff);
                }
                ret=SendCmd(CmdGoIdle, true);
                if(ret==1)
                    break;
                SendCmd(CmdGoIdle, true);
            }
            if(ret!=1){
                sio_puts("SD Card read fail.\n");
                SendCmd(CmdGoIdle, true);
                continue;
            }
            //初期化の完了待ち
            for(i=0; i<100; i++){
                ret=SendCmd(CmdSendOp, true);
                if((ret==0xff)||(ret==0))
                    break;
                delay_ms(100);
            }
        }
        sio_puts("SD Card initialize end.\n");

        while( 1 ){
            sio_puts("--- hit SW0 ---\n");
            //sw0が押されるのを待つ
            while(GetSwitch()!=1);
            //セクタゼロの読み出し
            ReadSect0();
        }
    }
    Chip_UART_DeInit(LPC_USART);

    return 0 ;
}
```

第24章 Microwire EEPROM のリード/ライト

SPI と同じようによく使われるインターフェースに Microwire があります．Microwire は 93C46 に代表されるシリアル EEPROM のインターフェースとしてよく利用されています．

Microwire は SPI と非常によく似ています．SPI と同様に 3 線式のインターフェースで，チップ・セレクトを含めると SK（Shift Clock），DI（Data In），DO（Data Out）と CS（Chip Select）の計四つの信号で通信を行います．CS は SPI と異なり正論理です．SK はクロックで，DI はデータ入力，DO がデータ出力です．CS の極性が異なる以外は SPI と同じで，SK のクロックに同期して DI からコマンドやデータを送信し，DO からデータを読み出します．

Microwire のデバイスは 93CXX という型番に代表され，容量によって XX の部分が変わります．特に 93C46 というタイプのデバイスは，イーサーネット・チップの MAC アドレスの保存用に利用されているため有名なシリアル EEPROM となっています．

ここでは，SPI シリアル EEPROM のサンプルを変更して，Microwire シリアル EEPROM のサンプルを作成します．

Microwire シリアル EEPROM の動作

Microwire の EEPROM は 93CXX という型番で，XX の部分の数字によってデータ容量が異なりますが，使用方法は基本的に同じになっています．図 24-1 は 93C46 互換デバイスの AT93C46E（アトメル）のピン配置です．図中で N.C.は開放して使用します．

Microwire は SPI と同様にクロック同期通信なので，基本的に同じインターフェースを使ってアクセスすることができます．

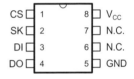

図 24-1[10]　AT93C46E のピン配置

93C46 にはいくつかのコマンドがありますが，本章で使用するのは，リード・コマンド，ライト・イネーブル・コマンド，ライト・コマンドの三つのコマンドです．図 24-2 にリード・コマンド，ライト・イネーブル・コマンド，ライト・コマンドのタイム・チャートを示します．

Microwire のコマンドは可変長です．リード・コマンドは 110，ライト・イネーブル・コマンドは 10011，ライト・コマンドは 101 となります．リードやライトではコマンドに続けてアドレスを送信します．

Microwire は基本的に 16bit のデバイスです．アドレス・ビットは，93C46 の場合 6bit あり，0〜3Fh までの 64Word すなわち 128Byte（1Kbit）のメモリ容量があります．

アドレス・ビットはコマンドに続けて送信するため，リード・コマンドの場合はコマンド 3bit＋アドレス 6bit の 9bit を 1 回に送信する必要があります．

しかし，Microwire デバイスを SPI を使って使用する場合，通常の SPI では 6bit や 9bit という半端な bit 数は使用できません．8bit または 16bit にする必要があります．

Microwire のコマンドは必ず最初のビットが 1 となりその前の 0 は無視されます．これを利用して，送信 bit 数が 8 の倍数になるように上位の足りない分に 0 を加えて 8bit ずつ送信するようにします．これで，SPI を利用することができます．

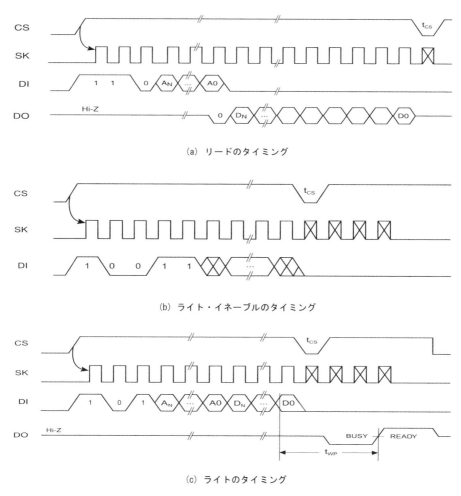

図 24-2[10]　リード/ライト・イネーブル/ライト・コマンドのタイミング

Nucleo 版

リスト 24-1 に STM32F103 の Microwire シリアル EEPROM のテスト・プログラムを示します。

このプログラムでは，SPI のテストと同様に，McwRead() と McwWrite() の二つの関数で 93C46 の読み出しと書き込みを行っています。

チップ・セレクトの制御は SPI の場合は負論理でしたが，Microwire は正論理なので CS=High とした時に通信を行います。

クロックの極性の変更

93C46 のアクセス・タイミングは，図 24-3 のように DI と DO で，サンプル・ポイントが異なります。DI に関しては，図のように SK の立ち上がりでサンプルしていますが，DO に対しては SK が立ち上

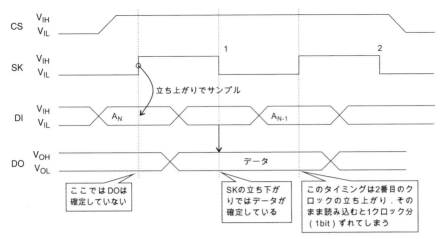

図 24-3　93C46 のサンプル・タイミング

がった後に出力されているので，SK の立ち下がりでサンプルしないと正しいデータは読み出せません．

　立ち上がりでサンプルする場合は 1 クロック遅れてデータが取得されてしまうので，そのまま読み出すと最後の 1bit が読み出せないことになります．

　そこでテスト・プログラムでは，SpiCPHA() でクロックの立ち上がりでサンプルするか，立ち下がりでサンプルするかを切り換えています．

　STM32F103 の SPI モジュールは，図 24-4 のように CPHA ビットの値によりサンプル・タイミングをクロックの立ち上がりにするか，立ち下がりにするかを切り換えることができます．

　データやコマンドの書き込みでは SpiCPHA(0) を呼び出して，クロックの立ち上がりでサンプルし，データの読み出しの際は SpiCPHA(1) を呼び出して，クロックの立ち下がりでサンプルするようにしています．

　Microwire のデバイスは通常 16bit 単位でアクセスする必要があります．McwRead() と McwWrite() では 8Byte のデータを読み書きしていますが，内部では 4Word の読み書きを行っています．

　リストの①の delay_ms() では，93C46 の最大書き込み時間に合わせて，書き込みの時間待ちを行っています．この部分は使用するデバイスの書き込み時間に合わせて delay_ms() の引数を調整します．

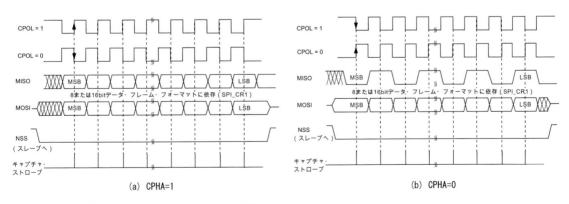

図 24-4[1]　STM32F103 の SPI インターフェースの CPHA ビット

リスト24-1　mcw_eepromのmain.c (STM32F103)

```c
SPI_HandleTypeDef hspi2;

#define  SPI_CS_PORT GPIOB
#define  SPI_CS_PIN  GPIO_PIN_5

//Mcw 93C46 Commands
#define  READ    0x80    //Read Address 0
#define  WRITE   0x40    //Write Address0
#define  CMDST   0x01    //Command Start
#define  EWEN    0x30    //Write Enable
#define  EWDS    0x00    //Write Disable
#define  delay_ms(x)  HAL_Delay(x)

void SpiCPHA(int flg)
{
   __HAL_SPI_DISABLE(&hspi2);
   if(flg)
     SET_BIT(hspi2.Instance->CR1, SPI_CR1_CPHA);
   else
     CLEAR_BIT(hspi2.Instance->CR1, SPI_CR1_CPHA);
   __HAL_SPI_ENABLE(&hspi2);
}

void McwCS(int pin)
{
   if(pin){
     HAL_GPIO_WritePin(SPI_CS_PORT, SPI_CS_PIN, GPIO_PIN_SET);
   }else{
     HAL_GPIO_WritePin(SPI_CS_PORT, SPI_CS_PIN, GPIO_PIN_RESET);
   }
}

void McwWR(uint8_t dat)
{
   HAL_SPI_Transmit(&hspi2, &dat, 1, 1000);
}

uint8_t McwRD()
{
   uint8_t dat;

   HAL_SPI_Receive(&hspi2, &dat, 1, 1000);
   return dat;
}

void McwWrite(uint8_t *dat)
{
   //write 8 byte(address=0)
   char i;

   unsigned char wcmd=WRITE; //WRITE Address 0
   SpiCPHA(0);
   McwCS(1);           //CS=H
   McwWR(CMDST);       //Command Start
   McwWR(EWEN);        //Write Enable
   McwCS(0);           //CS=L
   wait();
   i=0;
   while(i<8){
     McwCS(1);           //CS=H
     McwWR(CMDST);       //Command Start
     McwWR(wcmd);        //Write Address=0
     McwWR(dat[i]);      //Write Data
     i++;
     McwWR(dat[i]);      //Write Data
     McwCS(0);           //CS=L
     i++;
     wcmd++;
     delay_ms(10);       //①
   }
}

void McwRead(uint8_t *dat)
{
   char i;
   unsigned char rcmd=READ;  //Read Address=0
   i=0;
   //read 8 BYTE(address=0)
   while(i<8){
     SpiCPHA(0);
     McwCS(1);           //CS=H
     McwWR(CMDST);       //Command Start
     McwWR(rcmd);
     SpiCPHA(1);
     dat[i]=McwRD();     //Read Data
     i++;
     dat[i]=McwRD();     //Read Data
     i++;
     McwCS(0);           //CS=L
     rcmd++;
     wait();
     SpiCPHA(0);
   }
}

int main(void)
{
   int cd;
   uint8_t rbuff[8];
   uint8_t wbuff[8];
   int i;

   HAL_Init();

   SystemClock_Config();

   MX_GPIO_Init();
   MX_SPI2_Init();
   MX_USART2_UART_Init();

   sio_puts("MCW EEPROM Test.\n");
   McwCS(0);

   while(1){
     sio_puts((char *)"--- hit any key ---\n");
     sio_getc();
     sio_puts((char *)"My Name is \n");
     McwRead(rbuff);
     for(i=0; i<8; i++){
       if(rbuff[i])
         sio_putc(rbuff[i]);
       else
         break;
     }
     sio_putc('\n');
     for(i=0; i<8; i++){       //clear buffer
       wbuff[i]=0;
     }
     sio_puts((char *)"Input new name(max 8 char):");
     for(i=0; i<8; i++){
       cd = sio_getc();
       sio_putc(cd);
       if((cd=='\r')||(cd=='\n')){
         break;
       }
       wbuff[i]=cd;
     }
     McwWrite(wbuff);
     sio_puts((char *)"Write done.\n");
   }
}

/* SPI2 init function */
void MX_SPI2_Init(void)
{
   hspi2.Instance = SPI2;
   hspi2.Init.Mode = SPI_MODE_MASTER;
   hspi2.Init.Direction = SPI_DIRECTION_2LINES;
   hspi2.Init.DataSize = SPI_DATASIZE_8BIT;
   hspi2.Init.CLKPolarity = SPI_POLARITY_LOW;
   hspi2.Init.CLKPhase = SPI_PHASE_2EDGE;         //SPI_PHASE_1EDGE
   hspi2.Init.NSS = SPI_NSS_SOFT;
   hspi2.Init.BaudRatePrescaler = SPI_BAUDRATEPRESCALER_256;
   hspi2.Init.FirstBit = SPI_FIRSTBIT_MSB;
   hspi2.Init.TIMode = SPI_TIMODE_DISABLED;
   hspi2.Init.CRCCalculation = SPI_CRCCALCULATION_DISABLED;
   hspi2.Init.CRCPolynomial = 10;
   HAL_SPI_Init(&hspi2);
}
```

PIC16F 版

リスト 24-2 は PIC16F1789 のテスト・プログラムです．プログラムの構造は STM32F103 と同じで，McwRead() と McwWrite() で 93C46 の読み書きを行っています．McwCS() と McwRW() は，PIC16F1789 に合わせて変更しています．

PIC16F1789 の SPI インターフェースは，図 24-5 のように，SMP ビットの設定により読み出しデータのサンプル位置を選択することができます．SMP ビットの設定により，読み出しタイミングをクロックの立ち上がりにするか，立ち下がりにするかを切り換えられるようになっています．

図 24-6 は Code Configurator の SPI の設定です．Code Configurator の SPI の設定では「Input Data Sampled」を「End」に設定して，クロックの立ち下がりで読み出すようにしています．

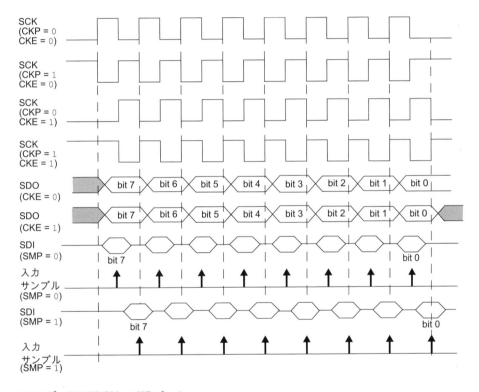

図 24-5[2]　PIC16F1789 の SMP ビット

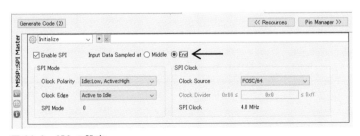

図 24-6　SPI の設定

リスト24-2　mcw_eepromのmain.c（PIC16F1789）

```c
//Mcw 93C46 Commands
#define READ    0x80    //Read Address 0
#define WRITE   0x40    //Write Address0
#define CMDST   0x01    //Command Start
#define EWEN    0x30    //Write Enable
#define EWDS    0x00    //Write Disable

void McwCS(int pin)
{
  //delay_ms(1);
  RB6=pin;
  //delay_ms(1);
}

unsigned char McwRW(unsigned char sdat)
{
  return SPI_Exchange8bit(sdat);
}

void McwWrite(uint8_t *dat)
{
  //write 8 byte(address=0)
  char i;
  unsigned char wcmd=WRITE; //WRITE Address 0
  McwCS(1);         //CS=H
  McwRW(CMDST);     //Command Start
  McwRW(EWEN);      //Write Enable
  McwCS(0);         //CS=L
  wait();
  i=0;
  while(i<8){
    McwCS(1);        //CS=H
    McwRW(CMDST);    //Command Start
    McwRW(wcmd);     //Write Address=0
    McwRW(dat[i]);   //Write Data
    i++;
    McwRW(dat[i]);   //Write Data
    McwCS(0);        //CS=L
    i++;
    wcmd++;
    delay_ms(10);
  }
}

void McwRead(uint8_t *dat)
{
  char i;
  unsigned char rcmd=READ; //Read Address=0
  i=0;
  //read 8 BYTE(address=0)
  while(i<8){
    McwCS(1);            //CS=H
    McwRW(CMDST);        //Command Start
    McwRW(rcmd);
    dat[i]=McwRW(0xff);  //Read Data
    i++;
    dat[i]=McwRW(0xff);  //Read Data
    i++;
    McwCS(0);   //CS=L
    rcmd++;
    wait();
  }
}

void main(void)
{
  int cd;
  uint8_t rbuff[8];
  uint8_t wbuff[8];
  int i;

  SYSTEM_Initialize();

  INTERRUPT_GlobalInterruptEnable();

  INTERRUPT_PeripheralInterruptEnable();

  sio_puts("Microwire EEPROM Test.\n");
  McwCS(1);
  while(1){
    sio_puts((char *)"--- hit any key ---\n");
    sio_getc();
    sio_puts((char *)"My Name is \n");
    McwRead(rbuff);
    for(i=0; i<8; i++){
      if(rbuff[i])
        sio_putc(rbuff[i]);
      else
        break;
    }
    sio_putc('\n');
    //clear buffer
    for(i=0; i<8; i++){
      wbuff[i]=0;
    }
    sio_puts((char *)"Input new name(max 8 char):");
    for(i=0; i<8; i++){
      cd = sio_getc();
      sio_putc(cd);
      if((cd=='\r')||(cd=='\n')){
        break;
      }
      wbuff[i]=cd;
    }
    McwWrite(wbuff);
    sio_puts((char *)"Write done.\n");
  }
}
```

LPCXpresso 版

 リスト24-3は, LPC1347のテスト・プログラムです. LPC1347のSPIインターフェースは, STM32F103の場合と同様に, CPHAの設定を変更してサンプル・エッジを変更しています. モードの変更はSpiCPHA()で行っています.

 図24-4はLPC1347のSPIインターフェースのウェーブ・フォームです. STM32F103と同様に, CPOL=0, CPHA=0 にすれば, MOSIとSCKの関係はMicrowireの規格に合いますが, 受信時はCPOL=0, CPHA=1 にしなければSCKの立ち下がりで受信できないことが分かります.

 Chip_SSP_SetFormat()でSSP_CLOCK_MODE1またはSSP_CLOCK_MODE0を設定しています. クロック・モードの変更は, SPIモジュールの動作中には行えないので, Chip_SSP_Disable()でいったんSPIの動作を停止した後, モードを変更後にChip_SSP_Enable()で動作状態に戻しています.

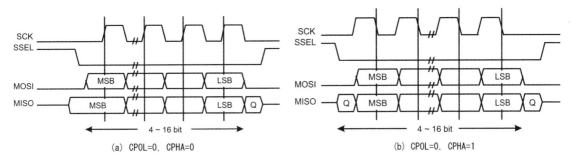

図24-7[3] LPC1347のSPIウェーブ・フォーム

リスト 24-3　mcw_eeprom の main.c（LPC1347）

```c
#define GPIO_IN   0
#define GPIO_OUT  1

//Mcw 93C46 Commands
#define READ   0x80    //Read Address 0
#define WRITE  0x40    //Write Address0
#define CMDST  0x01    //Command Start
#define EWEN   0x30    //Write Enable
#define EWDS   0x00    //Write Disable

#define CS_PORT gpio_set[enSDSEL].port
#define CS_PIN  gpio_set[enSDSEL].pin
void SpiCPHA(int flg)
{
  Chip_SSP_Disable(LPC_SSP0);
  if(flg)
    Chip_SSP_SetFormat(LPC_SSP0, SSP_BITS_8, SSP_FRAMEFORMAT_SPI, SSP_CLOCK_MODE1);
  else
    Chip_SSP_SetFormat(LPC_SSP0, SSP_BITS_8, SSP_FRAMEFORMAT_SPI, SSP_CLOCK_MODE0);
  Chip_SSP_Enable(LPC_SSP0);
}

void McwCS(int pin)
{
  wait();
  Chip_GPIO_WritePortBit(LPC_GPIO_PORT, CS_PORT, CS_PIN, pin);
  wait();
}

char McwRW(char dat)
{
  char retc;
  wait();
  Chip_SSP_SendFrame(LPC_SSP0, dat);
  while (Chip_SSP_GetStatus(LPC_SSP0, SSP_STAT_RNE) != SET);
  retc=Chip_SSP_ReceiveFrame(LPC_SSP0);
  wait();
  return retc;
}

void McwInit()
{
  Board_SSP_Init(LPC_SSP0);
  Chip_SSP_Init(LPC_SSP0);
  Chip_SSP_SetFormat(LPC_SSP0, SSP_BITS_8, SSP_FRAMEFORMAT_SPI, SSP_CLOCK_MODE0);
  Chip_SSP_SetMaster(LPC_SSP0, 1);  //Master
  Chip_SSP_Enable(LPC_SSP0);
}

void McwWrite(uint8_t *dat)
{
  //write 8 byte(address=0)
  int i;
  SpiCPHA(0);
  unsigned char wcmd=WRITE; //WRITE Address 0
  McwCS(1);     //CS=H
  McwRW(CMDST); //Command Start
  McwRW(EWEN);  //Write Enable
  McwCS(0);     //CS=L
  wait();
  i=0;
  while(i<8){
    McwCS(1);     //CS=H
    McwRW(CMDST); //Command Start
    McwRW(wcmd);  //Write Address=0
    McwRW(dat[i]);//Write Data
    i++;
    McwRW(dat[i]);//Write Data
    McwCS(0);     //CS=L
    i++;
    wcmd++;
    delay_ms(10);
  }
}

void McwRead(uint8_t *dat)
{
  int i;
  unsigned char rcmd=READ;  //Read Address=0
  i=0;
  //read 8 BYTE(address=0)
  while(i<8){
    SpiCPHA(0);
    McwCS(1);       //CS=H
    McwRW(CMDST);   //Command Start
    McwRW(rcmd);
    SpiCPHA(1);
    dat[i]=McwRW(0xff); //Read Data
    i++;
    dat[i]=McwRW(0xff); //Read Data
    i++;
    McwCS(0);   //CS=L
    rcmd++;
  }
}

int main(void)
{
  int i, cd;
  uint8_t rbuff[8];
  uint8_t wbuff[8];

  SystemCoreClockUpdate();
  SysTick_Config(SystemCoreClock / 1000);
  Board_Init();
  Board_LED_Set(0, true);

  GpioInit();
  McwInit();
  sio_init(19200);

  sio_puts("Microwire EEPROM Test.\n");
  McwCS(0);

  while(1){
    sio_puts((char *)"--- hit any key ---\n");
    sio_getc();
    sio_puts((char *)"My Name is \n");
    McwRead(rbuff);
    for(i=0; i<8; i++){
      if(rbuff[i])
        sio_putc(rbuff[i]);
      else
        break;
    }
    sio_putc('\n');
    //clear buffer
    for(i=0; i<8; i++){
      wbuff[i]=0;
    }
    sio_puts((char *)"Input new name(max 8 char):");
    for(i=0; i<8; i++){
      cd = sio_getc();
      sio_putc(cd);
      if((cd=='\r')||(cd=='\n')){
        break;
      }
      wbuff[i]=cd;
    }
    McwWrite(wbuff);
    sio_puts((char *)"Write done.\n");
  }
  Chip_UART_DeInit(LPC_USART);
  return 0;
}
```

第25章 関数呼び出しだけで使える USB

　LPC1347 は USB デバイス機能を提供する API を ROM で内蔵しています．この API を使うと，USB のアプリケーションを簡単に開発することができます．また，プログラム・サイズも小さくすることができます．

　ROM に内蔵しているクラスは，ヒューマン・インターフェース・デバイス・クラス（HID），コミュニケーション・デバイス・クラス（CDC），マス・ストレージ・クラス（MSC）です．

HID クラスを使った自動 USB キーボードの作成

　最初に，HID クラスを使った簡単な自動 USB キーボードを紹介します．これは，LPCXPresso LPC1347 にスイッチを接続し，スイッチを押している間は a~z の文字が順に送信されるプログラムです．スイッチは MPU トレーナの SW0 を使用します．

プロジェクトの準備

　ここでは，LPCOpen ソフトウェア・パッケージの HID キーボードのサンプルをベースにプログラムを作成します．使用するサンプルは usbd_rom_hid_keyoard です．

　このサンプルをインストールしていない場合は，「Quick Start Panel」から「Import project(s)」を選択して，lpcopen_2_05_lpcxpresso_nxp_lpcxpresso_1347.zip の usbd_rom_hid_keyoard をインポートします（図 25-1）．

　プロジェクト・マネージャで usbd_rom_hid_keyoard を選択し，マウスの右クリックで「Copy」を選択した後（図 25-2），再度マウスの右クリックで「Paste」を選択すると（図 25-3）usbd_rom_hid_keyoard のコピーが作成されます．このプロジェクトを usb_keyboard という名前に変更します（図 25-4）．以降はコピーした usb_keybaord のプロジェクト・ファイルを修正します．

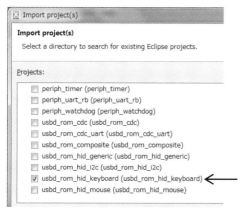

図 25-1　usbd_rom_hid_keyoard をインポート

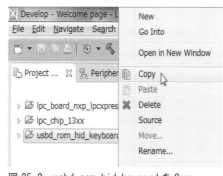

図 25-2　usbd_rom_hid_keyoard を Copy

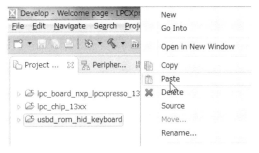
図 25-3　usbd_rom_hid_keyoard を Paste

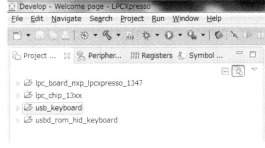
図 25-4　usb_keyoard に Rename

ソース・ファイルの構成

usb_keybaord のプロジェクトを開くと，example フォルダの src フォルダに次のようなファイルが登録されています（図 25-5）．

- cr_startup_lpc13xx.c
- hid_desc.c
- hid_keyboard.c
- hid_main.c
- ms_timer.c
- sysinit.c

このなかで USB に直接関係するソースは，hid_desc.c と hid_keyboard.c，および hid_main.c の三つのファイルになります．

hid_desc.c

HID キーボードの USB ディスクリプタを記述しています．HID キーボードとして使用する場合は，

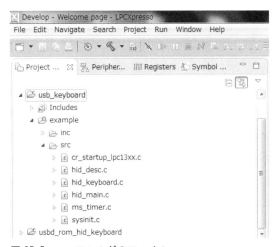
図 25-5　src フォルダのファイル

ほとんど変更する必要がありません.

　製品に使用する場合はベンダ ID とプロダクト ID は自社のものに変更する必要がありますが，ここではサンプル・コードをそのまま利用しています.

hid_keyboard.c

　HID キーボードの動作を記述しています．HID キーボードの初期化やレポートの処理などを記述しています．

hid_main.c

　メイン・プログラムです．プログラムの初期化やキーボードの処理タスクの呼び出しを行っています．

プログラムの変更

　リスト 25-1 に変更した hid_main.c を，リスト 25-2 に変更した hid_keyboard.c を示します．

　hid_main.c ではスイッチの読み出し機能を追加し，IoInit()でスイッチと LED の初期化を行っています．スイッチが押されたことを確認するために，スイッチが押されると LPCXpresso LPC1347 上の LED が点灯するようにしています．

　main()はボードと USB の初期化が終わると，wihle の無限ループで Keybaord_Tasks()を呼び出してい

リスト 25-1　変更した hid_main.c

```c
static USBD_HANDLE_T g_hUsb;
const  USBD_API_T *g_pUsbApi;

void IoInit()
{
    //Switch
    Chip_IOCON_PinMuxSet(LPC_IOCON, SW_PORT, SW_BIT, IOCON_FUNC0);
    Chip_GPIO_WriteDirBit(LPC_GPIO_PORT, SW_PORT, SW_BIT, false);
    //LED
    Chip_GPIO_WriteDirBit(LPC_GPIO_PORT, LED_PORT, LED_BIT, true);
}

int main(void)
{
    USBD_API_INIT_PARAM_T usb_param;
    USB_CORE_DESCS_T desc;
    ErrorCode_t ret = LPC_OK;

    SystemCoreClockUpdate();
    Board_Init();

    systick_init();

    IoInit();//Initialize SWitch & LED

    Chip_USB_Init();

    g_pUsbApi = (const USBD_API_T *) LPC_ROM_API->usbdApiBase;

    memset((void *) &usb_param, 0, sizeof(USBD_API_INIT_PARAM_T));
    usb_param.usb_reg_base = LPC_USB0_BASE;
    usb_param.max_num_ep = 2 + 1;
    usb_param.mem_base = USB_STACK_MEM_BASE;
    usb_param.mem_size = USB_STACK_MEM_SIZE;

    desc.device_desc = (uint8_t *) USB_DeviceDescriptor;
    desc.string_desc = (uint8_t *) USB_StringDescriptor;

    desc.high_speed_desc = USB_FsConfigDescriptor;
    desc.full_speed_desc = USB_FsConfigDescriptor;
    desc.device_qualifier = 0;

    ret = USBD_API->hw->Init(&g_hUsb, &desc, &usb_param);
    if (ret == LPC_OK) {

        usb_param.mem_base =
        USB_STACK_MEM_BASE + (USB_STACK_MEM_SIZE - usb_param.mem_size);

        ret = Keyboard_init(g_hUsb,
        (USB_INTERFACE_DESCRIPTOR *)
        &USB_FsConfigDescriptor[sizeof(USB_CONFIGURATION_DESCRIPTOR)],
        &usb_param.mem_base, &usb_param.mem_size);
        if (ret == LPC_OK) {
            NVIC_EnableIRQ(USB0_IRQn);
            USBD_API->hw->Connect(g_hUsb, 1);
        }
    }

    while (1) {
        Keyboard_Tasks();
        __WFI();
    }
}
```

リスト 25-2　変更した hid_keyboard.c

```c
static void Keyboard_UpdateReport(void)
{
  //a=4, z=1d
  static int report=0x04;
  HID_KEYBOARD_CLEAR_REPORT(&g_keyBoard.report[0]);
  if(GetSwitchStatus()){
    HID_KEYBOARD_REPORT_SET_KEY_PRESS(g_keyBoard.report, report);
    report++;
    if(report>0x1d)
      report=0x04;

  }
}

/* Keyboard tasks */
void Keyboard_Tasks(void)
{
  /* check if moue report timer expired */
  if (ms_timerExpired(&g_keyBoard.tmo)) {
    /* reset timer */
    ms_timerStart(&g_keyBoard.tmo);
    /* check device is configured before sending report. */
    if ( USB_IsConfigured(g_keyBoard.hUsb)) {
      /* update report based on board state */
      Keyboard_UpdateReport();
      /* send report data */
      if (g_keyBoard.tx_busy == 0) {
        g_keyBoard.tx_busy = 1;
        USBD_API->hw->WriteEP(g_keyBoard.hUsb, HID_EP_IN, &g_keyBoard.report[0], KEYBOARD_REPORT_SIZE);
      }
    }
  }
}
```

ます．HID キーボードの機能の処理は Keybaord_Tasks()内で行われます．Keybaord_Tasks()は hid_keyboard.c に記述されています．

　hid_keyboard.c のメインの処理は，Keybaord_Tasks()になります．この処理はシンプルです．

　タイマの確認と，USB のコンフィグが完了しているかを確認した後，Keyboard_UpdateReport()を呼び出して，HID のエンドポイントにレポートを送信しています．

　HID キーボードのレポートは 8Byte のデータです．バイト 1 がシフトやコントロールキーの状態，バイト 2 は 0 となります．バイト 3～バイト 8 の 6Byte に，現在押されているキーのキー・コードが入ります．従って，HID キーボードでは同時に 6 個のキーまで押すことが可能になります．

　キー・コードは <u>ASCII コードではなく</u>，HID の仕様で決められている Usage ID という番号になります．この ID では，'a'というキーは 0x04 で，そのままアルファベット順に，'b'が 0x05，'c'が 0x06，… となり，'z'が 0x1d となります．

　このレポート・データのセットは，Keyboard_UpdateReport()で行っており，この部分に変更を加えています．

　Keyboard_UpdateReport()では，hid_main.c で作成した，GetSwitchStatus()を呼び出して，ボタン・スイッチが押された時には，a～z のキー・コードを順にセットするようにしています．HID_KEYBOARD_CLEAR_REPORT()では，レポートのクリアを行っています．この処理をしないと，HID キーボードが押されたままになってしまうので，注意してください．

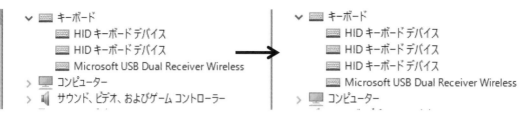

図 25-6 「デバイス マネージャ」で確認. 接続後「HID キーボードデバイス」が追加される

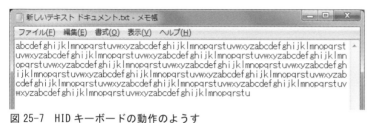

図 25-7 HID キーボードの動作のようす

動作の確認

　MPU トレーナに LPCXpresso LPC1347 を接続して，動作確認を行います．プログラムをダウンロードしたら，メモ帳を開いて，新規のメモを作成します．

　LPCXpresso LPC1347 には，ボードの下側（LPC-LINK と反対側）に USB コネクタが搭載されているので，このコネクタと PC を接続します．「デバイス マネージャ」を開くと，PC に接続した際に，キーボード・デバイスが一つ追加されることが分かります（図 25-6）．

　マウス・カーソルをメモ帳に持って来て LPCXpresso LPC1347 に接続したスイッチを押すと，図 25-7 のように，a~z の文字が連続して表示されることが分かります．

　Keyboard_UpdateReport()では，スイッチが押されている間は常にキー・コードを送信しているので，スイッチを押し続けると，メモ帳には a~z の文字が連続して入力されます．

　スイッチを押すごとに 1 文字ずつ文字を入力したい場合は，Keyboard_UpdateReport()内でスイッチの状態を保存しておき，1 回キー・コードを送信したらスイッチが放されるまでは，キー・コードを送信しないようにプログラムを変更する必要があります．

CDC クラスを使った仮想 COM ポート通信

　USB は RS-232 と比較すると高速で電源供給もできるので，PC と接続して機器を制御したり PC と機器との間でデータ通信を行ったりするために広く使われるインターフェースになりました．

　しかし，USB デバイスを PC で使用するには，通常，専用のドライバを用意しなければならず，また，そのドライバとアプリケーションとの通信方法なども考慮する必要があり，RS-232 と比較するとかなりハードルが高いのが現実です．

　このような場合，USB - シリアル変換アダプタや USB - UART 変換デバイスを使用することがよくあります．この方法では，マイコン側や PC 側では従来の RS-232 通信と同じ方法が利用できるので，比較的簡単に USB 対応にすることができます．

　LPCXpresso LPC1347 では USB の CDC クラスを利用することができます．<u>CDC クラスを使うと PC</u>

には仮想 COM ポートとして認識されます．LPCXpresso LPC1347 でこのクラスを利用すると，外部に USB‐UART 変換デバイスを必要とせず，USB を使って仮想 COM ポート経由で PC と通信することができます．

LPCXpresso LPC1347 の USB ポートと PC を接続すると PC には仮想 COM ポートとして認識されるので，この COM ポートから送信されたデータを MPU トレーナの LCD に表示するプログラムを作成します．

作成するプロジェクトの準備

usb_keyboard と同じ要領で usbd_rom_cdc サンプルをコピーして（**図 25-8**），usb_cdc というプロジェクトを作成します（**図 25-9**）．

リスト 25-3 は，usb_cdc の cdc_main.c です．

このプロジェクトには，**図 25-10** のように，lcd.c と lcd.h をコピーして追加しています．

usbd_rom_cdc の cdc_main.c からの変更点は，次の通りです．

1. #include "lch.h"の追加　　（①）
2. gpio の初期化のための定義と初期化関数の追加
3. 遅延関数の追加
4. GPIO と LCD の初期化　　（⑥，⑦）
5. LcdWrite()の追加　　　　（⑧）
6. LcdWrite()の呼び出し　　（⑨）

1～4 は MPU トレーナのための追加です．GPIO を MPU トレーナに合わせて初期化し，MPU トレーナの LCD が使用できるようにしています．

5 の LcdWrite()は，仮想 COM ポートから受信したデータを LCD に表示するための関数です．受信データの形式に合わせて，データ・バッファのポインタと受信データ数を引数にして，受信データを LCD に表示できるようにしています．

このプログラムは簡易テストのため，受信データはそのまま LCD に表示しています．改行の処理や

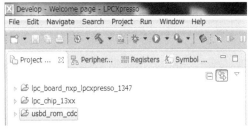

図 25-8　サンプル usbd_rom_cdc

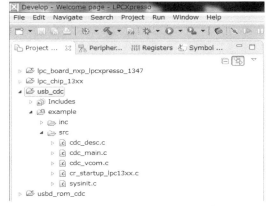

図 25-9　usbd_rom_cdc から usb_cdc で作成

スクロール処理は入れていません．

仮想 COM ポートから受信したデータは⑩でバッファにコピーされ，コピーされた文字数を取得することができます．取得した受信データは⑨で LCD に表示され，⑪で仮想 COM ポートにエコー・バックされます．

図 25-10 usb_cdc のプロジェクト・ファイル

リスト 25-3 usb_cdc の cdc_main.c

```
#include "app_usbd_cfg.h"
#include "cdc_vcom.h"
#include "lcd.h"  //①

void LcdWrite(char *dat, int cnt)  //⑧
{
  int i;
  for(i=0;i<cnt;i++){
    LcdPutc(dat[i]);
  }
}

int main(void)
{
  USBD_API_INIT_PARAM_T usb_param;
  USB_CORE_DESCS_T desc;
  ErrorCode_t ret = LPC_OK;
  uint32_t prompt = 0, rdCnt = 0;

  SystemCoreClockUpdate();
  SysTick_Config(SystemCoreClock / 1000);

  Board_Init();
  GpioInit();  //⑥
  LcdInit();   //⑦

  Chip_USB_Init();

  g_pUsbApi = (const USBD_API_T *) LPC_ROM_API->usbdApiBase;

  memset((void *) &usb_param, 0, sizeof(USBD_API_INIT_PARAM_T));
  usb_param.usb_reg_base = LPC_USB0_BASE;

  usb_param.max_num_ep = 3 + 1;
  usb_param.mem_base = USB_STACK_MEM_BASE;
  usb_param.mem_size = USB_STACK_MEM_SIZE;

  desc.device_desc = (uint8_t *) &USB_DeviceDescriptor[0];
  desc.string_desc = (uint8_t *) &USB_StringDescriptor[0];

  desc.high_speed_desc = (uint8_t *) &USB_FsConfigDescriptor[0];
  desc.full_speed_desc = (uint8_t *) &USB_FsConfigDescriptor[0];
  desc.device_qualifier = 0;

  ret = USBD_API->hw->Init(&g_hUsb, &desc, &usb_param);
  if (ret == LPC_OK) {

    usb_param.mem_base = USB_STACK_MEM_BASE
                + (USB_STACK_MEM_SIZE - usb_param.mem_size);

    ret = vcom_init(g_hUsb, &desc, &usb_param);
    if (ret == LPC_OK) {
      NVIC_EnableIRQ(USB0_IRQn);
      USBD_API->hw->Connect(g_hUsb, 1);
    }

  }

  DEBUGSTR("USB CDC class based virtual Comm port example!\r\n");

  while (1) {
    if ((vcom_connected() != 0) && (prompt == 0)) {
      vcom_write("Connected!\r\n", 15);
      prompt = 1;
    }
    if (prompt) {
      rdCnt = vcom_bread(&g_rxBuff[0], 256);  //⑩
      if (rdCnt) {
        LcdWrite(&g_rxBuff[0], rdCnt);   //⑨
        vcom_write(&g_rxBuff[0], rdCnt); //⑪
      }
    }
    __WFI();
  }
}
```

図 25-11 「デバイス マネージャ」で仮想 COM ポートを確認

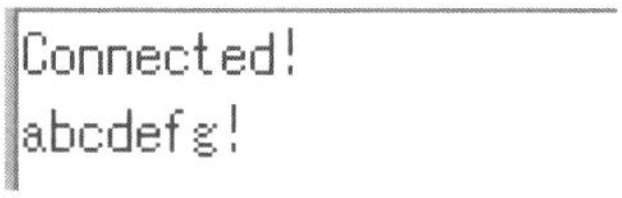

図 25-12 プログラムの実行結果

写真 25-1 プログラムの実行結果

テスト方法

usb_cdc プロジェクトをビルドして実行したら，USB ケーブルで PC と接続します．LPCXpresso LPC1347 ボードの USB コネクタはデバッグ用のコネクタと反対側のコネクタです．

PC で仮想 COM ポートが認識できたら（**図 25-11**），ターミナルを起動して，認識した COM ポートを開きます．このとき，ターミナルの通信レートは何でもかまいません．通常の USB‐UART 変換の場合はシリアル側の通信速度に合わせる必要がありますが，本サンプルは，UART 通信は行わないためです．

ターミナルで適当な文字を入力すると LCD に入力した文字が表示され（**写真 25-1**），ターミナルにもエコー・バックされます（**図 25-12**）．これでプログラムが正常に動作していることが分かります．

USB‐CDC の利用方法

USB‐UART 変換デバイスは FTDI 社の FT23x が有名です．このデバイスを利用すると UART しか持たないマイコンを USB で PC と接続することができますが，USB‐CDC を使用すると，FT23x のような外部デバイスを省略してそのまま PC と接続することができます．

USB‐CDC を使うと，PC 側のアプリケーションは通常の COM ポートを使ったアプリケーションとして作成できます．USB‐CDC はデータの送受信がバルク転送で行われ，RS-232 と比較して高速に通信を行うことができます．

マイコン側のプログラムは，<u>vcom_bread() と vcom_write() の二つの関数でデータの受信と送信を行う</u>ことができるので，UART 通信のプログラムからの移行も簡単にできます．

第26章 イーサネット，CAN の試し方

イーサネットの試し方

LPCXpresso LPC1769

　LPC1769 はイーサーネットのモジュールを内蔵しており，また LPCXpresso LPC1769 はイーサーネットの PHY を搭載しているので，外部にトランスとコネクタを接続するとイーサーネットを使用することができます．

　MPU トレーナにはトランス内蔵のイーサネット・コネクタを搭載しているので，MPU トレーナと LPCXpresso LPC1769 を組み合わせると簡単にイーサネットを使用することができます．

　LPCOpen ソフトウェア・パッケージにはイーサネットのサンプルもあるので，ここでは MPU トレーナを使ってこのサンプルの使い方を紹介します．

イーサーネットのサンプル

　LPCOpen ソフトウェア・パッケージのイーサーネットのサンプルは，

lpcopen_2_10_lpcxpresso_nxp_lpcxpresso_1769.zip

に含まれています．イーサーネットのサンプルは，

periph_ethernet

になります．図 26-1 は，LPCOpen ソフトウェア・パッケージのイーサーネットのサンプルのツリーです．このサンプルは，取得したパケットの情報を表示するだけの簡単なものですが，表示には LPCOpen ライブラリのデバッグ機能を使用しています．この機能は，次のようにデバッグ・メッセージをターミナルに出力するものです．

```
DEBUGOUT("-Packet len: %d", rxBytes);
```

　DEBUGOUT の書式は，printf と同じです．

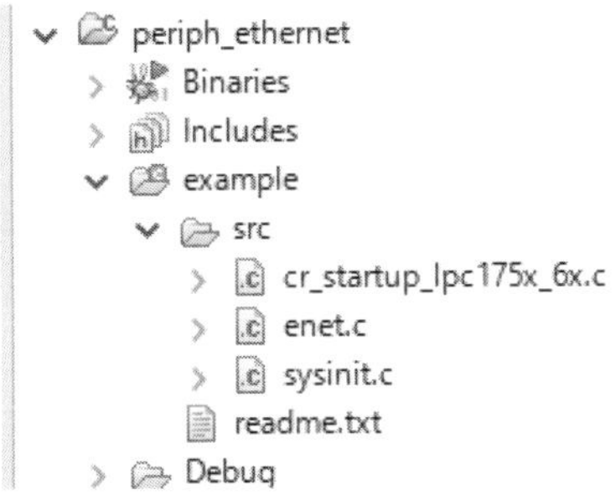

```
v 📂 periph_ethernet
  > 🧩 Binaries
  > 🗂 Includes
  v 📂 example
    v 📂 src
      > .c cr_startup_lpc175x_6x.c
      > .c enet.c
      > .c sysinit.c
      📄 readme.txt
  > 📂 Debug
```

図 26-1　イーサーネットのサンプル

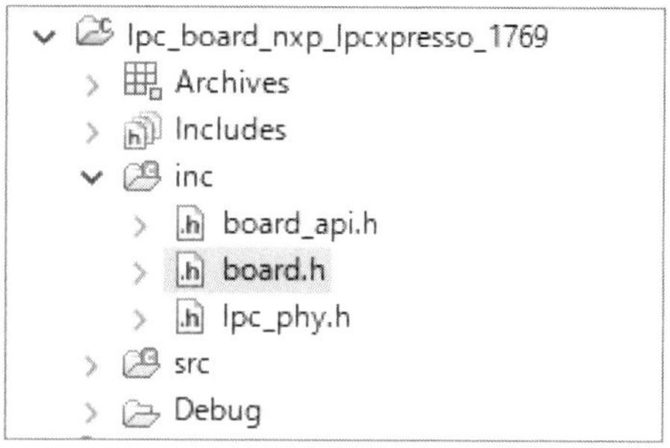

図 26-2　プロジェクト・ツリー

リスト 26-1　LPC1769 の board.h

```
/** Define DEBUG_ENABLE to enable IO via the DEBUGSTR, DEBUGOUT, and
    DEBUGIN macros. If not defined, DEBUG* functions will be optimized
    out of the code at build time.
 */
#define  DEBUG_ENABLE        //①

/** Define DEBUG_SEMIHOSTING along with DEBUG_ENABLE to enable IO support
    via semihosting. You may need to use a C library that supports
    semihosting with this option.
 */
// #define  DEBUG_SEMIHOSTING

/** Board UART used for debug output and input using the DEBUG* macros. This
    is also the port used for Board_UARTPutChar, Board_UARTGetChar, and
    Board_UARTPutSTR functions.
 */
#define  DEBUG_UART LPC_UART3
```

DEBUGOUT を有効にするには

DEBUGOUT を使用するためには，デバッグ出力を有効にする必要があります．

デバッグを有効にするには，まず**図 26-2** のように，lpc_board_nxp_lpcxpresso_1769 のプロジェクトツリーを開きます．

次に，プロジェクトの inc ツリーから board.h を開きます．**リスト 26-1** は board.h です．このソース・コードの①には，デバッグを有効にするかどうかの定義があるので，この行を，次のようにコメントを外して有効にすれば，デバッグが有効にります．

```
#define  DEBUG_ENABLE
```

デバッグの出力は UART3 から出力され，通信速度は 115200bps となります．UART3 は MPU トレーナの USB - UART 変換デバイス端子に接続されているので，MPU トレーナと PC を接続して，ターミナルを起動すれば，イーサーネットのサンプルを使用することができます．

図 26-3，periph_ethernet の動作のようすです．**図 26-3** ではプログラムを起動後，社内で使用しているイーサネットのハブに MPU トレーナのイーサネット・コネクタをケーブルで接続し，しばらくしてケーブルを外したようすです．

ケーブルが外れているときは，Link connect status が 0 となり，接続されると 1 になっていることが分かります．

```
Link connect status: 0
Link connect status: 1
Packet received: -Dest MAC: ff:ff:ff:ff:ff:ff--Source MAC: 00:22:cf:6d:4f:32--Packet len: 60-Type: 8899
Packet received: -Dest MAC: 01:00:5e:00:00:fd--Source MAC: 50:af:73:62:f5:bf--Packet len: 82-Type: 0800
Packet received: -Dest MAC: ff:ff:ff:ff:ff:ff--Source MAC: 74:d0:2b:99:0e:6a--Packet len: 342-Type: 0800
Packet received: -Dest MAC: ff:ff:ff:ff:ff:ff--Source MAC: 00:22:cf:6d:4f:32--Packet len: 60-Type: 8899
Packet received: -Dest MAC: ff:ff:ff:ff:ff:ff--Source MAC: 50:af:73:62:f5:bf--Packet len: 155-Type: 0800
Packet received: -Dest MAC: ff:ff:ff:ff:ff:ff--Source MAC: 50:af:73:62:f5:bf--Packet len: 155-Type: 0800
Packet received: -Dest MAC: ff:ff:ff:ff:ff:ff--Source MAC: 00:22:cf:6d:4f:32--Packet len: 60-Type: 8899
Packet received: -Dest MAC: ff:ff:ff:ff:ff:ff--Source MAC: 74:d0:2b:99:0e:6a--Packet len: 342-Type: 0800
Packet received: -Dest MAC: ff:ff:ff:ff:ff:ff--Source MAC: 34:76:c5:1e:cb:04--Packet len: 254-Type: 0800
Packet received: -Dest MAC: ff:ff:ff:ff:ff:ff--Source MAC: 00:22:cf:6d:4f:32--Packet len: 60-Type: 8899
Packet received: -Dest MAC: 33:33:00:01:00:03--Source MAC: 74:d0:2b:99:0e:6a--Packet len: 95-Type: 86dd
Packet received: -Dest MAC: 01:00:5e:00:00:fc--Source MAC: 74:d0:2b:99:0e:6a--Packet len: 75-Type: 0800
Packet received: -Dest MAC: 33:33:00:01:00:03--Source MAC: 74:d0:2b:99:0e:6a--Packet len: 95-Type: 86dd
Packet received: -Dest MAC: 01:00:5e:00:00:fc--Source MAC: 74:d0:2b:99:0e:6a--Packet len: 75-Type: 0800
Packet received: -Dest MAC: 33:33:ff:a0:38:e9--Source MAC: 00:25:36:54:78:e8--Packet len: 86-Type: 86dd
Packet received: -Dest MAC: 33:33:00:01:00:03--Source MAC: 74:d0:2b:99:0e:6a--Packet len: 95-Type: 86dd
Packet received: -Dest MAC: 01:00:5e:00:00:fc--Source MAC: 74:d0:2b:99:0e:6a--Packet len: 75-Type: 0800
Packet received: -Dest MAC: 33:33:00:01:00:03--Source MAC: 74:d0:2b:99:0e:6a--Packet len: 95-Type: 86dd
Packet received: -Dest MAC: ff:ff:ff:ff:ff:ff--Source MAC: 00:22:cf:6d:4f:32--Packet len: 60-Type: 8899
Packet received: -Dest MAC: 33:33:00:01:00:03--Source MAC: 44:37:e6:91:dc:12--Packet len: 95-Type: 86dd
Packet received: -Dest MAC: 01:00:5e:00:00:fc--Source MAC: 44:37:e6:91:dc:12--Packet len: 75-Type: 0800
Packet received: -Dest MAC: 33:33:00:01:00:03--Source MAC: 44:37:e6:91:dc:12--Packet len: 95-Type: 86dd
Packet received: -Dest MAC: 01:00:5e:00:00:fc--Source MAC: 44:37:e6:91:dc:12--Packet len: 75-Type: 0800
Packet received: -Dest MAC: 33:33:00:01:00:03--Source MAC: 44:37:e6:91:dc:12--Packet len: 95-Type: 86dd
Packet received: -Dest MAC: 01:00:5e:00:00:fc--Source MAC: 44:37:e6:91:dc:12--Packet len: 75-Type: 0800
Packet received: -Dest MAC: 33:33:00:01:00:03--Source MAC: 44:37:e6:91:dc:12--Packet len: 95-Type: 86dd
Link connect status: 0
```

図 26-3　プログラムの実行結果

CANの試し方

CAN通信はController Area Networkの略で，元々は自動車の車内機器間の通信用に考えられた通信方式です．

比較的中距離の伝送が可能で高速通信でノイズにも強いという特徴のため，車載用以外にもさまざまな用途で利用されています．

LPCXpresso LPC11C24

LPCXpresso LPC11C24はCANインターフェースを搭載し，コネクタを付けるだけでCANが利用可能になっています．

そこで，ここでは2枚のLPCXpresso LPC11C24を使って，簡単な通信のテストを行います．

DsubをボードにつけてストレートケーブルでDsub接続

写真26-1は本テスト・プログラムのためのLPCXpresso LPC11C14の接続状態です．

写真のように，2枚のLPCXpresso11C24にDsubコネクタを付けて，ストレート・ケーブルで接続しています．1枚は送信専用，もう1枚は受信専用としています．受信専用はUART通信をする関係でMPUトレーナに接続しておきます．

CANのサンプルを使ってプログラミング

LPCOpenソフトウェア・パッケージのCANのサンプルは，
pcopen_v2_00a_lpcxpresso_nxp_lpcxpresso_11c24.zip
に含まれています．CANのサンプルは，
nxp_lpcxpresso_11c24_periph_ccan_rom
になります．

混乱を避けるため，LPC11C24用のワークスペースを作成して，「Import project(s)」で，

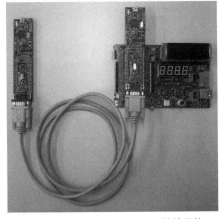

写真26-1 LPCXpresso 11C14の接続状態

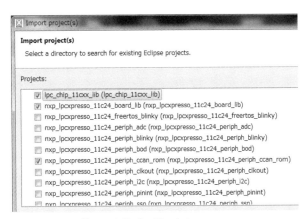

図26-4 インポートするプロジェクト

lpc_chip_11cxx_lib,

nxp_lpcxpresso_11c24_board_lib,

nxp_lpcxpresso_11c24_periph_ccan_rom

をインポートします（図26-4）．nxp_lpcxpresso_11c24_periph_ccan_rom を Copy&Paste し，can_rx と can_tx に Rename します（図26-5）．

プログラムの変更

リスト26-2 とリスト26-3 は，ccan_rom.c を送信用と受信用に変更したテスト・プログラムです．

送信用のプログラムは1秒ごとにテスト・パケットを送信し，通信状態が分かるように1秒ごとにボード上の LED を点滅するようにしています．

受信用のプログラムは MPU トレーナに搭載して使用し，受信したパケットを表示するようにしています．

プログラムの実行方法

まず，送信用のプロジェクトをビルドして，送信用の LPCXpresso LPC11C24 に書き込みます．このボードは単独で使用するので，書き込みが終わったら USB ケーブル経由で電源が接続されていると自動でデータを送信し続けます．

この際，開発用 PC に接続したままだと，送信用と受信用の2枚の LPCXpresso LPC11C24 が接続されてしまいトラブルの元となるので，携帯電話などに使う USB 充電用のアダプタか別の PC に接続して電源を供給します．

次に，受信用の LPCXpresso LPC11C24 を MPU トレーナに接続し PC と接続します．

ターミナルで MPU トレーナの仮想 COM ポートを開き，通信状態を表示できるようにして受信用のプロジェクトを実行すると，先ほどの送信用の LPCXpresso11C24 から送信されたデータが図26-6 のようにターミナルに表示され，正常に通信ができていることが分かります．

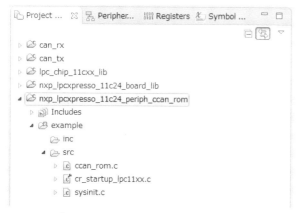

図26-5 プロジェクト can_rx と can_tx　　　　図26-6 CAN の通信確認

リスト26-2 LPC11C24の送信用ccan_rom.c

```c
#define  TEST_CCAN_BAUD_RATE 500000

CCAN_MSG_OBJ_T msg_obj;

void baudrateCalculate(uint32_t baud_rate, uint32_t *can_api_timing_cfg)
{
  uint32_t pClk, div, quanta, segs, seg1, seg2, clk_per_bit, can_sjw;
  Chip_Clock_EnablePeriphClock(SYSCTL_CLOCK_CAN);
  pClk = Chip_Clock_GetMainClockRate();

  clk_per_bit = pClk / baud_rate;

  for (div = 0; div <= 15; div++) {
    for (quanta = 1; quanta <= 32; quanta++) {
      for (segs = 3; segs <= 17; segs++) {
        if (clk_per_bit == (segs * quanta * (div + 1))) {
          segs -= 3;
          seg1 = segs / 2;
          seg2 = segs - seg1;
          can_sjw = seg1 > 3 ? 3 : seg1;
          can_api_timing_cfg[0] = div;
          can_api_timing_cfg[1] =
            ((quanta - 1) & 0x3F) | (can_sjw & 0x03) << 6
            | (seg1 & 0x0F) << 8 | (seg2 & 0x07) << 12;
          return;
        }
      }
    }
  }
}
void CAN_rx(uint8_t msg_obj_num) {
  /* Determine which CAN message has been received */
  msg_obj.msgobj = msg_obj_num;
  /* Now load up the msg_obj structure with the CAN message */
  LPC_CCAN_API->can_receive(&msg_obj);
  if (msg_obj_num == 1) {
    /* Simply transmit CAN frame (echo) with with ID +0x100 via buffer 2 */
    msg_obj.msgobj = 2;
    msg_obj.mode_id += 0x100;
    LPC_CCAN_API->can_transmit(&msg_obj);
  }
}

void CAN_tx(uint8_t msg_obj_num) {}

void CAN_error(uint32_t error_info) {}

void CAN_IRQHandler(void) {
  LPC_CCAN_API->isr();
}

int main(void)
{
  int led=0;
  uint32_t CanApiClkInitTable[2];

  CCAN_CALLBACKS_T callbacks = {
    CAN_rx,
    CAN_tx,
    CAN_error,
    NULL,
    NULL,
    NULL,
    NULL,
    NULL,
  };
  SystemCoreClockUpdate();
  SysTick_Config(SystemCoreClock / 1000);

  Board_Init();
  baudrateCalculate(TEST_CCAN_BAUD_RATE,
                    CanApiClkInitTable);

  LPC_CCAN_API->init_can(&CanApiClkInitTable[0], TRUE);

  LPC_CCAN_API->config_calb(&callbacks);

  NVIC_EnableIRQ(CAN_IRQn);

  while(1) {
    if(led) {
      Board_LED_Set(0, false);
      led=0;
    }else{
      Board_LED_Set(0, true);
      led=1;
    }
    /* Send a simple one time CAN message */
    msg_obj.msgobj  = 0;
    msg_obj.mode_id = 0x445;
    msg_obj.mask    = 0x0;
    msg_obj.dlc     = 4;
    msg_obj.data[0] = 'T'; // 0x54
    msg_obj.data[1] = 'E'; // 0x45
    msg_obj.data[2] = 'S'; // 0x53
    msg_obj.data[3] = 'T'; // 0x54
    LPC_CCAN_API->can_transmit(&msg_obj);
    delay_ms(1000);
  }

  /* Configure message object 1 to receive
     all 11-bit messages 0x400-0x4FF */
  msg_obj.msgobj = 1;
  msg_obj.mode_id = 0x400;
  msg_obj.mask = 0x700;
  LPC_CCAN_API->config_rxmsgobj(&msg_obj);

  while (1) {
    Board_LED_Set(0, false);
    __WFI();/* Go to Sleep */
    Board_LED_Set(0, true);
  }
}
```

リスト 26-3　LPC11C24 の受信用 ccan_rom.c

```c
#define  TEST_CCAN_BAUD_RATE 500000

CCAN_MSG_OBJ_T msg_obj;

void baudrateCalculate(uint32_t baud_rate, uint32_t *can_api_timing_cfg)
{
  uint32_t pClk, div, quanta, segs, seg1, seg2, clk_per_bit, can_sjw;
  Chip_Clock_EnablePeriphClock(SYSCTL_CLOCK_CAN);
  pClk = Chip_Clock_GetMainClockRate();

  clk_per_bit = pClk / baud_rate;

  for (div = 0; div <= 15; div++) {
    for (quanta = 1; quanta <= 32; quanta++) {
      for (segs = 3; segs <= 17; segs++) {
        if (clk_per_bit == (segs * quanta * (div + 1))) {
          segs -= 3;
          seg1 = segs / 2;
          seg2 = segs - seg1;
          can_sjw = seg1 > 3 ? 3 : seg1;
          can_api_timing_cfg[0] = div;
          can_api_timing_cfg[1] =
            ((quanta - 1) & 0x3F) | (can_sjw & 0x03) << 6
              | (seg1 & 0x0F) << 8 | (seg2 & 0x07) << 12;
          return;
        }
      }
    }
  }
}

void CAN_rx(uint8_t msg_obj_num) {
  int i, cnt;
  char str[32];
  /* Determine which CAN message has been received */
  msg_obj.msgobj = msg_obj_num;
  /* Now load up the msg_obj structure with the CAN message */
  LPC_CCAN_API->can_receive(&msg_obj);

  sprintf(str, "Rcv:MsgNum:%d, Id:%d\n", msg_obj_num, msg_obj.mode_id);
  sio_puts(str);
  sio_puts("data:");
  cnt=msg_obj.dlc;
  for(i=0; i<cnt; i++){
    sio_putc(msg_obj.data[i]);
  }
  sio_putc('\n');
}

void CAN_tx(uint8_t msg_obj_num) {}

void CAN_error(uint32_t error_info) {}

void CAN_IRQHandler(void) {
  LPC_CCAN_API->isr();
}

int main(void)
{
  uint32_t CanApiClkInitTable[2];
  /* Publish CAN Callback Functions */
  CCAN_CALLBACKS_T callbacks = {
    CAN_rx,
    CAN_tx,
    CAN_error,
    NULL,
    NULL,
    NULL,
    NULL,
    NULL,
  };
  SystemCoreClockUpdate();
  SysTick_Config(SystemCoreClock / 1000);

  Board_Init();

  sio_init(19200);
  sio_puts("CAN Receive Test.\n");

  baudrateCalculate(TEST_CCAN_BAUD_RATE,
                    CanApiClkInitTable);

  LPC_CCAN_API->init_can(&CanApiClkInitTable[0], TRUE);
  LPC_CCAN_API->config_calb(&callbacks);
  NVIC_EnableIRQ(CAN_IRQn);

  /* Configure message object 1 to receive
     all 11-bit messages 0x400-0x4FF */
  msg_obj.msgobj = 1;
  msg_obj.mode_id = 0x400;
  msg_obj.mask = 0x700;
  LPC_CCAN_API->config_rxmsgobj(&msg_obj);

  while (1) {
    Board_LED_Set(0, false);
    __WFI();/* Go to Sleep */
    Board_LED_Set(0, true);
  }
}
```

第27章 トラブル・シューティング

PICkit 3 Programmer 使用後 PICkit3 が使えない！

　PICkit3 には PICkit 3 Programmer というスタンド・アローンのプログラマがあります（図 27-1）.
　このプログラマは使用時に PICkit3 のモードを変更してしまうため，そのままでは MPLAB X IDE で PICkit3 が使用できなくなってしまいます.
　この問題を修正するには PICkit 3 Programmer を起動して，「Tools」メニューから「Revert to MPLAB mode」を選択します（図 27-2）.
　なお，PICkit 3 Programmer は，2015 年 12 月時点では，マイクロチップ社のウェブ・サイトの MPLAB アーカイブからダウンロードすることができます. リンク先は次のようになっています.
　http://www.microchip.com/pagehandler/en-us/devtools/dev-tools-parts.html
　このページから"PICkit Archives"を検索すると"PICkit 3 Programmer App and Scripting Tool v3.10"がありますが，この中に PICkit3 Programmer のインストーラが含まれています.

図 27-1　PICkit 3 Programmer

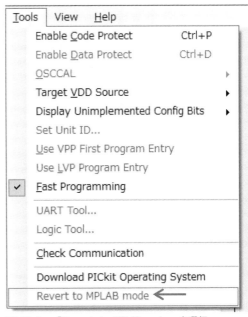

図 27-2　「Revert to MPLAB mode」を選択

PICkit3 接続エラー時の対処方法

　著者の環境では MPLAB X IDE で PICkit3 を使用した場合，時々図 27-3 のような接続エラーとなることがありました．このエラーが出ると，何度接続し直しても同じエラーが出て，書き込みができなくなってしまいます．

　この現象は，PICKit3 のファームウェアが古いと発生するようで，ファームウェアのバージョンアップを行うと解消されるようです．

　ファームウェアのバージョンアップは色々な方法がありますが，最も簡単なのは，PICKit3 を USB で PC に接続する際に，PICKit3 のボタンを押しながら接続する方法です．

　この方法で接続すると，PIC16F への書き込み時に，自動でファームウェアのバージョンアップが行われます．

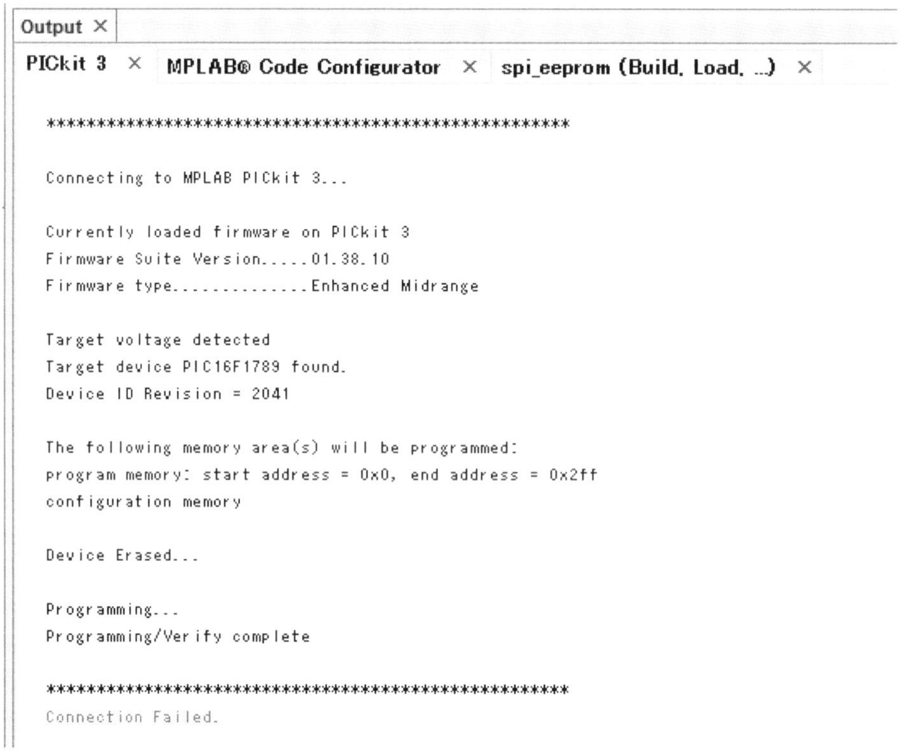

図 27-3　PICKit3 の接続エラー画面

LPC でデバッガが利用できなくなった場合の対処方法（ISP モード）

　LPC1347 は，デバッガで使用する信号線を GPIO としても利用することができます．この機能は，少ないピン数を有効に利用するためには便利ですが，デバッグ用のピンを GPIO に設定してしまうとデバッガが利用できなくなり，プログラムの書き換えができなくなってしまいます．また，GPIO に設定したつもりがなくても，コーディング・ミスやプログラムの暴走などで，デバッガが利用できなくなってしまうことがあります．

　LPC1347 には，<u>ISP（In System Programming）用の ROM</u> が内蔵されており，ISP モードに設定することで Windows PC の COM ポートからプログラムを書き換えることができます．この機能は，デバッガを使用せずにプログラムを書き込みたい場合や，デバッガが利用できなくなってしまった場合の復帰に利用することができます．

ISP モードでの起動

　ISP で起動するには，ISP モード・ピンを Low にしてマイコンを起動します．LPC1347 の場合は PIO0_1 を GND に接続して起動すると ISP モードとなります．

　ISP モードでのプログラムの書き換えは UART を使用します．使用するのは UART1 です．プログラムの書き換えは Flash Magic というソフトウェアで行うことができます．図 27-4 は Flash Magic の画面です．

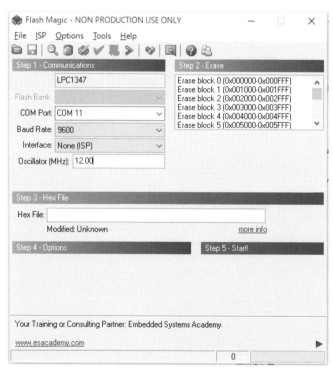

図 27-4　Flash Magic の画面

Windows PC の COM ポートと LPCXpresso LPC1347 を接続して，ISP モードにした状態でマイコンの電源を入れると Flash Magic で書き換えを行うことができます．
　Flash Magic では，使用するマイコンと COM ポート番号，クロック周波数を設定し，書き込みを行う HEX ファイルを指定して［Start］ボタンを押せば，マイコンのフラッシュ・メモリに指定したプログラムが書き込まれます．

インテル HEX ファイルの作成方法

　LPCXpresso IDE では，デフォルトではインテル HEX ファイルは作成されません．インテル HEX ファイルを作成する場合は，Project Explorer で対象のプロジェクトを右クリックして，「Properties」を開きます．
　プロパティのダイアログが開いたら，図 27-5 のように，「C/C++ Build の Settings」を選択して，「Build steps」タブを開きます．
　ここで，「Post-build steps」の「Command」の［Edit］ボタンを押して，図 27-6 のように設定を変更します．
　［OK］ボタンを押してビルドを行うと HEX ファイルが作成されるようになります．

MPU トレーナでの書き換え

　MPU トレーナでは，USB‐UART 変換回路が LPCXpresso LPC1347 の UART1 に接続されている

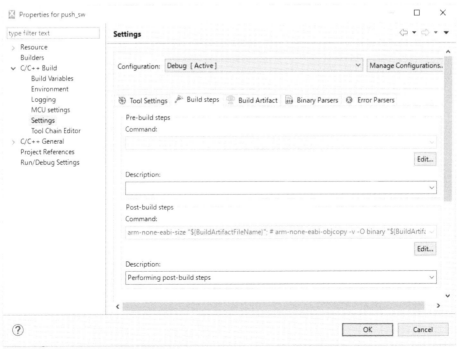

図 27-5　Post-buid steps コマンドの編集

| 242 |　第 27 章　トラブル・シューティング

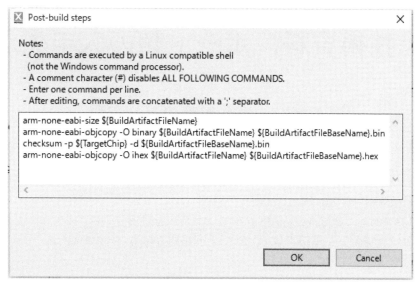

図 27-6 「Build steps」のタブ画面

ため，ISP での書き換えが簡単に行うことができます．

LPCXpresso LPC1347 の場合は，次の手順で書き換えを行います．

1. MPU トレーナに LPCXpresso LPC1347 を接続する．
2. MPU トレーナの J4-11 ピン（PIO0_1）と J4-27 ピン（GND）をジャンパ・ケーブルでショートする．
3. MPU トレーナの USB コネクタと PC を USB ケーブルで接続する（LPCXpresso の USB 端子には何も接続しない）
4. Flash Magic を起動する
5. COM ポート番号とクロック周波数を設定（12MHz）し，HEX ファイルを指定する
6. ［Start］ボタンで LPC1347 のフラッシュ・メモリにプログラムを書き込む

以上の手順でプログラムの書き換えが可能です．

LPCXpresso LPC1347 以外のボードの場合も，ISP 端子を Low にして起動すれば同様の手順で書き換えを行うことができます．

第28章 技術資料，ボード類の入手先など

マイコン・ボード類のピン配置

NUCLEO-F103RB のピン配置を図 28-1 に示します．NUCLEO-F072RB，NUCLEO-F401RE との違いは以下の通りです．

PD0→PF0（F072RB），PH0（F401RE）

PD1→PF1（F072RB），PH0（F401RE）

LPCXpresso LPC1347，LPCXpresso LPC1769 のピン配置を図 28-2 に示します．

PIC16F1789I/P のピン配置を図 28-3 に示します．PIC16F1789I/P も内部機能の違いによるピン機能の違いはありますがほぼ同じです．

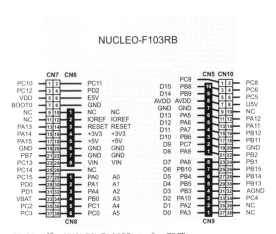

図 28-1[13] NUCLEO-F103RB のピン配置

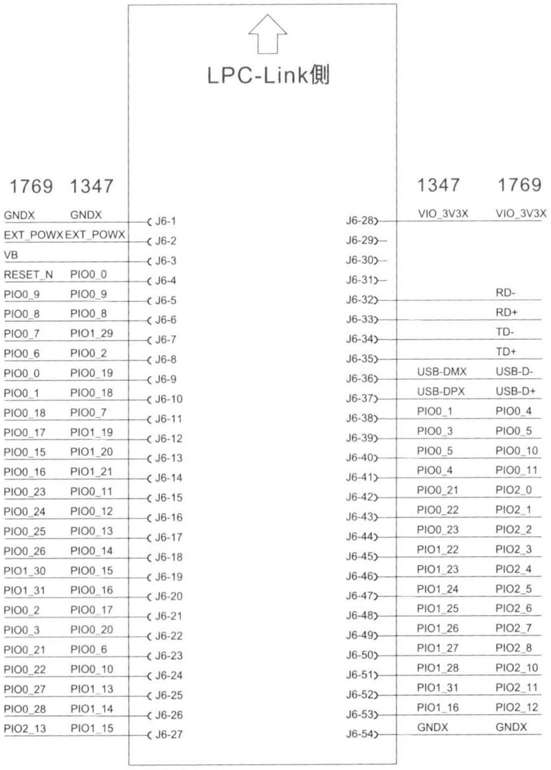

図 28-2[14, 15] LPCXpresso LPC1347/1769 のピン配置

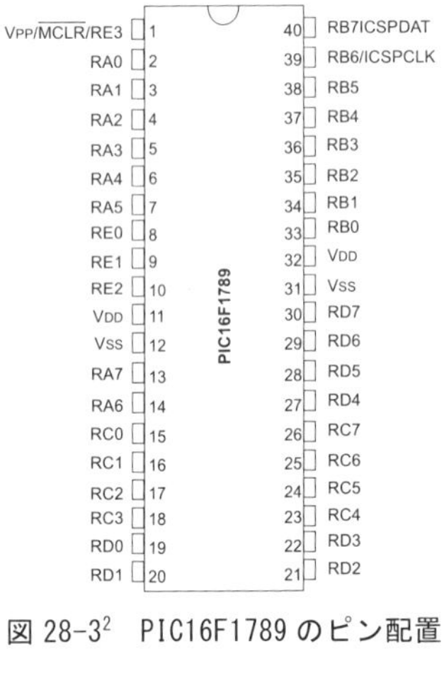

図 28-3[2] PIC16F1789 のピン配置

MPU トレーナの回路図と仕様

図 28-4 に MPU トレーナのブロック図を，また図 28-5 には MPU トレーナの回路図を示します．

MPU トレーナ自体にはマイコンは搭載されてなく，Nucleo ボード，LPCXpresso ボード，および 40 ピンの PIC16F マイコンが接続できるようになっています．

また，拡張用の 40 ピン・コネクタには，搭載されている周辺デバイスの接続信号が出ているので，上記のボードでなくても FPGA ボード DE0 を使っての実験などにも利用できるようになっています．

なお，本書では，使用するマイコンをいくつか限定していますが，多くのマイコン・ボードは共通のインターフェースを持っているので，本書で使用したボード以外でもたいていの場合，MPU トレーナを使用することができます．

特に，Nucleo ボードや PIC16F は，GPIO の配置がそれぞれほとんど共通となっているので，本書のサンプルを簡単な変更で使用できると思います．

MPU トレーナ上の周辺デバイスは，全て 3.3V の電源で動作するようになっています．周辺デバイスの電源は USB mini B コネクタから供給できるようになっているので，実験を行う際は USB mini B コネクタを PC もしくは外部電源に接続する必要があります．

この USB mini B コネクタは，FT231XS を使った USB - UART 変換回路とも共通となっているので，PC と接続していれば UART 通信の実験にも利用することができます．

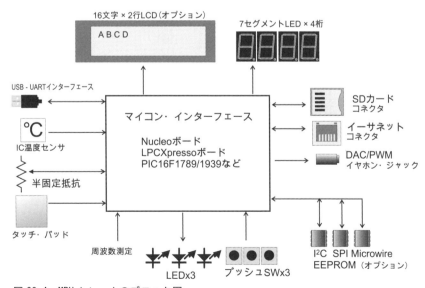

図 28-4　MPU トレーナのブロック図

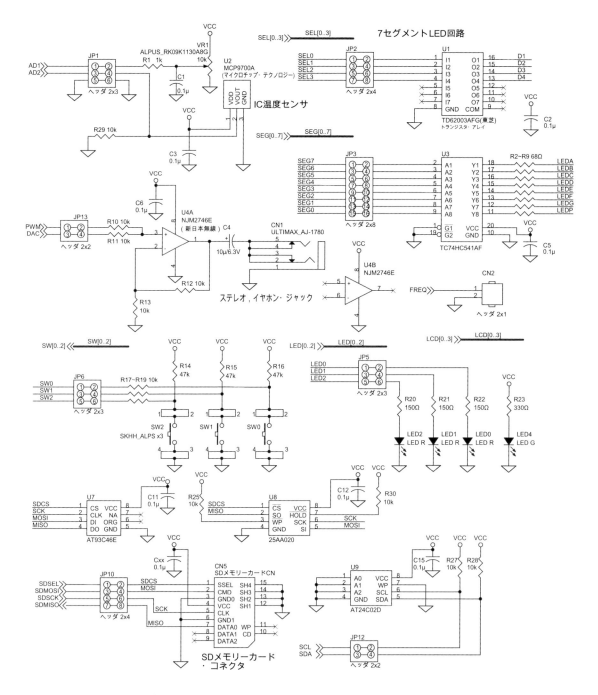

図28-5 MPUトレーナの回路図1

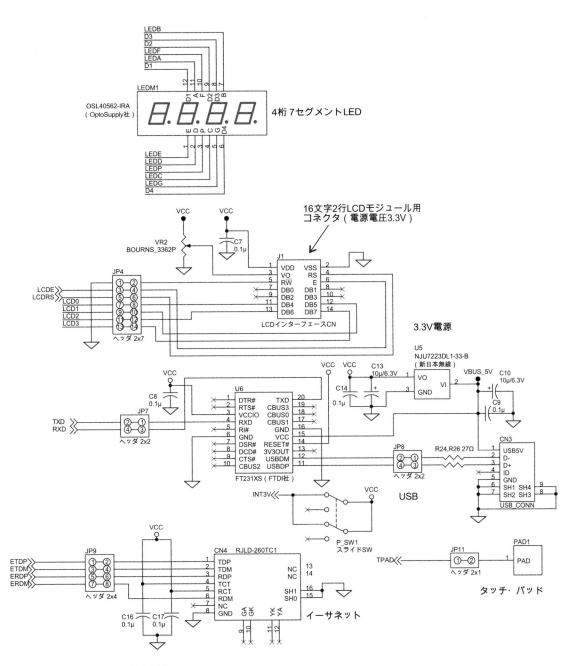

図 28-6 MPU トレーナの回路図 2

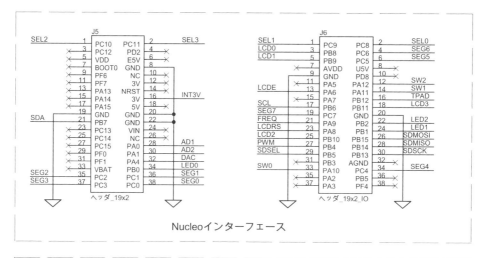

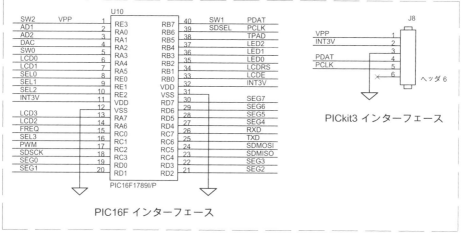

図 28-7　MPU トレーナの回路図 3

MPU トレーナに搭載されている部品類は次の通りで，これら以外は拡張キットに含まれています．

- LED×3
- プッシュ・スイッチ×3
- A-D コンバータ・テスト用ボリューム
- IC 温度センサ
- PWM/D-A コンバータ用ヘッドホン・ジャック
- タッチ・センサ用パッド
- I²C EEPROM，SPI EEPROM，Microwire EEPROM 用 IC ソケット
- USB - シリアル変換デバイス
- 4 桁 7 セグメント LED
- SD カード・ソケット
- イーサーネット・コネクタ

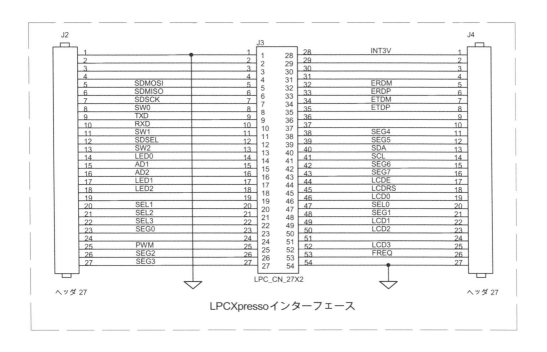

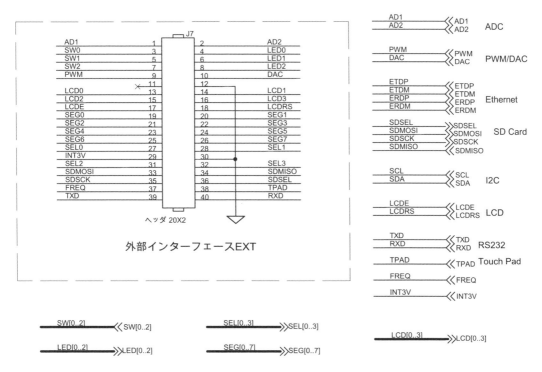

図 28-8 MPU トレーナの回路図 4

MPU トレーナの回路図と仕様 | 249

MPU トレーナ拡張キットの内容

部品名	型番など	数量	備考
16x2 LCD 白色 バックライト付き 3.3V 品	SC1602BBWB-XA-LB-G	1	Sunlike Display Tech 社
ブレッド・ボード	EIC-301	1	E-CALL ENTERPRISE 社
LCD 取り付けスペーサ M2x11mm		4	
LCD 取り付けネジ M2		8	
ジャンプ・ワイヤ メス-メス		5	
ジャンプ・ワイヤ オス-オス		5	
ジャンプ・ワイヤ オス-メス		5	
SPI EEPROM	25AA020A-I/P	1	マイクロチップ・テクノロジー
I^{2}C EEPROM	AT24C02D-PUM	1	アトメル
Microwire EEPROM	AT93C46E-PU	1	アトメル
PIC16F1789	PIC16F1789-I/P	1	マイクロチップ・テクノロジー
抵抗, 10kΩ	RD16S 10K	1	コーア
コンデンサ, 0.047μF	RDER71H473K0K1H03B	1	村田製作所
USB ケーブル (MINI-B)	USBcable A-miniB	1	
導電マット (88x58mm)		1	
パーツケース (95x65x23mm)		1	
20x2 (40p) フラット・ケーブル		1	

＊部品の型番は同等品に変更される場合があります．

ボード類の入手先など

本書で使用したボード，IC 類の入手先例を紹介します（2015 年 12 月インターネットで調査）．

- Nucleo ボード
  ㈱秋月電子通商，TEL：048-998-3001（通販センター），http://akizukidenshi.com/
  マルツエレック㈱，TEL：03-6803-0209，http://www.marutsu.co.jp/，＊F072RB を除く
- LPCXpresso ボード
  ㈱秋月電子通商，TEL：048-998-3001（通販センター），http://akizukidenshi.com/
  マルツエレック㈱，TEL：03-6803-0209，http://www.marutsu.co.jp/
- PIC16F1789I/P
  microchip DIRECT，http://www.microchipdirect.com/
  ＊「MPU トレーナ拡張キット」に同梱されています．
- PIC16F1939I/P
  ㈱秋月電子通商，TEL：048-998-3001（通販センター），http://akizukidenshi.com/
- MPU トレーナ
  ㈱ソリトンウェーブ，TEL：03-5835-2217，http://www.solitonwave.co.jp/
- MPU トレーナ拡張キット
  ㈱ソリトンウェーブ，TEL：03-5835-2217，http://www.solitonwave.co.jp/

付属 DVD-ROM について

付属 DVD-ROM には，本書で紹介した以下のサンプル・プロジェクトと開発ソフトウェアなどが含まれています．動作環境は Windows 7/8.1/10 です．詳細は CQ フォルダの readme.pdf をお読みください．本書に関する最新情報は，http://www.cqpub.co.jp/toragi/module/index.htm で提供しております．

プロジェクト名	STM32(NUCLEO)			PIC16(4)		LPCXpresso		
	F103RB	F072RB(1)	F401RE(2)	PIC16F1789	PIC16F1939	LPC1347	LPC1769(3)	LPC11C24
framework	○	○	○	○	○	○	—	—
led_on	○	○	○	○	○	○	○	—
push_sw	○	○	○	○	○	○	○	—
seven_seg	○	○	○	○	○	○	○	—
lcd	○	○	○	○	○	○	○	—
delay_ms	○	○	○	○	○	○	○	—
freq_counter	○	○	○	○	○	○	—	—
led_toggle	○	○	○	○	○	○	○	—
serial	○	○	○	○	○	○	○	—
serial_rb	○	○	○	○	○	○	○	—
eeprom	○	○	○	○	○	○	—	—
adc	○	○	○	○	○	○	○	—
adc_thermo	○	○	○	○	○	○	○	—
pwm_sound	○	○	○	○	○	○	—	—
spi_eeprom	○	○*1	○	○	○	○	○	—
mcw_eeprom	○	○	○	○	○	○	○	—
i2c_eeprom	○	○	○	○	○	○	○	—
watch_dog	○	○	○	○	○	○	○	—
usb_keyboard	—	—	—	—	—	○	—	—
stop_watch	○	○	○	○	○	○	○	—
kitchen_timer	○	○	○	○	○	○	○	—
sampling_sw	○	○	○	○	○	○	○	—
adc_int	○	○	○	○	○	○	○	—
adc_multi	○	××*2	○	○	○	○	○	—
sinwave	—	○	—	—	—	—	—	—
spi_comm	○	—	—	—	—	—	—	—
comparator	—	○	—	○	—	—	—	—
touch_sens	—	○1	—	—	○	—	—	—
usb_cdc	—	—	—	—	—	○	—	—
can_tx/can_rx	—	—	—	—	—	—	—	○
periph_ethernet	—	—	—	—	—	—	○*4	—
realtime_clock	○*5	○	○	—	—	—	○	—
beep_sound	○	○	○	○	○	○	—	—
pulse_led	○	○	○	○	○	○	○	—
one_shot_led	○	○	○	○	○	○	○	—
pulse_width	○	○	○	○	○	○	—	—
sd_card	○	××*3	○	○	○	○	○	—

●凡例
　　○：サンプルあり，－：サンプルなし

●注釈の説明 1
 (1) NUCLEO-F072RB で TPAD を使用する場合は，PB13 (CN10-30) と GND 間に 0.047μF のコンデンサを接続する．
 (2) NUCLEO-F401RE で LCD を使用する場合は，LCD の LCD3 を PB12 に接続する．MPU トレーナの LCD3 (JP4) と TPAD (JP11) のジャンパ・ピンを外し，JP4-14 と JP11-1 を接続する．
 (3) LPCXpresso LPC1769 で 7 セグメント LED を使用する場合は，PIO0_28 (J2-26) を 10k の抵抗でプルアップする．
 (4) PIC16F1789/PIC16F1939 で I²C を使用する場合は，JP10-5 と JP12-2 および JP10-7 と JP12-4 のショート・ピンを外してジャンパで接続する．

●注釈の説明 2
 *1　2 回目の読み出しに失敗するため，ループを 1 回とした．
 *2　CH1 の値が CH0 の値の影響を受けていたため，正しく動作しなかった．
 *3　NUCLEO-F072RB の問題により，動作しない．
 *4　"periph_ethernet" は LPCOpen ライブラリのサンプルを流用．

引用文献

1. RM0008 Reference manual, STM32F101xx, STM32F102xx, STM32F103xx, STM32F105xx and STM32F107xx advanced ARM-based 32-bit MCUs, DocID13902 Rev 15, STMicroelectronics.
2. PIC16(L)F1788/9 DS40001675B, Microchip Technology Inc.
3. UM10524, LPC1315/16/17/45/46/47 User manual, NXP Semiconductors.
4. MSM6222B-01 データシート, ラピスセミコンダクタ㈱.
5. STM32F10xxC/D/E Errata sheet, STM32F101xC/D/E and STM32F103xC/D/E high-density device limitations, DocID14732 Rev 14, STMicroelectronics.
6. 24C02C, DS21202J, Microchip Technology Inc.
7. AT24C02D, Atmel-8871D-SEEPROM-AT24C01D-02D-Datasheet_102015, Atmel Corporation.
8. AT25010B/AT25020B/AT25040B, Atmel-8707F-SEEPROM-AT25010B-020B-040B-Datasheet_012015, Atmel Corporation.
9. 25AA020A/25LC020A, DS21833G, Microchip Technology Inc.
10. AT93C46E, Atmel-5207F-SEEPROM-AT93C46E-Datasheet_012015, Atmel Corporation.
11. PIC16(L)F1938/9, DS40001574C, Microchip Technology Inc.
12. RM0008 Reference manual, STM32F0x1/STM32F0x2/STM32F0x8 advanced ARM-based 32-bit MCUs, DocID018940 Rev 8, STMicroelectronics.
13. UM1724 User manual, STM32 Nucleo-64 boards, DocID025833 Rev 9, STMicroelectronics.
14. LPCXpresso LPC1347, Board Schematics, Embedded Artists AB.
15. LPCXpresso LPC1769, Board Schematics, Embedded Artists AB.

索引

●数字
24CXX 189
25XXX 198
93CXX 217

●A
ACK 190
ADC 113
A-D コンバータ 113
A-D 変換値 114
A-D 変換割り込み 118
AT24C02D 189
AT93C46E 217

●B, C
B1 57
Beep 143
Board Library 40, 160
Capture/Compare/PWM 138
CCP 138
Chip Library 40, 160
CMSIS 84
Controller Area Network 235
Cortex 14
Cortex-M0 .... 14, 15
Cortex-M3 .... 14, 15
Cortex-M4 14
CPS 166
CT16B0 .... 97, 102, 140

●D, E, F
DAC 131
D-A コンバータ 131
DEBUGOUT 233
DI 217
DO 217
EEPROM 183, 189, 217
EUSART 171
FIFO 177
First In First Out 177
Flash Magic 242
FVR 113, 117

●G, H, I
General Purpose Input/Output 41
HAL 27
HD44780 69
I2C 191
I²C-BUS 194

IC 温度センサ 116
Independent Watchdog 151
ioc 42
ISP 241
IWDG 151

●J, K, L, M
Java ランタイム 18
JRE 18
LCD モジュール 69
LD2 42
LPC_TIMER_T 141
LPCOpen 37
lpcopen_2_05_lpcxpresso_nxp_lpcxpresso_1347.zip 37
MCC Generated Files 35
MCP9700A 116
MISO 197
MOSI 197
MPLAB Code Configurator 28
MSM6222B 69
MSSP 193, 202

●O, P, R
Optimization 44
OPTION 41
OscRateIn 56
Pack Installer 18
PIC16F1939 36
PICkit 3 Programmer 239
Pulse Width Modulation 135
PWMC 141
RC 発振回路 96
Redlib(nohost) 115
RS-232 169
RTC 157

●S, T
SCK 197
SCL 189
SDA 189
SD カード 209
SK 217
SPI1 200
SPI2 200
SPI モード 210
sprintf 115
SSP0 204
SSP1 204
System tick timer 26, 79

| 253 |

SysTick 割り込み 84
TIM1 96
TIM3 135
Timer0 80
Timer1 101
Timer2 138
TRIS 41
TSC 163

●U，W
UART 173
USART 169
USB キーボード 225
WDT 149, 152
WEAK 122
Windowed Watchdog Timer 154
WPU 41
WWDT 154

●ア
インターバル・タイマ 78, 79, 92, 96
インテル HEX ファイル 242
オーバーフロー 117
オーバーフロー割り込み 106
オープン・ドレイン 42

●カ
外部電源モード 49
カウンタ 77
仮想 COM ポート 230
グローバル割り込み 81
コミュニケーション・デバイス・クラス 225
コンパレータ 127

●サ
サイン・カーブ 131
サンプリング 91
システム・タイマ 79, 83
シフトレジスタ 197
水晶発振回路 98, 102
スタート・コンディション 190

ストップ・コンディション 190
正弦曲線 131
正論理 57, 217

●タ，ナ
ダイナミック点灯 62
タイマ割り込み 104
遅延関数 79
チャタリング 89
調歩同期式 169
時計用水晶振動子 157
内部電源モード 49

●ハ
パルス 85
パルス幅 99
パルス幅変調 135
汎用入出力 41
ビープ 143
ヒューマン・インターフェース・デバイス・クラス 225
不揮発性メモリ 183
フラッシュ・メモリ 185
プリスケーラ 77
ブレークポイント 45
負論理 57
分周回路 77
ペリフェラル 81
方形波 100
ポーリング処理 118

●マ，ヤ，ラ，ワ
マルチチャネル 123
マルチチャネル ADC 113
容量センサ 163
リング・バッファ 177
ワークスペース 52
割り込み 59, 77
割り込みハンドラ 36, 126
ワンショット・マルチバイブレータ 149

著者略歴

芹井 滋喜
<small>せりい しげき</small>

1960 年	横浜生まれ
1979 年	岡山理科大学 応用物理学科中退
1983 年	日本工学院専門学校 情報技術科卒業
1991 年	中央大学理工学部 物理学科卒業
1995 年	日本大学大学院 理工学研究科（会社設立のため中退）
1983 年	アルプス電気株式会社入社（1986 年退社）
現在	株式会社ソリトンウェーブ代表取締役

- 雑誌記事執筆多数（CQ 出版社ほか）
- 趣味はピアノ，歌，他

- 本書掲載記事の利用についてのご注意 ― 本書掲載記事は著作権法により保護され，また産業財産権が確立されている場合があります．従って，記事として掲載された技術情報をもとに製品化するには，著作権者および産業財産権者の許可が必要です．また，掲載された技術情報を利用することにより発生した損害などに関して，CQ出版社および著作権者ならびに産業財産権者は責任を負いかねますのでご了承ください．
- 本書記載の社名/製品名などについて ― 本書に記載されている社名，および製品名は，一般に開発メーカの登録商標または商標です．なお，本文中は™，®，©の各表示を明記しておりません．
- 本書付属のDVD-ROMについてのご注意－本書付属のDVD-ROMに収録したプログラムやデータなどは著作権法により保護されています．したがって，特別の表記がない限り，本書付属のDVD-ROMの貸与または改変，個人で使用する場合を除いて複写複製（コピー）はできません．また，本書付属のDVD-ROMに収録したプログラムやデータなどを利用することにより発生した損害などに関して，CQ出版社および著作権者は責任を負いかねますのでご了承ください．
- 本書に関するご質問について ― 文章，数式等の記述上で不明な点についてのご質問は，必ず往復はがきか返信用封筒を同封した封書にてお願いいたします．ご質問は著者に回送し回答していただきますので，多少時間がかかります．また，本書の範囲を超えるご質問には応じられませんのでご了承ください．
- 本書の複製等について ― 本書のコピー，スキャン，デジタル化等の無断複製は著作権法上での例外を除き禁じられています．本書を代行業者等の第三者に依頼してスキャンやデジタル化することは，たとえ個人や家庭内の利用でも認められておりません．

JCOPY ＜(社)出版者著作権管理機構 委託出版物＞

本書の全部または一部を無断で複写複製（コピー）することは，著作権法上での例外を除き，禁じられています．
本書からの複製を希望される場合は，(社)出版者著作権管理機構（TEL：03-3513-6969）にご連絡ください．

定番！ARMキット＆PIC用Cプログラムでいきなりマイコン制御 [DVD-ROM付き]

2016年2月1日　初版発行
2017年2月1日　第2版発行

© 株式会社ソリトンウェーブ　2016

著者　芹井　滋喜
発行人　寺前　裕司
発行所　ＣＱ出版株式会社
〒112-8619　東京都文京区千石4-29-14
電話　編集　03-5395-2123
　　　販売　03-5395-2141

ISBN978-4-7898-4222-8

定価はカバーに表示してあります
無断転載を禁じます
乱丁，落丁本はお取り替えします
Printed in Japan

本文編集担当　熊谷　秀幸
印刷・製本　三晃印刷(株)
表紙デザイン　千村　勝紀